实践存在论美学

——朱立元美学文选

朱立元 著

山东文艺出版社

出版说明

"中国现代美学大家文库"共收入王国维、蔡元培、朱光潜、宗白华、蔡仪、李泽厚、汝信、蒋孔阳、刘纲纪、胡经之、周来祥、叶秀山、杨春时、朱立元、曾繁仁等15位美学大家的著作。这些大家分别为中国现代美学开创奠基时期、建设发展时期与当代反思超越时期的代表性学者。所选文章均为他们的代表性作品,且有部分是未发表的新作。作为现代著名美学家主要成果的汇集,本文库旨在对一百多年中国美学辉煌而曲折的发展历程进行梳理与回顾,全面立体地展示现代美学大家的主要学术成果,给美学研究者与普通读者提供经典、全面、权威的美学文本,从而推动新时代中国美学研究向纵深发展。

在编选过程中,对于王国维、蔡元培、朱光潜、宗白华、蔡仪等开创奠基时期美学大家的作品,为了保存历史的真实,依据其原始版本,除对文字明显讹误进行订正外,其余不做较大修改。对于其他美学大家的作品也尽量保持初次发表时的原貌。其中疏漏,尚祈读者指正。

山东文艺出版社
2019年12月

总序

中国百年美学辉煌而曲折的创新之路

尽管审美作为一种艺术的生存方式在中国五千多年悠久文化中有着极为丰富的呈现,中国自有独具特色的东方形态的美学,但现代美学学科却由西方创立并于20世纪初传入中国,迄今已有一百多年的历史。一百多年来,美学领域一代又一代学人在中国传统文化的基础上,历经艰难曲折,辛勤耕耘,不断创新,出现众多著名学者,涌现一批又一批丰硕成果。本丛书作为现代著名美学家主要成果的汇集,旨在回顾这一百多年中国美学辉煌而曲折的发展历程。同时,今年正值新中国成立70周年,中国美学发展的一百多年占据主要时间域的是党所领导的新中国成立后的70年,特别是改革开放40年。因此,本丛书从某种意义上来说,也是新中国成立70年的一份献礼。回顾历史是为了在新时代推动中国美学走向更加辉煌的未来。

众所周知,"美学"一词由德国学者鲍姆加登于1735年首次提出,其原文实为"感性学"之意,日本学人中江肇民用汉语"美学"一词翻译，传入中国后王国维使"美学"成为定译并被中国学人普遍接受。尽管"美学"一词来自外国，美学学科也是近代以来才出现的，但审美作为一种艺术的生存方式却早就存在于中国悠久的历史之中，美学也随着中国五千年的文明史而存在。现代以来伴随着中华民族坎坷曲折的发展历史，美学也在中国不断地发展，而且呈现空前兴盛的状态，这在世界美学史上是罕见的。美学为现代以来中国的人文教育贡献了自己的力量，也在诸多学人的努力与中西古今的冲撞影响中逐步形成现代中国特有的美学精神，值得我们为之书写与发扬。为此，山东文艺出版社特地出版本丛书，共收入15位现代美学家的文选。现代中国美学面临中与西、古与今、革命与学术三种发展境遇。首先是中西之间的关系，这是一种矛盾共存、吸收融合的关系。中西之间一直存在体用之争，长期以来中国美学走的是"以西释中"之路，但历史证明审美既然作为人的一种艺术的生存方式，那么中西之间就不存在先进与落后之别，而只有类型之不同。因此中国美学必须走出一条立足本土、吸收西方有益经验的美学建设之路。本丛书中的美学家的学术之路进一步证明了这一点，充分说明百年中国美学就是一条奋力探索中国美学话语之路，并取得显著成就，给我们以激励与启示，需要我们一代又一代美学工作者承前启后，继续前进，以创新性发展与创造性转化向中国和世界提供愈来愈有价值的美学理论。而马克思主义是放之四海而皆准的真理，马克思主义特别是中国化的马克思主义，对于现代中国美学的指导作用已经被历史事实充分证明。其次是古今关系问题，现代以来中国美学发展面临的主题是中国古代美学资源的现代转化问题。因为中国古代美学资源虽有着与现代美学相异的面貌，但有着巨大的价值，无论从民族立场还是从美学自身建设来说，都需要利用这一宝贵的资源，以便建设具有中国气派与中国面貌的现代美学形态。百年来中国美学界同仁为此付出艰辛努力，本丛书15位美学家的奋斗史也呈现了这种为中国美学民族资源现代转换而奋斗的现实状况。中国现代美学发展还面临着学术与革命的二重变奏，此前被认为是启蒙与救亡的二重变奏，有"救亡压倒启蒙"之说。但笔者倒认为，无论是启蒙与救亡，或者是学术与革命，都是历史的宿命，可以说不是美学工作者自己所能选择的，而且两者之间不仅是一种矛盾，也呈现一种互补。正是在民族救亡的抗日战争硝烟烽火之中，才出现了中国现代"为人民"与"为人生"的美学，才涌现了充满民族情怀的文艺作品，成为中华民族史的辉煌篇章。新中国成立后发生在中国的两次美学大讨论，面临着美学自身学术的发展与批判唯心论革命任务的二重变奏，使得唯物与唯心成为衡量正误的标准，这当然有限制学术发展的局限，但也促使美学界同仁钻研马克思主义，特别是马克思的《1844年经济学哲学手稿》，使得我国现代美学的马克思主义水平有了明显提高，这也是一种重要的学术收获。

本丛书收入的15位美学家其历史跨越幅度较大，基本上可分为中国现代美学开创奠基时期、建设发展时期与当代反思超越时期等三个时期。我们分别按照不同时期对于15位美学家做一个基本介绍。

首先是从20世纪初期开始直至新中国建立前的开创奠基时期,众所周知,包括美学在内的诸多人文学科的现代开创奠基之功首先归于王国维与蔡元培,现代形态的美学与美育就是他们率先引进并加以初步构建的。前已说到"美学"一词就是由王国维认可而从日本引进的。王国维还在1903年《论教育之宗旨》一文中首倡"美育",并将之界定为"心育",并提出了美育的"无用之用"的重要作用。当然,王国维还在著名的《人间词话》中提出了"审美的境界"论,继承古代"意境"之说,吸收西方理念之论,成为20世纪中西交融美学之重要成果。

蔡元培也是中国现代美学的重要奠基者之一,他以中西交融的学术修养和崇高的政治学术地位对现代美学,特别是美育的发展与传播做出了杰出的贡献。首先是以其担任教育总长与北大校长的便利,将美育首次纳入教育方针,并力倡"以美育代宗教"之说,强调了美育的科学与民主精神。蔡氏还在美学与美育的学科建设与课程建设上进行了开创性的探索。

朱光潜、宗白华与蔡仪则是继他们之后中国现代美学的开创者与奠基者。朱光潜在20世纪20年代后期即开始在中国倡导美学,并在美学基本知识、文艺心理学、悲剧美学、西方美学与中西比较美学等诸多方面最早进行研究介绍,出版《谈美》《悲剧心理学》《文艺心理学》《诗论》等论著,产生了重大影响,成为现代中国美学史上用力最多最专、影响最广的美学家之一。朱光潜对我国西方美学研究领域有开拓之功,他在新中国成立前的两本心理学论著就是以西方文献为主,并于1948年出版《克罗齐哲学述评》,其中对克罗齐直觉论美学的评述,使其成为我国研究西方美学的领跑者。特别是1963年出版的《西方美学史》,奠定了我国西方美学学科的发展基础,成为该领域的经典。朱光潜倾其毕生精力于西方美学论著的翻译,译介了柏拉图《文艺对话集》、黑格尔《美学》与维科《新科学》等名著,为我们提供了集信、达、雅于一体的西方美学经典译本,惠及一代又一代学人。朱光潜也是我国主客观统一的"创造论美学"的奠基者。在1957年开始的那场美学大讨论之中,朱光潜作为被批判者一方面努力学习马克思主义论著,一方面积极应对论争。他根据马克思主义基本观点明确表示不同意当时占据话语统治地位的"认识论"美学,因为"依照马克思主义把文艺作为生产实践来看,美学就不能只是一种认识论了,就要包括艺术创造过程的研究了"。朱光潜认为艺术创造是以主客观统一为前提的,他的创造论美学是我国美学大讨论的重要理论收获之一。朱光潜还是我国中西美学比较研究的开创者之一,他早期写作的《诗论》,应用文艺心理学原理,采用中西比较方法,对中国传统诗学与美学进行了认真的梳理,是我国现代中西比较美学研究的重要成果。朱光潜晚年潜心钻研马克思主义基本理论,特别是《1844年经济学哲学手稿》,写作了《谈美书简》和《美学拾穗集》,力图以马克思主义为指导研究美与美感、形象思维、现实主义与浪漫主义等基本问题,成为马克思主义美学中国化的可贵探索。朱光潜为我国美学事业奋斗了一生,被称为"美学老人",其作品和思想在国内外具有广泛深远的影响。

宗白华是我国古代美学研究的重要开创者与奠基者。宗白华有深厚的西方学术功底,曾经留学欧洲,翻译了多种西方美学经典,特别是他所翻译的康德《判断力批判》上卷,表现了对于康德美学的深刻理解,成为该论著的翻译经典,至今仍有重要价值。但宗白华却将自己的研究视角聚焦于中国古代美学,在中西结合的广阔视域中提出"气本论生命美学",为立足本土创建具有中国特色的美学理论奠定了基础,做出了示范。宗白华于20世纪80年代出版的《美学散步》与《艺境》,成为现代中国美学研究的经典读本和当代研究古代美学的必备之书,被广泛地引用与研究。宗白华于1928年前后写作《形上学——中西哲学之比较》,又于1979年发表《中国美学史中重要问题的初步探索》等文,为中国古代美学研究奠定了哲学的基础。在前文之中,宗白华明确将西方哲学(包括美学)基础表述为抽象时空之几何哲学,中国乃"四时自成岁之历律哲学",划分了西方美学之科学主义与中国美学之天人合一人文主义之区别。后文乃第一次将《周易》作为我国最重要的古代美学经典之一,指出"《易经》是儒家经典,包含了宝贵的美学思想。如《易经》有六个字:'刚健、笃实、辉光',就代表了我们民族一种很健全的美学思想"。这就为后人的中国美学研究奠定了扎实的理论基础。宗白华首次提出中国古代美学研究应以传统艺术与艺术创作为中心,由此开辟了中国传统美学独特的研究路径。他说，"在西方，美学是大哲学家思想体系的一部分，属于哲学史的内容……在中国，美学思想却更是总结了艺术实践，回过头来又影响艺术的发展"；因此，他主张"研究中国美学史的人应当打破过去的一些成见，而从中国极为丰富的艺术成就和艺人的思想里，去考察中国美学思想的特点"。他本人正是这样实践的，总结了绘画、戏剧、建筑、音乐、诗歌之中的美学思想，别开生面，使人耳目一新。宗白华还以中西比较的视野建构了中国传统美学研究的特殊内涵。首先是他对中国传统美学"意境"的理论进行了全新的研究与阐释，将意境阐释为"有节奏的生命"或"生命的节奏"；同时，宗白华还深入研究了中国传统美学之中的时间与空间关系，提出中国传统美学化空间于时间的重要艺术论题，对中国传统美学的虚实相生进行了独特的研究。宗白华还阐发了中国传统美学的其他有关范畴，例如国画的"气韵生动"、书法的"筋血骨肉"、建筑的"飞动之美"、戏曲的"以动代静"、舞蹈的"生命玄冥的肉身化之美"、音乐的"声情并茂的胜妙之美"和诗歌的"情景交融的意境之美"等等。可以说，宗白华的成果尽管字数不多，却是浓缩的精华，可谓字字千金。

蔡仪是中国现代唯物主义美学的开创者与积极推动者。他于20世纪40年代白色恐怖的历史语境下，排除重重障碍写作出版了著名的《新艺术论》和《新美学》两本专著，以大无畏的理论勇气力批当时盛行的唯心主义哲学与美学理论，系统而有力地创立了富有理论特色的唯物主义美学与艺术思想体系。他在《新美学》开头第一句话就指出：旧美学已完全暴露了它的矛盾，而他的新美学是以新的方法建立新的体系。他在这两本著作之中明确提出"美在客观事物"与"美在典型"等崭新的美学理论观点，被称为"中国现代第一个依据自己的思考去表述自己的有系统的美学思想的学者"。新中国成立后，蔡仪继续以其对马克思主义的信仰与对真理的追求，带领他的团队为创立中国特色的马克思主义的唯物论美学而奋斗，进行了科研、学生培养与文献译介等一系列富有成效的学术工作。特别是以其坚持真理、矢志不渝的精神投入第一、二次美学大讨论之中，树起了"客观派"的美学大旗，深入阐释了他所坚持的马克思主义唯物主义美学原理，积极参与学术论辩，建构具有鲜明特色的中国式的马克思主义唯物主义美学体系。该体系包括"美在客观存在""美的认识""美是典型"等紧密相关的美学范畴。蔡仪旗帜鲜明地提出："美的本质是什么呢？我们认为美是客观，不是主观。"他又说："美的事物就是典型的事物，就是种类的普遍性、必然性的显现者。"后来蔡仪又引入了马克思《1844年经济学哲学手稿》中有关"美的规律"的论述，认为美的客观性与典型性表现为按照美的规律来造形。蔡仪还提出了"自然美""社会美""具象概念"与"美的观念"等美学范畴，具有创造性的学术价值。他所主编的《文学概论》教材为推动我国高校美学与文艺学教学起到重大作用。

我国美学发展的第二个时期是新中国成立之后，在马克思主义与毛泽东思想的指导下美学有了新的发展，具有显著的中国特色。这一时期最重要的美学学术事件就是两次美学大讨论，使得美学出现了从未有过的兴盛，尤其改革开放后的第二次美学大讨论更是兴起了一股美学热，为世界美学史所罕见。新中国成立后的美学发展交织着革命与学术的二重变奏，所谓"革命"是指第一次美学大讨论起源于对唯心主义美学观之批判，目的是进一步普及马克思主义的唯物论，政治的指向性非常明显，大讨论中的政治色彩也非常浓厚；所谓"学术"是指这次美学大讨论是以"百家争鸣，百花齐放"的方式展开的，也就是说大讨论的过程中对于所谓唯心主义观点一般当作"学术问题"处理，而其结果也的确在一定程度上起到了普及马克思主义唯物论的作用，产生了以李泽厚为代表的"实践论"美学，其具有科学性与理论的自洽性，极大地影响到中国很长一段时期内美学学科的发展及其面貌。本丛书涉及的李泽厚、汝信、蒋孔阳、刘纲纪、胡经之、周来祥与叶秀山就是这一时期的代表人物。

李泽厚是新中国成立后我国美学研究领域的标志性人物，是社会论实践美学的创立者与两次美学大讨论的重要推动者，也是少有的具有重要国际影响的中国现代美学家。他是巴黎国际哲学院院士、美国科罗拉多学院荣誉人文学博士，其《美学四讲》入选著名的《诺顿文学理论与批评选集》。李泽厚在哲学基本理论、中国思想史、美学与伦理学领域均有重要建树。在美学领域，他成为第一次美学大讨论社会学派的领军人物，在这次美学大讨论中起到实际的主导作用。在20世纪80年代的第二次美学大讨论中他力倡的"主体性"理论成为改革开放后思想解放运动的代表性思潮。他更加明确地提出"实践论美学",以马克思关于物质生产实践是人类一切活动之基础的理论为指导,提出"人化自然""实践本体""情本体"与"积淀说"等一系列具有独创性的美学观点。他出版了《批判哲学的批判》《美的历程》《华夏美学》与《美学四讲》等经典美学论著。晚年,李泽厚深入研究中国传统文化,探索"以儒学代宗教"的"天地境界论",提出"中国审美主义的感情以深植历史性为'本体'"的"以美育代宗教"之说。李泽厚强调的"美是合规律性与合目的性的统一""救亡压倒启蒙"与"中国文化的儒道互补"等观念对中国现代美学的发展产生了重要影响。

汝信是这一时期西方美学学科的重要开拓者,他早在20世纪50年代就开始了西方哲学与美学的研究,并于1958年在《哲学研究》上发表《论车尔尼雪夫斯基对黑格尔美学的批判》。1963年又出版了《西方美学史论丛》,是国内第一本以西方美学为主题的综合研究著作,与同年出版的朱光潜的《西方美学史》一起,标志着在我国西方美学已经成为一门独立的学科。1983年汝信又出版了《西方美学史论丛续编》。汝信坚持马克思主义指导西方美学研究,特别坚持马克思主义唯物史观的指导。他从宇宙观、认识论、伦理观与政治思想等方面全面地、认真地研究柏拉图的美学思想,对新柏拉图主义的重要代表普罗提诺进行了深入剖析,填补了这一方面的研究空白。他的《黑格尔的悲剧论》深刻剖析了黑格尔悲剧论广阔的历史感与社会文化视野，成为西方美学研究的范本。汝信还对俄国别林斯基、车尔尼雪夫斯基与普列汉诺夫等人的美学思想进行了深入的研究，均有开拓的价值。汝信用具有说服力的材料批驳了当时苏联哲学界流行的将德国古典哲学说成是德国贵族对于法国大革命的一种反动的错误判断，论证了青年黑格尔是当时德国新兴资产阶级的思想代表，黑格尔的辩证法反映了资产阶级上升时期的愿望和要求。汝信对黑格尔的劳动和异化理论的开拓性研究填补了国内研究的空白。此外，他在现代西方美学研究方面有许多新的拓展。20世纪80年代，汝信到美国哈佛大学访学之时即逐步将美学研究的注意力转向黑格尔以后发展起来的另一条相反的思想线索，即以个人为特征的由克尔凯郭尔和尼采所代表的社会思潮。此时汝信逐步转向现代西方哲学与美学研究，他率先并引领学生发表了有关文章，出版了专著，在国内学术界开风气之先，影响深远。汝信不仅在西方美学理论研究方面辛勤耕耘，还直接从西方艺术作品与古迹中去找寻美，并于1992年出版了《美的找寻》一书，成为西方美学审美意识研究的重要范本。他担任主编，历时九年写作出版了四卷本《西方美学史》，以其资料的原初性与理论创新性为特点，成为进入西方美学研究的"钥匙"。1998年，汝信担任中华美学学会第三任会长，以其谦虚、开放与睿智的人格与扎实学风富有成效地引领中国美学学科由20世纪进入21世纪。

　　蒋孔阳是我国现代美学建设发展时期最重要的代表人物之一，他的美学贡献是多方面的。首先，他是我国现代西方美学研究的奠基者之一，1980年《德国古典美学》出版，该书是蒋孔阳的代表作，也是我国第一部断代的西方美学专著，在国内外均产生了重大影响。该书以整体研究的方法，坚持唯物史观的指导，对德国古典美学的产生、发展与内涵进行了深入的研究与阐发，具有独到的见解。蒋孔阳还与朱立元一起主编了七卷本《西方美学通史》，是迄今为止我国最全的一部西方美学通史，对西方美学研究起到了重要推动作用。蒋孔阳是中国古代音乐美学研究的奠基者之一，他于1986年出版的《先秦音乐美学思想论稿》一书，引起广泛影响，至今仍然是音乐美学领域的经典论著之一。蒋孔阳首先确定了中国古代音乐美学的重要地位，认为公元前2世纪的《乐记》完全可以与古希腊亚里士多德的《诗学》相媲美。他以唯物史观为指导，从经济社会的广阔背景上研究了先秦音乐产生的社会文化根源。蒋孔阳以扎实稳妥的文献考订为基础，探索了中国先秦时期音乐思想的特殊范畴及丰富内涵。他还采取整体研究方法，将先秦时期诸多学派的音乐思想作为一个整体来审视。蒋孔阳是我国美学大讨论的主将，也是实践派美学的重要参与者与创新者之一。特别是1993年出版的《美学新论》，是他一生美学研究的总结，也是新时期我国美学研究的重要成果与收获。他突破了实践美学"美先于美感"的基本判断，提出美与美感同生同在的观点。美与美感到底谁先谁后呢？他说，"从生活和历史的实践来说，我们很难确定先有那么一个形而上学的、与人的主体无关的美的存在，然后再由人去感受和欣赏它，再由美产生出美感来",事实上,美与美感,像"火与光一样,同时诞生,同时存在"。这实际上是对实践美学的重大突破,并从实践美学的人生本体走向审美关系论美学,因此蒋孔阳的"新美学"可以概括为"审美关系论美学"。他提出了审美关系的四重属性:感性基础、自由属性、整体属性与情感属性。蒋孔阳突破了实践美学将实践局限于物质生产的理论界定,而是将精神生产甚至是审美活动也看作一种实践。蒋孔阳还在《美学新论》中突出了审美的"创造性"特色,提出独树一帜的"多层累的突创说"。总之,蒋孔阳的审美关系论美学是新中国成立以来直至20世纪90年代我国美学研究的一个总结。

刘纲纪是我国美学建设发展时期的重要推动者,他在美学基本理论、中国古代美学与书画美学方面取得一系列具有突破性的重要成就。刘纲纪是我国两次美学大讨论的重要参与者,也是实践美学的重要开创者之一。他在20世纪80年代出版的《艺术哲学》已经成为实践美学的经典论著之一。刘纲纪从研究马克思《1844年经济学哲学手稿》出发,提出"社会实践本体论"的重要观点,认为马克思的本体论在本质上是实践本体论,并认为物质生产实践是艺术、美感与美的本源,认为劳动对美的创造还与人类生活实践创造紧密结合。刘纲纪构建了一个实践美学理论框架,这个框架以实践本体论为哲学基础,以创造为主体性活动,最后以自由为人的根本诉求,可概括为"实践—创造—自由"相统一的美学体系。刘纲纪继承宗白华美学传统并加以发展,成为中国美学领域的重要开拓者之一。20

世纪80年代，刘纲纪与李泽厚共同主编《中国美学史》，特别是由刘纲纪独立执笔撰写的第一、二卷被认为是中国美学史的开山之作。该著作提出了中国美学史的对象、任务、特征与分期等问题，以及儒、道、释、禅四大主干的重要观点和中国美学史的六大特征，为中国美学史的进一步发展奠定了基础。刘纲纪于20世纪90年代初出版的《周易美学》是对宗白华周易美学研究的拓展，成为中国周易美学研究的经典之作。刘纲纪准确地提出将《周易》作为中国古代美学研究的切入点，挖掘其生命论美学内涵，为中国古代美学进一步健康发展找到了一条较佳路线。刘纲纪结合中国美学特别是周易美学特点提出，中国美学常常在没有"美"字的地方包含着美的内涵，从而揭示了中国美学的特殊性所在。他还具体揭示了《周易》之"元亨利贞"与"阳刚阴柔"所包含的美学内涵。刘纲纪还从中西比较视野深入阐释了《周易》之生命论美学相异于西方的特殊价值意义，《周易美学》是中华美学走向世界与走向现代的有益尝试。刘纲纪还是著名书画家，在书画美学领域建树颇多。

胡经之教授是我国文艺美学学科的重要倡导者。1980年在昆明召开的全国首届美学会上，胡经之在发言中指出，高等学校的美学教学不能只停留在讲美学原理的层面，还应开拓和发展文艺美学。这实际上是在改革开放背景下贯彻"解放思想，实事求是"思想路线的结果，试图突破以政治代艺术的错误思潮，加强对文艺内部规律的研究。胡经之又于1982年1月在北京大学出版社出版的《美学向导》一书中发表《文艺美学及其他》一文，第一次从独立学科的角度论述了文艺美学。他还于1989年在北京大学出版社出版的《文艺美学》学术专著中，全面论述了文艺美学的对象、方法与内涵。胡经之教授还主编了与文艺美学有关的《中国古典美学丛编》《中国现代美学丛编》《西方文艺理论名著教程》等书，为中国文艺美学的进一步发展奠定了文献基础。正是在胡经之等学者的不懈努力下，文艺美学正式进入被教育部认可的学科体系，成为中国语言文学学科的二级学科文艺学的重要学科方向之一，进而培养了数量众多的研究人才。

周来祥是我国美学建设发展时期的重要参与者与积极推动者。他从事美学研究60多年，涉及领域广泛，在美学基本理论、文艺美学、中国古典美学、中西比较美学与审美文化史等方面均有特殊贡献，尤其是他倾其毕生精力创立并发展了"和谐美学学派"，影响深远。他于1984年就出版了《论美是和谐》，此后又出版了《再论美是和谐》《三论美是和谐》与《古代的美 近代的美 现代的美》等论著，全面阐释了"美是和谐"的基本命题。周来祥是中国两次美学大讨论的积极参与者和实践派美学的重要推动者。他以社会实践为哲学前提，而其学术指向则是"和谐"，即"人与自然、人与社会、人与自身的和谐"，和谐既是美学追求的最高目标，也是人生最高的审美境界。他以马克思主义为指导论述了古代素朴的和谐美、近代的崇高美以及社会主义的新型的辩证的和谐美，构建了自己的"文艺美学"体系，被称为"和谐论文艺美学"。周来祥还以"和谐美学"为指导对中西美学进行了深入的比较研究,撰写了《中西古典美理论比较研究》等专著,他认为中西美学都以古典和谐美为理想,既有共同规律又有各自特点。周来祥还以"和谐美学"为指导主编了大型的六卷本《中华审美文化通史》,在中国审美文化研究方面多有建树。

在我国美学的建设发展时期,还必须提到叶朗教授对于中国传统美学研究发展所做出的重要贡献,他的《中国小说美学》《中国美学史大纲》与《美在意象》成为我国新时期传统美学研究的代表性成果。

叶秀山是我国著名哲学家与美学家,中国社科院学部委员。他的主要成就在于西方哲学研究上的诸多创新,但叶秀山对于美学也有着浓厚的兴趣,并积极参与,著作甚多,影响深远。他曾经参与了王朝闻主编的《美学概论》的编写,历时四年,做出了自己的贡献。在美学理论上,他于1988年出版著名的《思·史·诗》,成为我国最重要的现象学哲学与美学论著之一。该书深入地论述了现象学领域中哲思、历史与诗歌的关系,以及后现代理论家对此的解构与超越,给我国当代美学建设诸多启发。他于1991年出版《美的哲学》一书,该书并没有局限于美学学科内部研究范式,探讨"美"的本质与现象,而是从哲学的高度进行高屋建瓴式的阐发。叶秀山通过剖析人与世界的关系和人的生存状态,将艺术视为一种基本的生活经验和基本的文化形式、一种历史的"见证",在独特的哲学视角下阐释了自己的美学观与艺术观,呼吁让生活充满美和诗意。叶秀山对京剧与书法有着特殊的兴趣并进行了深入的研究。20世纪60年代开始,他出版了《京剧流派欣赏》与《古中国的歌——京剧演唱艺术赏析》等书,深入阐发了作为世界三大戏剧流派之一的京剧载歌载舞的艺术特征。他酷爱中国书法,曾经在20世纪70年代特殊时期偷偷研究书法艺术并练字。1987年他出版《书法美学引论》,提出"西方文化重语言,重说;而中国文化重文字,重写"的观点,开启了从这一特殊视角进行中西对话的新领域;并在该书中提出,中国书法"是一种活动的线条的舞蹈,那么,很自然地就会以草书作为它的范本",从美学的角度阐述了书法重节奏和韵律的美学特点,深化了我国书法美学研究。

20世纪90年代以来,中国改革开放进一步深化,工业化的弊端逐步显露。加上西方后现代文化的影响,中国文化领域逐步步入具有后现代色彩的反思与超越阶段。在美学领域,表现为对于两次美学大讨论,特别是对于"实践美学"的反思与超越,反思其固有的认识论理论根基、主客二分的思维模式与"人化自然"的理论局限,于是出现"后实践美学"。

首先是杨春时在1993年北京美学年会上提出了"超越实践美学,建立超越美学"的新见解,成为新时期当代中国美学的新气象。由此,出现"实践美学"与"后实践美学"的争论,这实际上是对实践美学的反思与超越,对于推进和活跃中国美学研究具有重要意义。杨春时也在批判以认识论为基础的实践美学的基础上建立了自己的生存论美学体系,用

"审美是自由的生存方式与超越解释方式"取代"美是人的本质力量的对象化"的定义，树立起自己的后实践美学的大旗。"生存"是其超越美学的逻辑起点，他认为，"生存"既不是"物的存在"，也不是"动物的存在"，而是"人的存在"，是一种"自我的存在""有意义的存在"。"生存"与"实践"的区别在于它有超越性的本质，以理想超越现实，以感性超越理性，以精神超越物质，以个性超越社会性。2002年之后，他从生存论走向存在论，从主体性走向主体间性，逐步建立起自己的以"存在"为本体的"主体间性"超越美学的理论体系。由此说明，中国美学发展终于开始与世界美学的发展相同步。

1900年，胡塞尔即提出"现象学"方法，"悬搁"工具理性时代流行的主客二分对立，后来又发展到"相互主体性"，即"主体间性"，欧陆现象学以及由之产生的存在论哲学与美学逐步成为哲学与美学的主潮。与之相应，英美分析哲学与美学日渐发展，以"分析"解构了各种理性主义的本质主义。中国新时期的"后实践美学"就是试图以这种现象学与分析哲学的武器，突破传统美学，建设当代新的美学形态。朱立元就是从实践美学阵营中脱颖而出的当代美学家。他是继朱光潜、汝信与蒋孔阳之后我国西方美学研究方面的代表人物。他先是协助蒋孔阳主编了七卷本的《西方美学通史》，本人也著有多本西方美学论著，具有广泛的影响。朱立元长期继承发展蒋孔阳的实践美学思想，并持此观点参加当代学术界有关实践美学的讨论。但从20世纪90年代中期以后，朱立元开始反思实践美学认识本体论的局限。他从哲学范畴"本体"即"存在"的视角思考突破实践美学认识本体论的理论框架,逐步形成自己的"实践存在论美学"理论。2004年,朱立元发表论文正式提出自己的美学思想"以实践论与存在论的结合为哲学基础"。2008年,朱立元主编的《实践存在论美学丛书》五卷本出版,将实践存在论美学以较为完整的理论形态呈现于学术界。朱立元的"实践存在论美学"的基本特点是将马克思的"实践"概念赋了"实践存在论"的崭新含义,实际上是对传统实践美学的突破与发展。他指出,马克思在《1844年经济学哲学手稿》中多次提到"存在论的"(ontologisch)一词,"有力地证明了马克思存在论思想和维度的客观存在"。他以马克思的"实践存在论"为出发点,突破传统的"美的本质"的美学研究逻辑起点,认为"审美活动是美学问题的起点",因为审美活动是人的实践存在方式之一,而审美活动正是审美关系的具体展开。为此,朱立元突破传统的"美、美感与艺术"的三元美学研究逻辑框架,提出"审美活动—审美形态—审美经验—艺术审美—审美教育"的美学研究逻辑框架。朱立元的探索是对传统实践论美学的突破,也是对马克思美学思想的新理解与新阐释,具有重要的学术意义。

承蒙山东文艺出版社的抬爱,将笔者作品也收入本丛书。笔者是从20世纪80年代初期由于教学工作的需要参与美学研究的,主要在西方美学、审美教育与生态美学方面用力较多。西方美学方面出版《西方美学简论》《西方美学论纲》与《西方美学范畴研究》等论著,审美教育方面曾出版《美育十讲》与《美育十五讲》等论著。收入本丛书的是生态美学方面的论文。生态美学是20世纪90年代中期在反思与超越的基础上产生的一种美学形态,笔者第一篇生态美学文章《生态美学:后现代语境下崭新的生态存在论美学观》发表于2002年,此后出版《生态存在论美学论稿》《生态美学导论》《生态美学基本问题研究》与《中西对话中的生态美学》等论著。生态美学产生于反思我国严重的环境污染、人类中心论的蔓延与美学领域实践美学的"人本体""工具本体"与"自然人化"等美学观点,在哲学基础上由传统认识论过渡到实践存在论,并由人类中心论过渡到生态整体论;在美学研究对象上突破"美学是艺术哲学"的观点,而将人与自然的审美关系包含在审美对象之中;在哲学方法上,突破传统美学主客二分的认识论方法,运用生态现象学方法;在自然审美上突破传统的"人化自然"的观点,认为没有实体性的自然美,自然美是审美对象的审美属性与人的审美能力交互产生的人与自然的审美关系;在审美属性上,否定静观美学,倡导"参与美学";在美学范式上突破传统的以如画为主的形式美学,倡导一种生态存在论美学,将诗意的栖居、家园意识与场所意识等引入生态美学;在传统文化上,认为中国传统社会以农为本的特点决定了中国传统美学本身就是一种生态的美学与艺术,是一种生生美学,应当发扬光大。生态美学是一种正在建设发展中的美学形态,需要更好地结合生活与文化的现实,在中西比较对话中加以完善,有望成为与欧陆现象学生态美学、英美分析哲学环境美学鼎足而立的中国特色生态美学。

回顾历史是为了更好地推动中国美学发展,当前我国进入中国特色社会主义建设的新时代,在"两个一百年"奋斗目标中,国家将"美丽中国"建设写到社会主义宏伟蓝图之上,为我国美学学科的未来发展开辟了更加广阔的天地。相信更多的青年学者会在美学学科中大展宏图,书写更加辉煌的美学篇章。

注:本文写作过程中参阅了科学出版社出版的《20世纪中国知名科学家学术成就概览》(哲学卷)等文献。

曾繁仁2018年9月29日写,2019年3月21日改定

目录

前言 / 001

第一辑　对实践美学的反思和再认识 / 001

实践美学哲学基础新论 / 002
试析李泽厚实践美学的"两个本体论" / 016
略论审美关系及其生成性
　　——纪念蒋孔阳先生九十诞辰 / 051
关于实践美学发展的构想 / 072

第二辑　走向实践存在论美学之途 / 079

走向实践存在论美学 / 080
简论实践存在论美学 / 100
我为何走向实践存在论美学 / 126
寻找生态美学观的存在论根基 / 142

略谈马克思实践观的存在论维度及其美学意义 / 153

略谈当代中国语境中的实践存在论美学 / 163

实践唯物主义视域下的"关系生成"论思想初探

　　——重读马克思《1844年经济学哲学手稿》札记之三 / 180

略论实践存在论美学的哲学基础 / 200

第三辑　关于实践存在论美学的论争与再思考 / 225

全面准确地理解马克思主义的实践概念

　　——与董学文、陈诚先生商榷 / 226

试论马克思实践唯物主义的存在论根基

　　——兼答董学文等先生 / 264

关于全面准确理解马克思主义哲学、美学的若干问题 / 296

马克思初步形成唯物史观的关节点

　　——重读《1844年经济学哲学手稿》札记 / 308

对ONTOLOGY与唯物、唯心之关系的考察 / 333

附录　朱立元美学著述年表 / 357

前言

大约两个月前,山东文艺出版社告知我打算编辑出版一套"中国现代美学大家文库",并且决定我入选为"大家"之一。接到他们的盛情邀请,我当然十分感谢,但又颇感惶恐。主要是我觉得自己虽然在美学研究方面做了一些工作,也取得了一些成绩,但是离"大家"特别是前辈美学大家的水平,还是差距较大。后来知道,被出版社选为"现代美学大家"的,有几位与我年龄相近的好友,于是答应了,但是心里终究还是有点惴惴不安。

我的学术研究领域,主要分为两大块:美学和文艺学。这次文艺学的成果,不在收录范围。而美学这一块,又分为美学理论与美学史(主要是西方美学史)研究两个方面。本人曾经在西方美学史,尤其是德国古典美学和现当代西方美学史研究方面用力较多,成果也不少,但是,我揣测本文库可能主要集中于美学理论方面,所以美学史研究的论文也没有考虑收录。本人在美学理论研究方面,由于时间跨度近40年,涉及的范围较广,内容也较多,比如20世纪80年代关于"共同美"问题的探讨、90年代初期关于马克思《1844年经济学哲学手稿》与美学问题的研究、90年代中期与"后实践美学"的论争,等等,这些论文由于主题比较分散,离今天时间较远,也基本不打算收录。所以,本书主要收录近20年来有关实践美学,主要是本人提出和倡导的实践存在论美学的一系列比较重要的论文。

"实践存在论"这个概念,确实最早是由我提出的①。但是,用来概括一种美学观念和理论,则是2000年以后,在与我的博士生们一起讨论中逐步形成的。所以,我一直明确地说,实践存在论美学是集体创作的成果,这绝不是故作谦虚,而是事实如此。实践存在论美学的基本思想,一是体现在我主编的、高等教育出版社出版的《美学》教材及其三版修改中,每一次修订,都体现了实践存在论美学的具体发展和深化;二是理论上集中体现在2008年由苏州大学出版社出版的《走向实践存在论美学》一书中,我在该书中论述了实践存在论基本思想的三个来源:最主要来源于马克思的《巴黎手稿》中关于与实践论紧密结合的现代存在论思想;其次是我的导师蒋孔阳先生以实践论为基础、创造论为核心的审美关系理论;间接地也受到海德格尔基础存在论思想的某些启示,这毋庸回避,但也不能夸大。该书书名用了"走向"

---

① 朱立元:《现实主义问题的哲学反思——兼与王若水、杨春时等同志商榷》,《文艺报》1989年1月7日。

一词，是我反复琢磨、刻意为之的，意图在表示实践存在论美学并没有完成，更没有完善，并不如某些学者所说的"形成了完整体系"。我在许多场合反复强调，迄今，实践存在论美学仍然在"走向"过程中，远没有完成，也许我这一辈子也不能完成。但是，这也没有关系，只要能为当代中国美学理论建设，提供某些参考，我就心满意足了。所以，我真心愿意倾听各种善意的、学理化的批评意见，帮助我不断发展、深化实践存在论美学，使之逐步走向完善。

本论文集分为三个部分：

第一部分是"对实践美学的反思和再认识"。笔者自认为实践存在论美学属于大实践美学的范围，只是对其中某些不足，特别是哲学基础方面的缺陷加以修正、改造和充实，所以，反思的目的不是全盘否定，而是有所继承，也有所突破和创新，特别是对李泽厚先生的"两个本体论"有所批评，而对蒋孔阳先生的审美关系理论则有所继承和发展。

第二部分"走向实践存在论美学之途"，主要是结合本人的学习马克思现代存在论思想、研究中国当代美学态势的心路历程，比较全面地叙述实践存在论美学提出和发展的来龙去脉、理论根据、基本框架、主要观点等等，同时，对当代中国美学理论中单纯的认识论思路、主客二分的思维方式等局限进行比较深入的反思，提出相应的解决之道。其中，对实践存在论美学的马克思主义哲学基础的探讨占了较多篇幅。原因在于学界对于马克思的现代存在论思想了解相对薄弱。一些人误以为存在论思想只属于海德格尔一人。其实，马克思早于海德格尔80多年就在《巴黎手稿》中，以确凿无疑的语言直接而明确地表述了现代存在论的思想，而且是在阐述人的感性实践活动、人的自我实现过程中来表述的。因此，在特定意义上，完全可以说，马克思的现代存在论思想就是实践存在论思想。笔者主张的实践存在论美学，其哲学根据，直接来源于此。

第三部分"关于实践存在论美学的论争与再思考"，主要收录2009—2012年学界关于实践存在论美学的争论中笔者的部分反批评文章。这场争论虽然是由对方的政治化批评挑起的，但是笔者始终只是紧扣学术问题，如对马克思的实践概念的历史与理论的理解，对马克思实践的唯物主义即历史唯物主义的存在论根基的论述等，都完全坚持学术化、学理化的讨论，摒弃乱扣政治帽子的做法。通过论争，笔者重新学习马克思、恩格斯的有关著作，颇有收益，不但坚定了实践存在论美学的基本思路和主张，而且激发起一些新的想法和理念，对于我继续努力"走向"实践存在论美学，大有裨益。

本书因为是论文集，不追求系统性，只是将这些年有关实践存在论美学的若干思考汇集起来，希望对有兴趣的读者有所帮助，同时，也欢迎同行专家批评指正。

朱立元

2018年8月31日

第一辑

对实践美学的反思和再认识

实践美学哲学基础新论

近两年来,我国八十年代影响最大的"实践美学"受到了一些中青年学者的尖锐批评,其中有相当一部分批评涉及实践美学的哲学基础问题。针对这些批评,我曾撰文进行过辨析①,现仍意犹未尽,特别是关于实践美学的哲学基础问题,还有一些新的想法,特写出来以求教于方家,并希望引起学术界的关注与讨论。

一

关于实践美学,过去一般只指以李泽厚先生为代表的那一派美学观点。但实际情况不完全如此。特别是八十年代以来,随着"美学热"的兴起,我国各派美学都有一定的发展,尤其是实践美学在发展中有所分化、有所突破,以蒋孔阳先生为代表的中国当代美学的第五派脱颖而出,走向成熟。蒋先生的美学思想以其新著《美学新论》为代表作②,集中体现了"实践美学"中与李泽厚先生美学观

---

① 见拙文《"实践美学"的历史地位与现实命运》,载《学术月刊》1995年第5期。

② 蒋孔阳:《美学新论》,人民文学出版社1993年版。

点颇为不同的另一学派的美学观点。

我之所以把蒋先生的美学学说仍放在"实践美学"名下，乃是因为：第一，我认为所谓"实践美学"乃是以实践论为哲学基础的美学理论或学说，而李、蒋二人的美学理论都是以实践论为哲学基础的，这是他们的共同之处。如李泽厚说："在我看来，自然的人化说是马克思主义实践哲学的美学上（实际也不只在美学上）的一种具体表达或落实。就是说，美的本质、根源来于实践，……这就是主体论实践哲学的美学观。"[1]又说："马克思主义的美学不是把意识或艺术作为出发点，而从社会实践和'自然的人化'这个哲学问题出发。"[2]可见，李泽厚只是在美学问题的哲学根源和出发点这个意义上引入实践范畴的，也就是说，实践论只是作为其美学观的哲学基础而存在的，所以，他很少称自己的美学理论为"实践美学"，倒是更多地称之为实践哲学的美学观或美学表达。同样，蒋先生也并未声明自己的美学观属于"实践美学"，但他的一系列美学基本观点，从人与现实的审美关系的产生与发展、美的本质、美的规律到美感的诞生与发展等，都是从人的社会实践出发，或以实践范畴为基础展开论述的，所以，我把蒋先生的美学理论概括为"以实践论为基础、以创造论为核心的审美关系说"[3]。这里的"基础"即哲学基础，而不是说蒋先生从实践范畴直接简单地推演出其整个美学理论与范畴系统。正是在以实践论为美学的哲学基础的意义上，我把李、蒋二位先生的美学理论都纳入实践美学的大范围之中。虽然，

---

[1] 李泽厚：《美学四讲》，三联书店1989年版，第63页。
[2] 李泽厚：《批判哲学的批判：康德述评》，人民出版社1984年版，第414页。
[3] 见拙文《当代中国美学"第五派"》，载《当代中国美学新学派》，复旦大学出版社1992年版，第2页。

二者在美学的研究对象、逻辑起点、理论思路、推演逻辑、主要命题、基本范畴和概念等各个重要方面都存在诸多区别，但并不妨碍它们都成为以实践论为哲学基础的实践美学。第二，从对实践美学的批评者方面来说，似乎并未对李、蒋二人的观点加以区别，也就是说，他们也是把李、蒋二人的美学理论看成同属实践美学范畴。如对从"自然的人化"（李泽厚）或"人的本质力量的对象化"（蒋孔阳）的哲学命题切入，探讨美的本质，批评者们就从不加以区分（实际上是有区别的），而是都归到"实践美学"的名下加以批评。由此可见，实践美学的辩护者和批评者在把李、蒋二人的美学理论都纳入"实践美学"名下这一点上，并无异议。

需要说明的是，笔者本人对李、蒋二人的具体美学观点持有的这种态度，即：对李的美学观，有赞成方面，也有不同意方面；而对蒋的美学观，则基本赞同。但本文将不对二人的美学观点加以具体辨析或评议，而想主要就二人美学理论共同的哲学基础——实践论作一些理论上的探讨。

二

实践论何以能成为实践美学的哲学基础？或者是说，实践论在何种意义上为实践美学提供了哲学基础？

首先，最根本的，实践论是马克思主义唯物史观的核心。以实践论为哲学基础，实质上也就是以唯物史观为哲学基础。这也是在最高层次上对实践美学哲学基础的概括。

实践概念，在马克思主义经典作家那里，主要是一个社会历史范畴。早在《关于费尔巴哈的提纲》中，马克思就鲜明地提出："哲学家们只是用不同的方式解释世界，而问题在于改变世界。"①就是说，马克思主义哲学与传统哲学的主要区别在于它不仅解释世界，更强调在解释基础上把重点放在"改变世界"即社会实践上。这种"改变"，不仅是对自然、物质世界的改造，更是对现存社会关系的改造。他说，"社会生活在本质上是实践的"②，指明了实践的社会本性和社会生活的实践本性，使我们不至于把实践局限于人与自然的表面关系上，而忽视了实践在人与人的社会关系中的核心地位。

尤为重要的是，马克思、恩格斯正是从实践范畴出发，直接推导出了一种同当时占主导地位的旧哲学观（唯心史观）相对立的新历史观，即唯物史观：

>……这种历史观就在于：从直接生活的物质生产出发来考察现实的生产过程，并把与该生产方式相联系的，它所产生的交往方式，即各个不同阶级上的市民社会，理解为整个历史的基础；然后必须在国家生活的范围内描述市民社会的活动，同时从市民社会出发来阐明各种不同的理论产物和意识形态，如宗教、哲学、道德等等，并在这基础上追溯它们的产生的过程。……这种历史观和唯心主义历史观不同，它不是在某个时代中寻找某种范畴，而是始终站在现实历史的基础上，不是从观念出发来解释实践，而是从物质实践出发来解释观念的形成……③

---

① 《马克思恩格斯选集》第1卷，人民出版社1995年版，第57页。
② 同上，第56页。
③ 同上，第92页。

十分清楚,"从物质实践出发"这一个全新的出发点,颠覆了头足倒置的唯心史观,推导出全新的唯物史观。

正是在上面两层意义上,马、恩把自己的哲学思想或唯物史观鲜明地概括为"实践的唯物主义",他们指出:"实际上,而且对实践的唯物主义者即共产主义者说来,全部问题都在于使现存世界革命化,实际地反对并改变现存的事物。"①很显然,在马克思主义经典作家那里,"实践的唯物主义"与唯物史观基本上是同义的。而我们用以充当实践美学的哲学基础的实践论,首先也应在这一根本意义上加以理解,即把美学建立在以实践为核心范畴的唯物史观的基础上。

实践美学的唯物史观作为哲学基础,这表明了实践美学的鲜明的马克思主义性质。恩格斯明确指出,"凡不是自然科学的科学都是历史科学"②。我的理解是,一切社会科学与人文科学都属于"历史科学",而一切历史科学都应受唯物史观指导,都应以唯物史观为哲学基础,正如恩格斯所强调的,唯物史观"不仅对于经济学,而且对于一切历史科学都是一个具有革命意义的发现"③,都具有根本性的指导意义。这里,"一切历史科学",无疑应包括美学、文学艺术在内。而自觉的以实践论为基础的实践美学自然更应以唯物史观为哲学基础了。

三

那么,实践美学主要是在本体论意义上还是在认识论意义上以

---

① 《马克思恩格斯选集》第1卷,人民出版社1995年版,第75页。
② 《马克思恩格斯选集》第2卷,人民出版社1995年版,第38页。
③ 同上。

实践论为其哲学基础呢?

有的同志认为是在认识论意义上,这是因为毛泽东的实践论主要是认识论,而现在国内美学界不少人还是把传统西方美学的认识论框架作为建构美学理论的依据,所以侧重于从认识论角度引入实践论基础;有的同志则强调在本体论意义上设置美学的实践论基础,但他们对本体论的理解则并不完全准确,主要是把本质、本源与本体、本体论混为一谈了。但我以为,作为实践美学哲学基础的实践论,既不单纯以本体论方式,也不单纯以认识论方式出现,而是实践本体论与实践认识论的统一。

先谈实践本体论。

关于"本体论",目前学术界,包括哲学界,都存在不同的理解。一种比较流行、被不少人接受的看法是,把本体理解为本原、本质,因而把研究一切实在的最终本性、最高本质的理论称为本体论。甚至一些权威的哲学辞典也把"本体论"定义为"哲学中关于世界本原或本性问题的理论部分"[①]。其实,这是一种较严重的误解。

"本体论"是对译西文Ontology的一个译名,它的本义不是中文意义上的"本体"或"本原""本质",而是关于"有"或"在"(存在)的学说,即关于Being的理论。据目前掌握的资料看,最早为"本体论"下意义的是德国理性派哲学代表沃尔夫,他说:"本体论,论述各种关于'有'(OZ)的抽象的、完全普遍的哲学范畴,认为'有'是唯一的、善的;……这是抽象的形而上学。"[②]在西方,对"本体论"的这种定义被普遍认可,一直延续至今,并未引起误

[①]《哲学大辞典》(马克思主义哲学卷),上海辞书出版社1990年版,第188-189页。

[②] 转引自[德]黑格尔:《哲学史讲演录》第四卷,商务印书馆1978年版,第189页。

解,直至最新版(15版)的《不列颠百科全书》仍对"本体论"持这一看法,说"本体论"是"研究Being本身,即一切实在性的基本特性的一种学说"①。因此,把"本体论"理解为存在("有""在"或"是")论即研究存在的学说似较贴近于本体论的原意。

实践本体论也须从存在论角度加以阐释。马克思主义的唯物史观在一定意义上包括本体论,即包括人的社会存在的理论,并以此作为其整个哲学的基石与出发点。马、恩早期著作《德意志意识形态》明确从存在论出发,指出:"任何人类历史的第一个前提无疑是有生命的个人的存在",而这种"个人的存在"不能仅从生理、地理、气候等自然角度去解释,而应从人的物质劳动实践去说明,"这些个人把自己和动物区别开来的第一个历史行动并不是在于他们有思想,而是在于他们开始生产自己所必需的生活资料"②。马、恩进一步指出,"这种生产方式"即实践,"不仅应当从它是个人肉体存在的再生产这方面来加以考察","它在更大程度上是这些个人的一定的活动方式,是他们表现自己生活的一定方式","这取决于他们进行生产的物质条件"③。也就是说,要从人们的物质生产条件、方式来考察人的存在(活动、生活)方式。马、恩认为对人们这种存在论的考察是唯物史观的前提,"任何历史观的第一件事情就是必须注意上述基本事实的全部意义和全部范围,并给予应有的重视",而唯心主义却"从来没有这样做过,所以他们从来没有为历史提供世俗基础"④。马、恩认为,由人的物质生产活动这

---

① 见《不列颠百科全书》第9卷,1989年英文版第958页"Ontology"条目。
② 《马克思恩格斯选集》第1卷,人民出版社1995年版,第67页及注〔1〕。
③ 同上,第67—68页。
④ 同上,第79页。

种现实存在方式出发,即"在现实生活面前,正是描述人们的实践活动和实际发展过程的真正的实证科学(按:即唯物史观)开始的地方"①。需要说明的是,马、恩这里讲的个人的存在方式绝非抽象、孤立的"类"的个人,而是指的现实的社会关系中的人,也即社会的人。他们强调,"这里所说的人们是现实的,从事活动的人们,他们受自己的生产力和与之相适应的交往的一定发展——直到交往的最遥远的形态——所制约"(按:"交往"即人们之间的社会交往关系),"人们的存在就是他们的现实生活过程"②,也就是他们的生产实践活动过程。而"人们在生产中不仅仅同自然界发生关系。……为了进行生产,人们便发生一定的联系和关系。只有在这些社会联系和社会关系的范围内,才会有他们对自然界的关系,才会有生产"③。所以,人们的存在方式只能是社会实践方式即社会存在的方式。马克思后来在对唯物史观作经典表述时仍未放弃上述本体论的立场和出发点,他说:"物质生活的生产方式制约着整个社会生活、政治生活和精神生活的过程。不是人们的意识决定人们的存在,相反,是人们的社会存在决定人们的意识。"④这里,"人们的社会存在"显然主要指人们的"物质生活的生产方式",这属于人们社会实践的主要内容。

据此,我们可以确认,马克思主义哲学包括本体论。这是一种"社会存在本体论"(按:借用卢卡契的提法)。而社会实践是人们的存在的基本方式,或者说,"社会存在"的主要内容即人们的社

---

① 《马克思恩格斯选集》第1卷,人民出版社1995年版,第73页。
② 同上,第72页。
③ 同上,第344页。
④ 《马克思恩格斯选集》第2卷,人民出版社1995年版,第32页。

实践活动，因此，在一定意义上，也可以把马克思主义本体论概括为社会实践本体论，或简称为实践本体论。实践本体论是唯物史观的出发点与根本所在，是马克思主义哲学的基本组成部分。当然马克思主义的本体论与西方哲学史上的一切本体论都有本质的区别。这里就不谈了。

实践本体论如何成为美学的哲学基础，或者说，实践本体论对于美学理论建构的意义主要体现在哪里呢？从目前国内实践美学派的理论来看，主要体现在以下四方面：

第一，把实践本体论作为唯物史观的出发点来确立美学的最根本出发点（不是逻辑起点），即不是从作为社会意识之一的艺术出发，而是从最终决定人们社会意识的社会存在，主要是物质实践出发来考察、研究艺术。

第二，把实践范畴引入审美和艺术的发生学，用人类社会的实践来解释艺术和审美发生的最终的即哲学的根源。譬如说，蒋孔阳先生的美学是从人与现实的"审美关系"出发的，但这种审美关系最初附庸于诸实用关系中，并无独立意义。蒋先生从实践本体论出发，提出这种审美关系是人类通过漫长劳动实践，随着精神和实践感觉能力的日益丰富、提高而形成、发生，并逐步从实用关系中分化、独立出来的。这就揭示了审美关系发生的哲学根源。

第三，把实践本体论同审美心理学结合起来，揭示人类审美活动的心理机制与根源。如李泽厚先生就强调人类"通过长期的生活实践（首先是劳动生产的基本实践）"在双向的自然人化中"产生了美的形式和审美形式感"（审美发生学）；他并提出，"只有把格式塔心理学的同构说建立在自然人化说即主体性实践哲学的基础上，使'同构对应'具有社会历史的内容和性质，才能进一步解释美和审美诸问题"①。这里实践本体论成为审美心理学的哲学基础。

第四，李泽厚先生把实践本体论与实践认识论结合起来，提出了美学上的"积淀"说。他认为，认识、道德、审美"都来源和从属于人类"，"人类以其使用、制造、更新工具的物质实践构成了社会存在的本体（简称之曰工具本体），同时也形成超生物族类的人的认识（符号）、人的意志（伦理）、人的享受（审美），简称之曰心理本体。理性融在感性中、社会融在个体中、历史融在心理中……有时虽表现为某种无意识的感性状态，却仍然是千百万年的人类历史的成果；深层历史学……如何积淀为深层心理学（人性的多元心理结构），就是探究这一本体的基本课题"②，美学即其中之一，主要研究心理本体审美方面的历史积淀方式与内容。

近十几年，我国实践美学在上述几方面依托实践本体论，取得了丰硕的研究成果，但也存在一些问题和不足，在我看来主要有：第一，有的美学家在将实践本体论引入美学时有一些简单化的倾向，即把实践范畴直接作为美学的逻辑起点，或直接用作解决美学基本问题（如美的本质、美感的本质等）的万能范畴，而缺少推演的一系列具体中介，这样就给人以一般化和大而无当之感，缺乏理论说服力。这里的问题在于把本应作为美学哲学基础的实践本体论和实践范畴直接拿来充当美学的基本范畴，其结果无法真正解决美学基本问题，反倒使实践范畴失去了哲学本体论意义。第二，有的美学家对实践范畴理解较窄，单纯停留于物质生产劳动这一含义上，而未把种种人生实践，如道德实践、交往活动和精神文化活动

---

① 李泽厚：《美学四讲》，三联书店1989年版，第60页。
② 同上，第43页。

（即马克思所说的精神劳动或精神实践）考虑在内。这样，在建构美学理论时，往往把人生实践方面的审美问题放置在视野以外，而这同关注人生实践的中国传统美学鸿沟较深，不利于建构中西交融的当代实践美学体系。第三，由于对"本体论"的某种误解，未从存在论角度看待实践论，因而在以实践论作为美学的哲学基础时，未能把实践看成人的存在（生存）的基本方式，也未能对存在论意义上人的实践做出更全面的阐释，如李泽厚先生把实践主要理解为群体、理性的物质生产劳动，而较少注意到实践作为人的存在活动的个体、感性方面；他的"积淀"说虽也将群体、理性落脚于个体、感性上，但显然前者居于支配地位，后者是相对被动的载体而已。这样，审美作为人生实践中生存和生命体验的内容和存在论意义就无法得到充分的阐发，实践论未能在本体（存在）论意义上真正成为美学的哲学基础。

因此，在我看来，实践美学要真正在本体论意义上把实践论作为哲学基础，还有很大的开拓余地，还有很多工作可做，倘如此，则能使实践美学更富现代气息，更具旺盛的生命力。

四

再谈实践认识论。

其实，马克思主义的唯物史观，实际上已暗含着实践认识论的基本内容。马克思很少离开人的社会历史实践来孤立、抽象地谈论人的认识活动和认识过程。当马克思表述人们的社会存在决定人们的意识这一唯物史观的核心内容时，他实际上已指明了人的认识的来源和起点是人们的社会实践，也已指明人们的意识随社会实践的改变而改变，实践是人们认识发展的根本动力，无论是个体认识还是群体认识都是如此。由此可见,从实践本体论出发必然要推导出实践认识论,二者有着内在的、天然的一致性,作为实践美学的哲学基础,它们是不可分割的有机整体。上面我之所以把实践本体论分开来先说,完全是出于逻辑表述的方便,而且前面说到的审美和艺术发生学、审美心理学以及"积淀"说等,都不只是实践本体论问题,也内在地包括了实践认识论的问题。这是需要说明的。

有的学者批评实践美学的哲学基础缺少实践认识论的内容。笔者不敢苟同。我认为,八十年代以来,实践美学的最重要贡献之一,就是以实践认识论为基点,冲破了我国美学界长期以来占主导地位且带有机械唯物论倾向的"反映论"美学的陈旧思路,为美学发展开拓了新路。"反映论美学"的基本思路是:美学是客观存在的对象,美感是客观美在主观头脑中反映的产物。其哲学思路则属于意识反映客体的旧唯物主义认识论。实践美学引入实践论(包括本体论与认识论),首先打破了美学只是局限于认识论的狭隘框架,拓展了美学研究的天地;即使在审美活动的认识论方面,也强调了审美个体的主体性,克服了消极、被动的"反映"论,而且从群体审美经验的历史积淀角度,强化了人类审美活动的社会历史性。

实践美学依托实践认识论对美学的另一重要推进是,自觉与审美心理学相结合,深入到审美经验层次的研究,对个体审美经验的内容、方式、结构、机制作了细致剖析,对群体审美经验的历史变化与发展也作了开创性探讨。当然,这还只是开端,许多问题还有待深入研讨。

按照实践认识论,实践美学强调了审美活动的主体创造性,也开始注意审美活动的接受主体性,对西方接受美学的思想有所借鉴与吸收。有的学者批评实践美学忽视接受主体性,在我看来是不符合事实的。

当然，目前我国的实践美学在应用实践认识论方面并不是很完善，特别是在将实践认识论与本体论有机结合上还存在缺陷，因此，其哲学基础还有待进一步修正、调整、改善。我想，至少可以在以下三方面有所改进：

第一，实践美学应克服"积淀"说目前存在的偏颇与片面性。首先应辩证地处理好"积淀"与"突破"的关系。审美实践的永恒发展与变动，是审美历史积淀处于不断变动的过程中，没有有效突破，审美新质的积淀很难出现。而按实践论的本性，积淀绝非单方面的消极的积累，而是动态、变化中的积累，当审美实践的变动达到一定的程度时，旧的积累过程会发生中断或突破，引发新一轮新质的形成、生长和积累。其次，应辩证地处理好"积淀"中理性与感性、群体与个体、历史与现实、必然与偶然等诸方面关系，而要解决好这个问题，应改变在美学研究中处处把理性、群体、历史放在支配地位的片面性。与前一关系密切相关，突破、中断与变动往往首先从感性、个体、现实、偶然开始，引发新的积淀过程，最终在理性、群体、历史、必然等层面获得积淀，形成传统。这里矛盾双方绝非前一方时时处于主动和支配的地位，后一方则始终处于被动和被支配地位。"积淀"说必须按实践论本性做出上述两方面改造，才能继续焕发其生命力。

第二，实践美学应严格地把实践论只作为哲学基础，而不要直接、简单地把实践范畴移用至美学研究中，特别要注意发现、揭示实践范畴从哲学通向美学的一系列中介环节，并加以阐发、论述。

第三，实践美学应把实践本体论与认识论有机结合起来，把审美活动的研究扩展、深入到人生实践和人的生存方式与生命体验层面，在这一层面寻求审美经验的最高境界，并在理论上予以合理的阐释。

总之，我相信，实践美学只要正确地、全面地坚持其实践本体论与认识论相统一的哲学基础，还是有进一步充实、完善和发展的余地，在九十年代乃至下一世纪将会继续葆有旺盛的生命力与应有的理论地位的。

（原载《人文杂志》1996年第2期）

试析李泽厚实践美学的"两个本体论"

李泽厚先生是当代中国成就最高、贡献最大的哲学家、美学家之一,是上世纪从五六十年代就开始酝酿、到八十年代基本形成、九十年代以后又有新发展的"实践美学"的创建者和主要代表。他为实践美学创立了整个哲学框架,建构了基本的理论思路,提出了一整套学术新范畴,并做了系统、深入、严密的逻辑论证和阐述。对李先生的学说我很长一段时间都是接受和赞同的,并曾在与后实践美学论争时,为李先生的观点辩护过。至今我并不认为实践美学已经过时或应该被取代甚至被抛弃,而是认为实践美学还需要发展,并也有发展空间。不过,经过十多年的学习和思考,我也感到李先生的实践美学并非完美无缺、无懈可击,而是在理论上、学术上,还存在着一些严重的缺陷和问题。比如,作为实践美学的哲学基础和核心理念的"两个本体"论,就是其中的重大问题之一。本文尝试就此问题作一初步的评析,以就教于李泽厚先生和同行专家。

一、如何理解本体论和本体概念

李泽厚先生虽然长期没有认可人们用"实践美学"来概括其美学思想,但早在上世纪八十年代初他就明确地将自己的哲学思想命名为"主体性实践哲学"或"人类学本体论哲学",以后他在许多场合称自己的哲学为"人类学历史本体论"或简称"历史本体论"。他的"两个本体"的思想正是这个人类学本体论或历史本体论的哲学基础与核心。因此,我们首先要厘清他对"本体论"和"本体"概念的理解和实际使用情况。

关于对"本体论"和"本体"概念的理解,李先生近年来说过多次:

> 中国并没有西方的philosophy,中国也没有ontology或metaphysics。本体论讲Being,而中国没有Being这个概念,中国讲的是becoming,讲"生生之谓易",讲"天行健"。西方讲phenomenon,讲noumenon,中国既不讲phenomenon,也不讲noumenon,因为没有本体现象二分的观念。……中国没有本体、存在之类的概念,那又该怎么办呢?作为一个普世主义者,我觉得还是得用西方的词,还是要讲本体、现象、本体论。但是,在用西方词语的时候,要特别小心,……就要把中国文化的特征结合进去。我觉得这个办法可能比较行得通。那就是一方面讲这个东西,另一方面又知道它不是西方的那个东西。[1]
>
> 本体这个词是用在中国语境里面,就是本根、最后的实在的意思,不是康德的noumenon,不是与phenomenon相对的那个本体。……中国没有本体论,但是,我们还得用本体论这个词。[2]

---

[1] 李泽厚:《实践美学发言摘要》,见《李泽厚近年答问录》,天津社会科学院出版社2006年版,第39—40页。

[2] 同上,第44页。

从上述引文中，我们可以明了李先生有关本体论、本体的基本看法有这样几点：第一，西方的本体论讲Being，即存在或在、有、是；第二，中国没有Being这个概念，中国讲的是Becoming，即生成、变易，因此，中国并没有西方意义上的本体论，也没有本体、存在之类的概念；第三，但是，从普世主义立场看，我们还是需要用西方的词，还是要用本体论这个词，还是要讲本体论、本体和存在；第四，中国讲本体论与西方的ontology是不相干的，中国人讲本体在根本上也不是西方意义上的Being，也不是康德意义上与现象相对的本体noumenon，而是结合中国语境和中国文化的特征，把本体界定为"本根、根本、最后实在等等"。然而，笔者认为，李先生对本体概念的这种理解与第二点的Becoming实际上也并不相同。

关于第一点，笔者基本认同李先生的看法。在笔者看来，西方的本体论实质上就是存在论（是论、在论）。西方最早明确为"本体论"（即存在论）（Ontologie）下定义的是德国理性主义哲学家沃尔弗，[①] 他借用Ontologie一词对西方哲学史上关于存在（是，在）的研究作了一个系统的理论总结和逻辑概括，使原来被淹没在其他许多哲学问题探讨中的存在论研究被鲜明地突现出来。自此以后，西方哲学关于本体论以研究存在（是、在）为主要对象、内容和范围这一点就十分明确。显然，李先生认为西方的本体论主要研究Being，中国没有这一意义上的本体论，我认为是完全正确的。

但是，李先生仍然坚持使用本体论和本体这两个西方概念，并说他是在中国语境中结合中国文化（主要是儒学）的特征使用这两

---

① ［德］黑格尔：《哲学史讲演录》第四卷，贺麟，王太庆译，商务印书馆1978年，第189页。

个概念的。然而,我们发现,在李先生之前已经有多位中国大学者结合中国文化的特征使用这两个概念了。但他们的理解和使用却与李先生并不一样。此处仅以新儒学大师熊十力先生为例,略作比较。十力先生力主哲学以"本体论为其分内事"[①],而他心目中的"本体论"确实不是关于Being的存在论,而是有三种含义:一是与李先生接近的本根论,即"追寻宇宙实体、万物本原及吾人真性本根之学"[②];二是接近于康德认识论区分现象与本体的那个本体,他指出"本体"虽不妄执于现实,不是"一物",却也不超然独立于物外,而是万物之本源、本质,故"一切物都是本体的显现"[③];三是最重要的含义,就是用其独特的本体论把传统的"体用"观改造为"转变"论,即认为万物恒变,本体是其变化的内在动力和原因,因此,也称为"恒转"和"能变",万物之变则是"所变"(笔者觉得有点类似于符号的"能指"与"所指"的关系),而这种"能变"与"所变"的关系在十力先生看来实质上是体用关系,万物的变化不仅是本体变化的显现,更是本体的应用和功能。[④]十力先生从体用关系着眼,用"转变"论释本体论,显然注入了中国传统的Becoming(生成论)思想。与众不同的是,他把本体论与科学知识相对立,强调哲学与科学、修养与知识应加区分。这里,十力先生对"本体"一词的解释有时跟康德的与现象相对的本体含义有某些相似;而在"万物本原"意义上又带有"本根、最后实在"的意味,与李先生的理解也似有相通之处;但总体上完全不同于西方的

---

① 熊十力:《熊十力集》,群言出版社1993年版,第286页。
② 同上,第320页。
③ 同上,第283—284页。
④ 熊十力:《熊十力论著集之一》,中华书局1985年版,第314页。

本体（存在）论，这却在某种程度上阻碍了他在建构新唯识论哲学时取得更大的突破，无法真正去追问存在特别是人的存在的意义。可见，李先生的本体论与十力先生内涵比较复杂的本体思想，虽然似有部分重叠，实际上却大不相同。换言之，李先生的本体论主张和对本体概念的实际使用，虽然号称与中国传统文化结合，但与传统的中国学人的理解、使用并不相同，而是"自成一格"。

那么，李先生究竟是如何结合中国语境，主要是结合中国儒家传统文化精神来使用本体概念的呢？我们且看看他在上世纪九十年代多次讲话和文章中是怎么说的。比如，他"通过'实用理性'和'乐感文化'"着重提出"在现代生活中全面实现个性潜能的心理建设问题"，即"从心理视角提出人生意义、生活价值、人道天道等哲学问题"[①]。具体说来，他强调"儒学重视的是动、行、健、活、有，而非静、寂、默、空、无。如果说本体，则应是前者而非后者"，后者"只作为个体的某种体认境界和人生省悟来补充、丰富这个动、健、活的'本体'"[②]。他还说，儒家面对"人生无所凭依的本体悲哀"是强打精神、强颜欢笑，"故意赋予宇宙、人生以积极意义，并以情感方式出之"，"天行健""生生之谓易"等等"都不是理智所能证实或论证的，它只是人有意赋予宇宙以暖调情感作为'本体'的依凭而已"[③]。他还对为何今天倡导儒家这种积极行动的精神做出历史本体论的理论概括："二十世纪的各派哲学均以反历史、毁人性为特征，于是使人不沦为机器，便成为动物。如何才能走出这个厄运？此本读（按：指《论语今读》）提倡情感本体论之由来。"

---

① 李泽厚：《实用理性与乐感文化》，三联书店2005年版，第108-109页。
② 李泽厚：《论语今读》，天津社会科学院出版社2007年版，第123页。
③ 同上，第264页。

李先生非常明确地表明自己是"继承中国传统精神",在其历史本体论中"贯注了中国传统精神,例如提出心理本体问题"。具体来说,就是强调"中国哲人肯定生命、感性,把道德放在这个宇宙观和心性论的基础上",强调儒家的"内圣外王"特别是"内圣",即"重视人本身的修养和完成而不只是物质生活的满足,提出'参天地赞化育',由此特殊性的感性个体与普遍性相合一……亦即审美性的天人合一……"他认为这"有建构心理本体的遗产意义"①。

仅在上述引文中,李先生对于本体概念的使用就有好几种与前面不同的新含义:第一,把儒学重视的动、行、健、活、有等思想视为本体,实际上把本体理解为注重变易 Becoming 的精神,这与十力先生的理解也有部分相通;第二,为走出"反历史、毁人性"厄运,强调人本身的修养,提倡建设健全人性即心理、情感,于是心理、情感也成了本体;第三,把心理本体理解为肯定生命、感性,达到感性个体与普遍性相合一的境界。显然,李先生上述种种对本体概念的使用,既不同于西方的本体论,也不完全同于传统中国学人的本体论(虽有部分相通),却在实际上同前述他自己界定的作为"本根、最后的实在或根本"意义上的本体概念也并不一致,这些使用不但没有突出和落实在"最后实在"上,相反,显得相当随意和多义。在其他一些场合,还有其他意义上对本体概念的使用。而且,即使对本体概念的上面这三种使用,在意义上也各不相同。从形式逻辑和语言学角度看,对一个涉及其理论体系的核心概念应该有明确无误、前后一致的界定和解释,而不允许同时有多种意义的使用,也不允许前后矛盾或不一致。李先生对本体和本体论的理

---

① 李泽厚:《实用理性与乐感文化》,三联书店2005年版,第146-147页。

解和使用恰恰犯了这个大忌。

应当承认，李先生可能主观上并不想犯这个大忌，他本来是希望以"最后实在"来界定"本体"概念，并贯穿到其历史本体论中去的。这从他上世纪七十年代末一直到新世纪的许多文章、谈话中都可以看到。那么，什么是"最后实在"呢？李先生说：

> 所谓本体即是不能问其存在意义的最后实在。①
> 本体是最后的实在，一切的根源，……（工具本体）就是人与物（动物）的分界线所在。②

就是说，"最后实在"是实在中之最基础、最根本、最后的一种，是其他一切实在及其意义的根源，或者说，其他一切实在及其意义源于它，它的存在意义是最原初的、不言自明的，无须也不能论证的，不能、也无法追问其存在意义的。在笔者看来，从这个意义上来理解和界定本体概念，虽然不一定完全符合西方存在论意义上的本体论（但与其实体论有暗合之处），却在某种意义上与唯物史观关于物质生产方式和活动最终决定上层建筑、思想意识的观点相通。那么，在李先生的历史本体论中，这个"最后实在"到底是什么？是工具本体还是心理（情感）本体呢？在回答一位学者向他提出两个本体意味着人的实践活动似乎可分两个开端，"这两个开端中哪一个更为根本"的问题时，李先生曾说："这可以理解为两个不同层次的问题。'实践'主要讲制造和使用工具，这是本源。正是由于制造和使用工

---

① 李泽厚：《实用理性与乐感文化》，三联书店2005年版，第237页。
② 同上，第124页。

具,人才成其为人。而情感、意志等等属于心理学范畴。人的情感最终是由人的实践所决定的。"①很清楚,两个本体属于不同层次,在本体论上不是也不能并列;在两个本体中,唯有工具本体才是本源的、根本的,不能也无法追问其存在意义的"最后实在",而所谓"心理本体"(情感、意志等等)最终是由工具本体所决定的,它是从属的、派生的,它的存在意义最终是被决定的,而不是不能追问其存在意义的"最后实在"。显而易见,即使按李先生界定的"本体"含义而言,分属两个层次的两个本体中唯有工具本体才算得上真正的本体或"最后实在",而所谓"心理本体"不是也根本不可能是"最后实在",所以,说到底根本不能算是本体。

那么,李先生为什么把逻辑上与他自己的本体界定相违背、原本不能成为本体的心理、情感等升格为本体呢?笔者认为,这同他人类学历史本体论哲学理想的构建密切相关。他的哲学从"人活着"出发,探寻人如何活、为什么活(人生意义)。他把"活着"首先归结为"吃饭哲学",肯定了物质生产劳动的基础地位(工具本体);然而,面对当代世界越来越严重的精神危机,他发现解决人的心理问题越来越迫切、重要和突出。他批判了今日一系列哲学思潮,认为解决当今精神危机的方法只能是走经过现代阐释的儒家所谓"为天地立心"的道路,亦即"由工具本体到心理本体"的道路,"从而'心理本体'('人心'→'天心'问题)将取代'工具本体'成为注意的焦点。于是,'人活得怎样'的问题日益突出"。为此,李先生对张载"为天地立心,为生民立命,为往圣继绝学,为万世开太平"的儒学教条作了现代阐释:"'立心'者,建立心理本

---

① 李泽厚:《实用理性与乐感文化》,三联书店2005年版,第153页。

体也;'立命'者关乎人类命运也;'继绝学'者,承继中外传统也;'开太平'者,为人性建设,内圣外王,'开万世之太平',而情感本体之必需也"①。显见,李先生是在当今世界人的文化心理、精神文明建设日益重要、迫切,而不是在"最终实在"的意义上解释"心理本体"或"情感本体"的。

正是由此出发,李先生在许多场合一再强调二十一世纪的哲学应该是深层心理学、教育学和美学。他认为"寻找、发现由历史所形成的人类文化—心理结构,如何从工具本体到心理本体,自觉地塑造能与异常发达了的外在物质文化相对应的人类内在的心理—精神文明,将教育学美学推向前沿,这即今日的哲学和美学的任务。……心理本体正是未曾失去问题并与人生之谜紧相纠缠的现代课题"②。由此可见,李先生乃是为了寻求解决这个人生之谜的现代课题、建构自己的人类学历史本体论的哲学理想,而提出并倡导两个本体论的。

综上所述,李先生在工具本体之后又提出心理(情感)本体,在逻辑上是违背了他自己对本体论和本体的基本理解和解释的,实际上是把本体的"最终实在"性、本根性与特定时代心理的特别重要性、迫切性这两个不同性质、不同层次的问题混淆起来了。然而,心理问题在当今的日益重要性,难道就能使心理成为"本体"了吗?因为从"最终实在"讲本体,如上所述,只能有一个本体,而不能有两个本体。李先生自己也曾解释说:"并且我也讲过,这二者是有先后的,工艺本体在先,情感本体在后。……这是为了强调

---

① 李泽厚:《实用理性与乐感文化》,三联书店2005年版,第167—168页。
② 李泽厚:《美学四讲》,三联书店1989年版,第43—44页。

前者的基础性和后者的独立性，因为后者本身对人类构成意义。"①可是，在此他一方面承认工具本体的基础性（这正是其作为"最终实在"、从而作为本体的原因），另一方面却又因为心理有"独立性"并"对人类构成意义"而赋予其"本体"的地位，这不是自相矛盾吗？人类社会还有许多既有独立性又"对人类构成意义"东西，是否都能成为本体呢？答案不言自明。

二、"两个本体"论的提出及其要害：走向二元论

李先生并非一开始就提出"两个本体"论的。"两个本体"思想的孕育和形成自上世纪七十年代末起大约经历了三个阶段。

第一个阶段是《批判哲学的批判》到上世纪八十年代初期，提出了"工具本体"概念，同时开始重视、关注精神、心理建设，但主要还是强调工具本体及其对语言、精神、心理、情感等意识方面因素的决定作用。如1983年《关于主体性的补充说明》开始强调"从属的，第二性的"心理、意识的主体能动性，②这本来并不错，但他有时却将这种心理、意识的东西上升到"本体"的高度。比如，他在论及主体性的伦理学方面"以美储善"，即自由意志的主动选择时说：

它不是简单地服从因果必然性的现象，而是在主体的目的性中显现出**本体**的崇高，显现出主体作为**本体**的巨大力量和无

---

① 李泽厚：《实践美学发言摘要》，见《李泽厚近年答问录》，天津社会科学院出版社2006年版，第44页。

② 李泽厚：《实用理性与乐感文化》，三联书店2005年版，第221页。

上地位。①

正是它，构成主体性的**本体**价值。②

正是这个潜在的超道德的审美**本体**境界，储备了能跨越生死不计利害的道德实现的可能性，这就叫"以美储善"。③

这里使用了一连串"本体"字样，就为心理本体的提出埋下了伏笔。但是，细品李先生对"本体"概念的这些使用，我们发现，"本体"已经脱离了前面"最终实在"的含义，而成为主体和主体性的一种具有根本性的追求、价值和境界。这与前面提到的几种对本体概念的使用又不相同，使本体的含义又有增加。如果按分析哲学进行语言分析的严格要求来看，李先生对"本体"概念的实际使用实在很不严密，在某种意义上甚至可以说相当随意。

第二个阶段是上世纪八十年代中后期，明确提出"心理本体"概念，确立了两个本体论的理论框架。李先生在《关于主体性的第三个提纲》（1985年）中正式提出了心理本体概念。在该文中，他一方面不同意当代西方哲学以语言为本体的看法，另一方面又批评卢卡契"过分侧重理性、社会、群体，不能提出心理本体问题"④。这里，他通过与卢卡契的比较，侧重从感性、个体的角度，提出了心理本体概念和两个本体的思想。当然，他首先仍然肯定工具本体的基础地位，但是他同时认为"唯物史观的哲学层面只在肯定这个

---

① 李泽厚：《实用理性与乐感文化》，三联书店2005年版，第228页。黑体字为笔者所标，下同。
② 同上，第229页。
③ 同上，第230页。
④ 同上，第234—235页。

本体的领先地位",而没有看到心理也应当成为本体,没有充分重视心理本体的作用,所以,他从"消除异化,提出文化—心理结构即人性建设的工作才是重要的"出发,认为"人性就是我所讲的心理本体,其中又特别是情感本体。对应于主体性的客观面的工艺—社会结构的本体,它是主体性的主观面。……心理本体论并不是经验科学,也不以经验的心理科学作基础。它是哲学,是从本体所理解和把握的作为历史积淀的感性结构"①。这段话包含好几层意思,着重论述了何谓心理本体以及人性这个心理结构何以能成为本体等问题。下面略作分析:

首先,李先生认为,心理本体就是人性、人性能力、历史积淀的文化—心理结构或感性结构。所以,把心理本体理解为积淀在人的感性层面的知、情、意等心理要素的综合结构,大致符合李先生的意思。换言之,构成心理本体的只是感知、情感、意识等精神性、心理性的东西,与进行物质生产的工具本体显然大不相同,分属两个层次。前者属于社会意识的上层领域,后者属于物质生产的基础领域,"把这(按:指工具本体)当作人的本体存在"没有问题,但是,把前者社会意识也同样当作"本体"就说不通了。附带说一句,"人的本体存在"的提法,似乎又使本体接近西方那种研究Being的存在论、本体论了,又跟他自己对本体的解释不同了。

第二,李先生论证人的心理"这个感性结构之所以是本体,正因为它已不是生物性的自然存在,而是对有限经验的超越。它是人之为人的内在依据"②。显而易见,这里的本体既不是从"最终实在"

---

① 李泽厚:《实用理性与乐感文化》,三联书店2005年版,第234—235页。
② 同上,第236页。

层面界定,也不是相对于现象的本体,而是从人超越生物性的自然存在、因而"人之为人的内在依据"来界定,那么,是否意味着这是李先生对"本体"概念的又一种独特使用(太多、太随意了!)呢?同时,相对于心理本体的工具本体是否成了"外在依据"呢?如果是,那么两个"依据"哪一个更根本呢?如果不是,两个本体都为"内在依据",同样存在着哪一个更根本的问题,而不仅仅是哪一个"领先"的问题。实际上,从"最终实在"的意义上讲,无论如何只能有一个作为最终实在本体,而推不出两个本体的结论。

第三,李先生怎样论证心理本体的合理性呢?他首先认为心理本体的建立受到了现代西方哲学特别是存在主义、现象学、精神分析学等的深刻影响。[①]但是,人生基本问题何以能与心理本体的建构挂上关系呢?李先生主要是从人生意义、生活价值角度来论述的。他认为,个体的人在充满偶然的生存活动中,始终面对着生、性、死三个困扰人生的基本问题,荒谬、无聊和无家可归等现代感受的产生,并非理论科学的危机,而是感性存在的本体危机,"于是,只有注意那有相对独立性的心理本体自身"[②]。笔者认为,现代人(主要是西方发达资本主义国家的中产阶级)的确存在种种心理危机与疾病,解决这些心理危机当然需要有精神、文化、心理的建设,但是,仅仅靠个体参与的心理、人性建构即李先生所倡导的"新感性"的建设,真的就能化解这个现代人的心理危机吗?恐怕难。李先生的"新感性"与马尔库塞提倡的"新感性"虽然在内容上大不一样,然而,后者的乌托邦幻想在实践中碰得粉碎的前车之鉴难道

[①] 李泽厚:《实用理性与乐感文化》,三联书店2005年版,第236页。
[②] 同上,第238—239页。

不值得深思吗？更难以服人的是，心理的东西难道仅仅有相对独立性就能够成为本体、进而社会的心理问题和危机仅仅靠心理自身的建设就能完全解决吗？举个很简单的例子，心理建设最重要的是教育，但是，教育的发展难道离得开经济社会的发展吗？归根结底，离得开工具本体发展的基础吗？

第四，李先生在论证心理、意识的本体性时还提出，"所谓本体即是不能问其存在意义的最后实在，它是对经验因果的超越。离开了心理的本体是上帝，是神；离开了本体的心理是科学，是机器。所以最后的本体实在其实就在人的感性结构中。只是这结构是历史地建构起来，于是偶然性里产生了必然。……现代科学和人文学科不断触及或指向于它。乔姆斯基的语言深层结构，列维·施特劳斯的先验人脑，荣格的集体无意识……都似乎在指示着这个本体的存在或这个存在的本体性。只是它仍在幽暗处所。"① 这段话问题很多：首先，李先生把本体作为"最后实在"与作为"对经验因果的超越"两种意义混为一谈了，这两句话这么一连接，实际上进行了语词意义的偷换，"最后实在"怎么能与超越性画等号呢？其次，从上下文看，这里的超越是指对上帝、神和科学、机器的双重超越，但这同"经验因果的超越"又是什么关系呢？上帝、神也属于经验因果的范畴吗？再次，居然把"最后实在"落实在"人的感性结构中"，即人的心理结构中，其思考逻辑大概是这双重超越就是在人的心理中完成或实现，但是，这种心理、精神、意识上的超越难道就是心理的本体性吗？难道就能显示或体现心理是"人的本体的最后实在"吗？又次，李先生明显地离开了他自己一再说过的关于工具本体作为区分人与自然根本

---

① 李泽厚：《实用理性与乐感文化》，三联书店2005年版，第237页。

标志这一"最后实在"的含义，非常明确地把第二性的意识、心理也上升为本体，这是由一个本体转向两个本体的关键。从此，存在与意识、基础与上层、第一性与第二性就成为平等、并列的关系！

为此，李先生进一步强调心理本体的相对独立性，认为工具本体只是为心理本体提供建构框架。在李先生那里，工具本体对意识、心理的决定意义随着历史、文明的进展而逐渐淡化，逐渐丧失其最后实在的基础作用。他认为，应当使个体的人们努力参与建设自己的"心理本体自身"，"使它变成真正自己的"；这一建设包括"两个方面：普遍性的文化心理结构形式的发展变化，和个体自身之为本体动力的不断确认"；这种心理建设与工具本体无关，只要"通过个体的自由创造而进入本体，心理本体由之而生长得非常强壮"。[①]这样，李先生就从工具本体出发，一步步走向心理本体，并确立了心理、情感、意识脱离工具本体的独立的本体地位。在此基础上，李先生提出了其建构心理本体、建设"新感性"的根本目标。

第三个阶段是上世纪八十年代末至今，完成了"两个本体"说，并突出论述了心理本体中的情感本体的最重要功能，把"情本体"置于其"两个本体"说中的核心地位上。

1989年的《第四提纲》基本完成了两个本体说。这里包括四个层面的内容：

第一，为什么现在要提出两个本体，即增加一个心理本体呢？李先生仍然从其人类学哲学原点即"人活着"这"第一个既定事实"出发，首先肯定工具本体确立了"'人活着'的第一个含义"；但是，他同时认为，工具本体并没有解决更加深层的人"为

---

① 李泽厚：《实用理性与乐感文化》，三联书店2005年版，第239页。

什么活"的问题,而"'为什么活'(活的意义),产生在后一世界(按:即心理世界)中",不在工具本体涉及的范围内。然而,在今天这个问题已成为社会的主要问题,"于是提出了建构心理本体特别是情感本体"①。显然,李先生仍然是从当代现实解决心理问题的重要性、紧迫性角度来回答为什么提出心理本体的,而没有正面回答心理何以能够成为本体的问题。

第二,将两个本体由主次、从属关系改变为并列、对等关系。李先生对马克思《巴黎手稿》中"自然的人化"命题作了独特的解释和"并列"论的发挥:"'自然的人化'有双向进展,即工具—社会世界和心理—文化世界,简称之曰:客观的工具本体和主观的心理本体。"②这样,工具本体与心理本体,由前者最终决定后者的主次、从属关系变成了"自然的人化"中客观和主观两个并列、对等的方面。可以说,由此两个本体并列说正式出台。这个改变是根本性的,涉及是否承认唯物史观的基本原理的重大问题,后文将详细论述。

第三,在此基础上,设定了两个本体的两个并列的"乌托邦"目标:"人类学历史本体论要求两个乌托邦。外的乌托邦:大同世界或'共产主义'。内的乌托邦:完整的心理(特别是情感)结构。可以有一种新的'内圣外王之道。'"③这就是说,两个分别代表"自然的人化"主客双方的并列本体,在最终目标上也是通向内外并列、不分高下的两个乌托邦。这是两个本体并列说的进一步深化,或其内涵的又一层意义。不仅如此,李先生还把两个本体的两个乌托邦目标归结、概括为"一种新的'内圣外王之道'"。这大概

---

① 李泽厚:《实用理性与乐感文化》,三联书店2005年版,第245页。
② 同上。
③ 同上,第246—247页。

是李先生赋予两个本体论的儒学新内涵吧,也大概是李先生如此重视和强调两个本体,特别是其中的心理本体的根本缘由吧。他后来对两个本体说的目标又作了进一步的阐发,谈到两种乌托邦,一种是外在的人文,即社会工程的乌托邦,另一种则是内在的人性,即人性的乌托邦。①人文与人性就是内外两种自然的人化的产物即工具与心理两个本体。这就将两个本体地位的并列、等同进一步突出和落实了。

第四,从其群体向个体积淀、理性向感性积淀、社会向自然积淀、必然向偶然积淀的"积淀"说出发,强调心理本体区别于工具本体的独立性和独特性,认为"历史积淀的人性结构(文化心理结构、心理情感本体)对于个体不应该是种强加和干预,何况'活着'的偶然性(从生下来的被扔入到人生旅途的遭遇和选择)和对它的感受,将使个体对此本体的承受、反抗、参与,大不同于建构工具本体,而具有神秘性、不确定性、多样性和挑战性"②。当然,这也为李先生强调心理本体的建构留出了足够的空间。

同一时期的《美学四讲》比较集中提出、论述了两个本体并列说和心理(情感)本体,而且提出了并列说的另外几个内涵。比如第三讲"美感"给出了两个本体分别为自然人化的客观和主观两个方面观点的另一种表述——"外在"和"内在"两种"自然的人化",它们同样不分高低主次,完全平等并列。③并且认为,它们是同一个活动过程的两个对应、对等的方面,"由活动到观照,这既是

---

① 李泽厚:《实践美学发言摘要》,见《李泽厚近年答问录》,天津社会科学院出版社2006年版,第51页。
② 李泽厚:《实用理性与乐感文化》,三联书店2005年版,第247页。
③ 李泽厚:《美学四讲》,三联书店1989年版,第36—37页。

外在自然人化的行程,也是内在自然人化的行程,包括审美心理结构的历史产生过程。它们本是同一人类史程的内外两个不同方面,它们同时进行,双向发展。"① 这就把两个本体在历史运动和生成中的作用、地位和发展方向完全等量齐观了。

再如,并列说有时还将两个本体与两个文明分别对应起来,他说:"如同人类创造了日益发达的外在物质文明的世界一样,人类的这个文化心理结构或心理本体也在不断前进、发展、创造和丰富……人类的内在文明由之而愈益成长。"② 这无疑是说,工具本体对应于外在物质文明的创造,而心理本体则对应于内在精神文明的建设。在另外一个地方,李先生更是从自然的人化角度把两个本体与两个文明直接对应起来:"人类在外在自然的人化中创造了物质文明","人类在内在自然的人化中创造了精神文明","自然的人化是物质文明与精神文明双向进展的历史成果。它虽然不是一一对应,……但总的来看,是彼此相互对应,双向进展的。"③ 这就把两个本体并列说推向人类文明这个更高的层次、更广的范围。但是,这种看似严密、整齐、对称性的理论推演,反倒使人觉得有人为勉强之嫌。实际上,两个文明无论在内涵还是外延上,都远远大于、广于两个本体及其成果,而且两个文明的成果有时候是交叉重叠的,精神文明建设也不能仅仅归结为心理本体的建设。所以,李先生这种理论推演实在过于牵强附会。

关于"情本体",除了《美学四讲》谈得比较集中外,此后(上世

---

① 李泽厚:《美学四讲》,三联书店1989年版,第115页。
② 同上,第37页。
③ 李泽厚:《实践美学发言摘要》,见《李泽厚近年答问录》,天津社会科学院出版社2006年版,第47页。

纪九十年代至今），李先生还在多个场合用不同方式表述、谈论了两个本体并列论，并着重论述了"情本体"的超越性和至高性。如他在分析中西方文化的区别时，认为西方把经验和超验分为两个对立的世界，主要靠宗教来达到超验，而"在中国，由于经验和超验，这个世界和那个世界总是搅在一起，不能截然分开，所以就达不到那个宗教的高度。……所以我讲情本体，这才是真正继承中国的传统，……追求超验的失败，说明只能在经验中追求超越，这就是情本体。"[①] 笔者这里不拟对被李先生中国化了的"情本体"本身给予评论，而是想指出，对情本体这种超过西方宗教超验性的超越性的强调，同以上在"内在自然的人化"基础上建构起来的属人的，而不是超越的情（心理）本体似乎含义大不一样，且自相矛盾，同上面本体性与超越性的混淆也不相同。比如下面这段论情本体的话重点就不在超越性，而在强调审美中情感与理性的交融关系以及情本体的至高地位："我这里讲的'情'，并不是一种简单的情绪，更不是动物的情欲。……我特别关注的是理性和情感的结构关系。……只有在审美的时候，我认为理性与情意才相互交融。从这个意义上讲的'情本体'，是人之为人的最高、最重要的一种成果，它也是很具体的。"[②] 这里论情本体同前面两个本体来自两种自然的人化的并列说完全一致，然而，它又把情本体升格到"人之为人的最高、最重要"成果，甚至超过工具本体。这种把情上升为本体进而上升到至高的地位，实际上暴露出，在李先生心目中，两个本体地位不仅并列，而且被倒置了，情本体成为人之为人的最高尺度，心理本体反过来高于工具本体了。

---

① 李泽厚：《实践美学发言摘要》，见《李泽厚近年答问录》，天津社会科学院出版社2006年版，第47页。

② 同上。

上面我们对李先生两个本体论的提出过程、基本框架和主要观点作了概括的梳理和简要的评析。笔者觉得两个本体论在理论上是有重大破绽和漏洞的，其中最主要、最核心的问题是用"并列说"来淡化乃至取消两个本体的主次、从属关系，实际上使工具本体作为第一性物质基础的最终决定地位逐渐淡出，而使第二性的意识、心理、情感上升为本体并实际上居于主导地位。据此，我们可以清楚地看到，李先生的两个本体并列论的要害，在于把以物质生产作为人类社会形成、发展基础的、一元论的工具本体论，改变成物质生产与精神生产、工具本体与心理本体同等、并列的历史二元论。

对此，李先生似乎并不回避和否认，但他的回答却有点令人费解："笛卡儿不是也讲二元吗？本体既然不是 Being，我讲两个本体怎么就不行呢？"但是，笔者不禁要问，笛卡儿讲二元，我们就一定要跟着讲二元吗？更重要的，笛卡儿讲的二元首先是本体论即存在论意义上的，跟李先生讲的并不一样。众所周知，笛卡儿的二元论是从"我思故我在"的理性主义核心命题（也是前提）出发推演出来的。这里"思"（理性思维）的活动首先确定了进行思的心灵（灵魂）作为实体的独立存在，虽然是没有物质性、广延性的实体存在；与此同时，他也确立了客观物质世界作为另一个有广延性的实体的存在。在笛卡儿那里，心、物这两个实体的存在都是真的，但它们互相独立，互不依存，不存在一个产生或决定另一个的关系。笛卡儿还把这个二元论思想贯彻到人本身的存在上，即心、身二元论，认为人的心灵（灵魂）与身体（物质、物体）同样是互相独立、互不依存的两个实体，他说："我们清晰地感受到精神，即一个在思的实体，没有身体，就是说，没有广延的实体；另一方面，我们也清晰地感觉到身体（lecorps，在法语中这个词也意味着物体——引者），没有精神……精神可以没有身体，身体也可以没有精神……或者说，精神和身体可以互不依存。"①这里需要注意的是笛卡儿本体论中"实体"这个极为重要的概念，在他看来，"实体就是不依赖其他东西的存在而存在的东西"；"身与心两个实体实实在在地区别开来，因为它们都可以不依赖对方而存在"②。笔者认为，实体这一"不依赖其他东西的存在而存在"根本特性与李先生用以界定本体的"不能问其存在意义的最后实在"的特性，有着某种程度的一致和重合，因为最后实在也是不依赖其他东西的存在而存在的、不言自明的东西。也许，正是因为这种微妙的重合，使李先生想到笛卡儿的二元论，并以之作为提出两个本体论的理论依据和思想资源之一。但是，这个理由恐怕难以成立，关键是无论就认识论还是本体论（存在论）而言，二元论在理论上都是站不住的。如果说，笛卡儿那个时代，他的心（形而上学）物（物理学）二元论在自然观和认识论上体现了某种反神学的唯物论进步倾向，如马克思、恩格斯所说的，笛卡儿"把他的物理学和他的形而上学完全分开。在他的物理学的范围内，物质是唯一的实体，是存在和认识的唯一根据"③；那么，当今之世，还要用笛卡儿式的心、物二元论来解释社会历史的发展，必定会削足适履、捉襟见肘，甚至适得其反。即使以李先生设定的"最终实在"讲本体，也如前面所述，只

---

① [法]笛卡儿：《形而上学的沉思》，弗拉马里翁出版社1992年版，第294页，转引自叶秀山、王树人总主编：《西方哲学史》第四卷，江苏人民出版社2004年版，第74页。

② [法]古耶：《笛卡儿的形而上学思想》，哲学图书出版社1978年版，第352、353页，转引自叶秀山、王树人总主编：《西方哲学史》第四卷，江苏人民出版社2004年版，第79页。

③ 马克思：《神圣家族》，见《马克思恩格斯全集》第二卷，人民出版社1957年版，第160页。

能有一个本体，而不能有两个本体。而且，笛卡儿的两个实体论即二元论，归根结底仍然是一元论——上帝的存在，他把上帝设想为高于心、物两个实体的绝对独立实体，是心、物二元的最终来源。当然，李先生不可能同意上帝存在的一元论，但是他却乐此不疲地构筑两个本体并列的"新"历史观，实际上从工具本体一元论走向了心理本体和工具本体（心和物）的二元论。有时候他虽然承认二者有"主次、先后之分"，也承认"心物二元，但心离不开物，还是物质第一性，这就是主次、先后"，但认为这"只是在逻辑上，而不一定在时间上，在时间上，内外两方面同时进行"[①]。从李先生的所有相关论述来看，在两个本体问题上，承认物质活动第一性比较虚、比较空泛，而强调两个本体主客、内外同等、并列则比较实、比较具体，总的说来没有离开二元并列论的思路和框架。由此可见，以笛卡儿的二元论作为建构两个本体论的新二元论理由和根据是无论如何也说不通的。

而拿这个历史二元论与李先生前期曾经主张的工具本体才是"最后实在"的一元论历史点相比，确实是发生了巨大的、根本的变化。上世纪八十年代初期，李先生在谈到语言与工具本体的关系时曾明确表达了以工具为本体、为基础的思想。如他批评维特根斯坦和西方现代哲学从语言出发，把语言看成人类发生和人之为人的根本的语言本体论，正确地指出"人类的最终实在、本体、事实是人类物质生产的社会实践活动"[②]，而不是符号、语言，极为清楚明

[①] 李泽厚：《关于马克思的理论及其他》，见《李泽厚近年答问录》，天津社会科学院出版社2006年版，第294页。

[②] 李泽厚：《批判哲学的批判》，转引自《美学四讲》，三联书店1989年版，第40—41页。

确地不但把语言,而且把心理排除在"最终实在"即本体的范围之外。这个看法李先生曾经在不少场合多处重申过。况且,在笔者看来,心理与语言相比,恐怕距离作为工具本体的"最终实在"更加远。恩格斯在阐述劳动在从猿到人转变过程中的作用时曾明确指出,"语言是从劳动中并和劳动一起产生出来的,这个解释是唯一正确的";又说,"首先是劳动,然后是语言和劳动一起,成了两个最主要的推动力,在它们的影响下,猿脑就逐渐地过渡到人脑;……脑的发育也总是伴随有所有感觉器官的完善化",这正是人的自觉意识产生的生理基础,"脑和为他服务的感官、越来越清楚的意识以及抽象能力和推理能力的发展,又反作用于劳动和语言,为这二者的进一步发育不断提供新的推动力",最终导致"人的出现"和社会的形成。① 显然,从人类发生学角度看,制造、使用工具的劳动是"最终实在",语言是其次的,而在脑髓、感官逐渐完善基础上生成的人的意识则是第三、第四位的。这大概并不违反李先生的基本看法。所以当他尖锐地质问语言本体论"问题在于,语言是人类的最终实在、本体或事实吗"时,他难道能够肯定或赞同离开劳动实践(工具本体)更远的意识、心理、情感等等同样是人类的最终实在、本体或事实吗?然而,遗憾的是,李先生不久以后就抛弃了工具本体论,而走向削弱乃至取消工具的本体地位的、两个本体并列的历史二元论。

---

① 恩格斯:《自然辩证法》,见《马克思恩格斯选集》第4卷,人民出版社1995年版,第376—378页。

三、是超越还是疏离、倒退？

如上所述，李泽厚先生两个本体说从提出到展开为历史二元论经历了一个比较长的过程，这一过程反映了他的哲学思想、主要是对唯物史观的看法发生了重要变化。虽然他表示认可"马克思关于生产工具、生产力、科技是人类社会生存延续和发展的最终基础这一根本观点"，但又强调："我只接受唯物史观上述核心部分。我强调的是人以使用—制造工具的社会劳动实践（以及在这实践中所产生的语言）来获得生存（即吃饭＝衣食住行），而区别于其他动物。……由于此，人类才能走出动物界取得了超生物的存在：包括超生物的肢体（工具）、大脑、语言、思想、情感到社会组织。这就是文化和文明，我称之为人文（外）和人性（内）。"而对马克思唯物史观中"基础对上层建筑的决定关系"（当然包括社会存在对社会意识的决定关系）等等李先生明确表示"我许多是不赞成的。在逻辑上，从'使用—制造工具和生产力是社会存在的基础'也推不出这些理论"[1]。

我以为，这里有两点需要辨析清楚：一是马克思唯物史观的核心部分究竟包括哪些内容？是不是仅仅李先生所说的这一点？二是是否真的如李先生所说"逻辑上从'使用—制造工具和生产力是社会存在的基础'也推不出这些理论"，特别是社会存在最终决定社会意识的理论？

先说第一点。我们不妨首先回顾一下马克思提出唯物史观的思

---

[1] 李泽厚：《关于马克思的理论及其他》，见《李泽厚近年答问录》，天津社会科学院出版社2006年版，第241—243页。

想历程。早在《德意志意识形态》中,马克思和恩格斯就提出并详尽、深入地论述了唯物史观的基本原理,认为"全部人类历史的第一个前提无疑是有生命的个人的存在",而且"以一定的方式进行生产活动的一定的个人,发生一定的社会关系和政治关系。……社会结构和国家总是从一定的个人的生活过程中产生的"。这些个人是从事活动的,进行物质生产的"现实中的个人"。精神交往是人们物质关系的集中产物,"不是意识决定生活,而是生活决定意识"①,并认为唯物史观"和唯心主义历史观不同,它不是在每个时代中寻找某种范畴,而是始终站在现实历史的基础上,不是从观念出发解释实践,而是从物质实践出发来解释观念的形成,由此还可得出下述结论:意识的一切形式和产物不是可以通过精神的批判来消灭的,……而只有通过实际地推翻这一切唯心主义谬论所由产生的现实的社会关系,才能把它们消灭"②。从上述论述可见,马克思在提出唯物史观之初,就明确针对着历史上所有的唯心史观,其核心内容不仅包括物质实践活动是人区别于动物的第一步和基础,更重要的是极为突出地强调了它与唯心史观的根本区别在于,它认为国家等上层建筑以及其上的各种意识形态(观念)只是以一定时代的物质生产方式为基础的,社会意识最终由社会存在来决定。李先生把唯物史观这一最最核心的部分"遗忘"或者存而不论,这恐怕至少是对唯物史观的一种片面和不完整的理解吧。

众所周知,马克思在《〈政治经济学批判〉序言》中对唯物

---

① 马克思,恩格斯:《德意志意识形态》,见《马克思恩格斯选集》第1卷,人民出版社1995年版,第67—73页。

② 同上,第92页。

史观作过精确、完整、系统的经典表述。①列宁在引用这段话时指出："既然唯物主义总是用存在解释意识而不是相反，那么应用于人类社会生活时，唯物主义就要求用社会存在解释社会意识。马克思在《资本论》第1卷中说：'工艺学会揭示出人对自然的能动关系，人的生活的直接生产过程，以及人的社会生活条件和由此产生的精神观念的直接生产过程。'"②列宁在这里不仅揭示了马克思唯物史观的核心内容（第一句话），而且还引用了马克思《资本论》中的一句话，既说明了工艺学使人脱离、超越了自然界（这一点李先生说得很正确），同时也重申了人类的物质生产即"人的生活的直接生产"过程是人类的精神生产的基础，后者是由此（即前者）产生的。

显而易见，李先生只强调了上引《资本论》的前一句话，而忽视了后面这句话，忽视了这句话所包含的"要用社会存在来解释社会意识"这个唯物史观更加核心的部分。

至于第二点，李先生所说"逻辑上从'使用—制造工具和生产力是社会存在的基础'也推不出"包括社会存在最终决定社会意识等等理论的观点，无须多加论析。我想从马克思在《德意志意识形态》和《〈政治经济学批判〉序言》中的经典论述，不难发现从前者到后者有着内在的因果、必然联系，其中包含着无可辩驳的严密的逻辑推演。正是凭着这种严整如一块整钢的理论推演，唯物史观才得以完整地呈现在我们面前。

李先生之所以有意无意地将"要用社会存在来解释社会意识"这

---

① 《马克思恩格斯选集》第2卷，人民出版社1995年版，第32-33页。
② ［苏联］列宁：《卡尔·马克思》，见《列宁选集》第二卷，人民出版社1995年版，第423页。

个唯物史观的最核心内容排除在唯物史观的"核心部分"之外,在我看来,主要是为其推出两个本体并列说提供理论支撑,就是想把心理的、情感的即意识的东西提升为本体,提升为独立的、不为社会的物质存在所最终决定的东西,提升到与物质生活、与社会存在平起平坐的地位上。我认为,这就是两个本体说的二元论根源所在。请看,李先生以再明白不过的语言说道:"我一方面强调唯物史观,但另一方面我又认为要走出唯物史观。走到那里?走向心理。……所以,我就提出了心理本体或情本体。情本体是心理本体的一个部分。心理本体还有认知等,而情本体是将情凸显出来。"①在另一处,李先生又说他的"历史本体论……不同于 Marx 仅着重人的社会存在,而忽略了个体心灵……"②正因为如此,李先生认为他的人类学本体论要"在肯定人类总体的前提下来强调个体、感性和偶然"③。

他还将自己的人类学历史本体论与马克思的唯物史观作了对比,认为两者"仍有好些重要差异":一是唯物史观只是"说明人如何在活着,在这一点上正确地和重要地区别了人与其他动物。这也就是以使用—制造工具为核心和特征的人的劳动实践活动所构成的工具—社会本体"④。但是,唯物史观似乎未论及他的历史本体论所突出强调的人"为什么活";二是他"强调实实在在的每个人那不可替代的'活着',从而更为重视感性现实的个体存在和个性的全面展开和实现。唯物史观虽不否认这一点,但一定程度上被上述社会

---

① 李泽厚:《实践美学发言摘要》,见《李泽厚近年答问录》,天津社会科学院出版社2006年版,第49—50页。
② 李泽厚:《实用理性与乐感文化》,三联书店2005年版,第108页。
③ 同上,第122页。
④ 同上,第244页。

学的表述所遮蔽了";三是唯物史观的"如何活"并不能解决"为什么活"(伦理学)和"活得怎样"(幸福问题即美学、宗教问题),"唯物史观把它们都放置在'如何活'中,认为它们是一定经济基础上的上层建筑和意识形态",而历史本体论则"强调它们的独立的价值和意义","有唯物史观所忽视和缺少的伦理学和心理学的哲学理论,从而不能等同于唯物史观";四是二者"有后现代与现代的差异,同时更有其传统背景的重要差异。马克思的背景是希伯来和希腊传统,特别是黑格尔",而他的人类学本体论的"背景却是实用理性和乐感文化的中国传统",它是"包容了马克思主义、自由主义以及存在主义和后现代的"①。

以上四点(加上李先生前面两段话),在我看来,最主要的是二、三两点。在那里李先生明确无误地表明他认为马克思的唯物史观存在三个问题:一是把宗教、伦理、美学等心理、情感、意识等形式看成"是一定经济基础上的上层建筑和意识形态",认为这会忽视心理、意识的独立性;二是忽视心理、情感、意识的独立于工具本体的本体属性;三是忽视心理本体的个体性、感性和偶然性。因此,他要"走出唯物史观","走向心理"。笔者认为,这三点中第一点又是基础,后面两点由此推出。而第一点却是唯物史观的根基。前文所引马克思关于观念、意识等是由"可以通过经验来确定的、与物质前提相联系的物质生活过程"最终决定的,因此,"道德、宗教、形而上学和其他意识形态,以及与它们相适应的意识形态便失去独立性的外观"。而李先生恰恰否定和取消了这个唯物史观的

---

① 李泽厚:《关于马克思的理论及其他》,见《李泽厚近年答问录》,天津社会科学院出版社2006年版,第269—270页。

基础，而把心理、情感等意识形态看成完全可以独立于经济基础、社会存在的东西，把这种相对独立性绝对化。因为心理、情感、意识等等只有在这种对于经济基础、社会存在具有绝对独立性的前提下，才有可能取得本体的地位，从而与工具本体平起平坐。这是问题的关键所在。

不仅如此，李先生还把这种"走向心理"的两个本体并列说或二元论看成是"对马克思的一种发展"，"因为马、恩虽重视劳动工具，却并未抓住这一关键充分展开，更未向认识论、伦理学方向纵深开拓，他们集中讨论的只是生产力、生产关系、经济基础、上层建筑等等哲学—社会学问题。其他的马克思主义者便更不用说。我却以'人类如何可能'来推演'认识如何可能'，来推演伦理道德的'人性能力'，等等"①。据此，他把自己的哲学叫"后马克思主义"或"新马克思主义"，认为"它提出了新课题，这新课题便是人类除了物质方面的生存、发展之外，还有精神—心理方面。我提出人类学的两个结构或两个本体世界即工艺—社会结构（工具本体）和文化—心理结构（心理本体）。前者是马克思提出的，但没有在哲学上详论；后者虽然马克思也触及了，但未正式提出"，所以"不同于以前的马克思主义了"②。这是明确把他自己二元论的两个本体说看成对马克思主义的超越和发展。

笔者不同意李先生这一看法。笔者认为，李先生的两个本体并列说，不仅仅"不同于以前的马克思主义了"，而且在唯物史观的最根本问题上疏离，甚至违背了马克思主义，即在历史观上"走向心

---

① 李泽厚：《情本体、两种道德和"立命"》，见《李泽厚近年答问录》，天津社会科学院出版社2006年版，第235页。

② 李泽厚：《实用理性与乐感文化》，三联书店2005年版，第123-124页。

理"、走向情感、意识以及美学、宗教、伦理学和心理学等脱离工具本体、社会存在、生产关系最终决定作用的独立性，走向心理、情感、意识等与工具本体平起平坐的本体性，从而实际上走向唯物与唯心平起平坐的二元论。也许有人会说，这不一定符合李先生的原意，那么，请看李先生另外一段关于两个本体的文字：

> 这个本体首先是物质的社会力量或社会的物质力量，即人掌握工具、科技进行生产活动的现实……这就是……主体性的客观方面：人类本体的工艺—社会结构。这个结构的具体形态、历史过程以及各种生产方式、经济基础、上层建筑、国家、法律、文化、家庭、意识形态等等，是经济学、政治学、社会学、文化学等等科学研究的对象，这也就是唯物史观的科学层面。唯物史观的哲学层面只在肯定这个本体的领先地位，包括指出它对人类有比语言更为根本之所在。……这里还有大量工作需要做。经过马克思，才可能超越马克思。①

显而易见，李先生在此是将其创造的"心理本体"以及两个本体并列说作为这种"超越"的主要成果。但是，从上面这段引文告诉我们，李先生虽然承认工具本体及其所代表的社会物质力量是人类历史发展中有"领先"和相对于语言"更为根本"的方面，但是，他并没有区分生产方式、经济基础与上层建筑、意识形态之间孰为基础和根本，而是将他们"一锅煮"、混为一谈，笼统地从学科研究对象角度加以对应，并认为这些统统是"主体性的客观方面"。

---

① 李泽厚：《实用理性与乐感文化》，三联书店2005年版，第235页。

在此，生产方式、经济基础对上层建筑、意识形态的最终决定作用消失了，唯物史观的核心内容不见了。于是，就需要李先生提出马克思所没有提出的"心理本体"即"主体性的主观方面"加以补充，以便"超越马克思"。一言以蔽之，李先生的两个本体并列说由于实际上抽去了唯物史观的核心内容和根本精神，所以不但没有超越马克思，反而疏离了马克思，并向唯心史观迈出了倒退的一步。附带说一下，李先生称自己的哲学是"后马克思主义"，而英国的伊格尔顿却在最近明确表示："我不是后马克思主义者，我是马克思主义者。"[①]这是非常发人深省的。

也许李先生会认为，笔者的上述批评陷入了恩格斯晚年所批评的机械唯物主义的经济决定论，而忽视了心理、意识的相对独立性和反作用。他在1993年与一位学者的一次对话中就批评说，马克思主义经济基础决定上层建筑"这个模式长期以来被庸俗化了。恩格斯说更高更远地漂浮于其上的意识形态，包括艺术、哲学、宗教等，是想强调其不受经济影响的一面。而后来人们却用这段话来说明它们受经济影响"[②]。笔者认为，这个看法不完全错误，但也有明显的片面性。恩格斯晚年的确严厉批评了庸俗的经济决定论，肯定了上层建筑、意识形态对于经济基础的相对独立性和能动的反作用（有时甚至具有某种决定性的因素和意义），但并没有强调其绝对的独立性和完全"不受经济基础影响的一面"。比如，在1890年8月5日致康·施密特信中，恩格斯批评了完全否定思想、意识对于物质生活能动作用的观点，但仍然坚持了物质生产、经济基础第一

[①] 王杰、徐方赋：《特里·伊格尔顿访谈录》，见《文艺研究》2008年第12期。
[②] 李泽厚：《实用理性与乐感文化》，三联书店2005年版，第157页。

性的原则,他说"物质生存方式虽然是始因,但是这并不排斥思想领域也反过来对这些物质生存方式起作用,然而是第二性的作用",这里第一性、第二性的区分实际上坚持了唯物史观的基本原理;同时,他又批评当时德国一些青年作家只是把唯物主义"当作标签贴到各种事物上去",强调指出"我们的历史观首先是进行研究工作的指南,并不是按照黑格尔学派的方式构造体系的诀窍。必须重新研究全部历史,必须详细研究各种社会形态存在的条件,然后设法从这些条件中找出相应的政治、私法、美学、哲学、宗教等等的观点"①。毫无疑问,恩格斯这里仍然坚持了从物质生活条件的深入细致的研究出发,来解释包括李先生所谓"心理本体"范围内的美学、哲学、宗教等(意识形态)这个唯物史观的基本观点,而丝毫没有把意识、情感、心理与物质条件等量齐观,或独立出来,上升到与工具本体并列的"本体"地位。恩格斯在1890年9月21日致约·布洛赫信中,重点批评了把历史过程歪曲成"经济因素是唯一决定性的因素",而忽视了"上层建筑的各种因素"包括政治、法律、宗教、哲学和其他意识形态重要作用的经济决定论观点,但同时,他也指出,"这里表现出这一切因素间的相互作用,而在这种相互作用中归根到底是经济运动作为必然的东西通过无穷无尽的偶然事件……向前发展",换言之,"根据唯物史观,历史过程中的决定因素归根到底是现实生活的生产和再生产"②。这就是说,历史运动过程在"归根到底"和"最终"意义上的决定因素仍然并只能是物质

---

① 恩格斯:《致康·施密特》,见《马克思恩格斯选集》第4卷,人民出版社1995年版,第691—692页。

② 恩格斯:《致约·布洛赫》,见《马克思恩格斯选集》第4卷,人民出版社1995年版,第695—696页。

生产、经济基础。这个观点是唯物史观的精髓。在1890年10月27日致康·施密特的另外一封信（即李先生提到的那封信）中，恩格斯比较具体、深入地阐述了政治、法律和"那些更高地悬浮于空中的意识形态的领域，即宗教、哲学等等"的相对独立性及其"对经济基础发生反作用"①的情况，他举了哲学和文学为例，指出，"经济上落后的国家在哲学上仍然能够演奏第一小提琴：18世纪的法国对英国来说是如此（法国人是以英国哲学为依据的），后来的德国对英法两国来说也是如此"；但同时，他也强调"经济发展对这些领域也具有最终的至上权力，……但是这种至上权力是发生在各该领域本身所规定的那些条件的范围内"②。由上可见，恩格斯晚年批评的只是将唯物史观机械化、庸俗化，完全否定上层建筑、意识形态的经济基础能动的反作用的经济决定论，而仍然坚持了唯物史观的基本原则，即上层建筑、意识形态最终、归根到底是由经济基础决定的。由此可见，恩格斯的有关论述并不能支持李先生的两个本体并列论。李先生重视心理、情感、意识是正确的、必要的，但将之上升到本体高度、与工具本体等量齐观、平起平坐，就离开了唯物史观的基本原则和核心内容。

值得注意的是，李先生还提出一个"上层建筑相对独立性的强度"（指受经济基础影响的强度）概念来"补充"恩格斯的上述观点，为其二元论的两个本体说寻找根据。他说："不同历史时期，其'强度'就不一样。在今天一切都商品化、商业化的'后现代'，其

---

① 恩格斯：《致康·施密特》，见《马克思恩格斯选集》第4卷，人民出版社1995年版，第702—703页。

② 同上，第704页。

强度可能是最弱的了"①,言下之意,当今时代(后现代),上层建筑、意识形态受经济基础影响的强度最弱,独立性最强,对经济基础的反作用最大。大约据此推论,心理、情感、意识等就可以上升到与经济基础并列的地位,心理本体就获得了理论支撑。但是,"后现代"就能够超脱心理、情感、意识等就最终被经济基础所决定这个唯物史观的根本原则吗?后现代主义是一场于二十世纪五十年代末六十年代初兴起于欧美,后延续至今并影响全球的文化思潮,其产生的土壤是新型社会的出现和大众文化、商业文化的崛起。这个新型社会,思想家们有各种叫法:晚期资本主义社会、后工业社会、消费社会、高科技社会、信息社会或媒体社会等。美国新马克思主义者杰姆逊根据唯物史观,将文学上的现实主义、现代主义、后现代主义三种类型或阶段的文化思潮分别对应于市场资本主义、垄断资本主义或帝国主义、多国或晚期资本主义三种社会形态或生产方式,认为前者是由后者产生和决定的。在他看来,晚期资本主义是"已经生产的资本主义的最纯粹的形式以及资本主义进入迄今尚未商品化地区的庞大扩张"②。而后现代主义文化就是在晚期资本主义经济基础上形成和发展为主导文化的。相对于现代主义而言,后现代主义"代表了不同的对世界的体验和自我体验","反映了一种新的心理结构,标志着人的性质的一次改变或者说革命"③。与杰姆逊稍显绝对和严格的界定相比,笔者把后现代主义界定为后现

---

① 李泽厚:《实用理性与乐感文化》,三联书店2005年版,第157页。
② 中国社会科学院外国文学研究所:《后现代主义》,社会科学文献出版社1993年版,第109页。
③ [美]杰姆逊:《后现代主义与文化理论》,陕西师范大学出版社1986年版,第125页。

代工业和信息社会的产物，它是以反对一元、反抗本质、反击传统等为整体价值取向，以文化扩张、语言扭曲和理论对真理的非垄断性功能等为基本特征，以深度模式趋于平面化、历史意识趋于断裂化、主体性立场趋于零散化、作品趋于复制化等为具体表征，影响一直波及当今西方文化研究的一股较宽泛、松散的文化学术思潮。笔者认为，后现代主义的内涵并不局限于晚期资本主义文化逻辑这一西方马克思主义主流的观点，而是后现代工业和信息社会的产物，是一种范围和时间跨度更为广泛的文化学术思潮。后现代意识形态和后工业社会的经济基础，虽然存在着某些方面的冲突或对抗，但在总体上仍是适应的；后现代主义思潮恰恰只能产生在后现代经济基础之上，其最终仍是由经济支配着的。在此意义上看，恩格斯上述观点的有效性并未因为全球化时代和后现代社会的来临而发生变更，李先生的"强度"说恐怕就值得商榷了。

　　需要说明的是，本文并非全盘否定李先生的实践美学理论，恰恰相反，笔者对李先生为代表的实践美学观点在许多重要方面和很大程度上是认同的，认为包括李先生在"心理本体"名义下所论述的许多思想也都是很深刻、很有价值的，对于当代中国美学的建设是富有启发性的。但是作为其理论的哲学基础和核心的两个本体并列论（一种新的历史二元论），笔者认为确实是"走出"和离开了唯物史观的基本原理，不但不是对马克思主义的"发展"和对唯物史观的"超越"，反而是理论上的一种疏离和倒退。以上批评，不一定正确，特提出来向李先生和专家学者请教。

　　写于2008年8~12月

（原载《哲学研究》2010年第2期）

略论审美关系及其生成性
——纪念蒋孔阳先生九十诞辰

蒋孔阳先生离开我们已经十三年了。蒋先生是我国当代最重要、最有成就和影响的美学家之一。研究当代中国美学,无论如何都绕不过蒋先生。2013年初将是他九十周年诞辰。作为他的学生,本文拟就其提出的审美关系理论谈谈自己的学习体会,以寄托对蒋先生的怀念与敬爱。

一、作为美学研究对象的审美关系

笔者早在二十年前蒋孔阳先生七十诞辰时,曾经把蒋先生的美学思想概括为"以实践论为哲学基础、以创造论为核心的审美关系理论",并认为蒋先生的美学思想虽然在大的方面属于实践美学范围,但就其主要美学观点和研究思路而言是独树一帜的,与李泽厚先生为代表的实践美学主流派的思想有很大的不同,因此可以称为"当代中国美学的第五派"。这个看法我至今没有改变。

这里首先从美学研究的对象角度谈谈蒋先生的审美关系理论。

在美学史上,关于美学研究对象的观点很多,主要有四种:第一种是以美和美的本质为主要研究对象(如柏拉图的"美本身"),

这种观点影响最大、最深远；第二种是以艺术和艺术美为美学研究对象（如黑格尔将"自然美"排除在美学研究的范围外，故其美学称之为"艺术哲学"）；第三种以审美经验或美感为研究对象（如英国经验派）；第四种以审美心理结构和机制为研究对象（如移情说和各种现代审美心理学派）。以上四种，前面两种偏重于从客体角度设定美学研究对象，后面两种正好相反，偏重于从主体角度确定研究对象。但在我看来，无论从客体方面还是从主体方面设定美学研究的对象，都有片面性和局限性，因为它们忽略了人的审美活动中主客体双方不可分割的、互依互动的关系。只从其中一个方面，很难把极其复杂丰富的审美活动辩证合理地说清楚。这样，蒋孔阳先生的审美关系理论就值得我们高度重视。

按照审美关系理论，美学研究对象的重点应该是人和世界之间的审美关系，单纯从主体方面或者客体方面来研究美学都是片面的。这种研究应该既包含主体方面，也包含客体方面，特别是两者之间的审美关系。在美学史上，这种观点虽然零星出现过，但始终没有产生广泛影响。比如英国经验派代表人物休谟在《人性论》中写道："同一对象所激发起来的无数不同的情感都是真实的，同为情感不代表对象中实有的东西，它只标志着对象与心理器官或功能之间的某种协调或关系；如果没有这种协调，情感就不可能发生"[①]。他还具体从主客关系的角度论述美丑，"如果我们考察一下哲学和常识所提出来用以说明美和丑的差别的一切假设，我们就将发现，这些假设全部都归结到这一点上：美是一些部分的那样一个秩序和结构，它们由于我们天性的原始组织，或是由于习惯，或是由于爱

---

① 朱光潜：《西方美学史》，人民文学出版社1979年版，第220-221页。

好，适于使灵魂发生快乐和满意。这就是美的特征，并构成美与丑的全部差异，丑的自然倾向乃是产生不快。因此，快乐和痛苦不但是美和丑的必须伴随物，而且还构成它们的本质。"① 这里既谈到美须具备的客体条件"一个秩序和结构"，又论及客体这种秩序和结构须引起主体产生快感。这当然是一种"关系"，但他重点放在主体的心理感受上，并把快感看成美的本质的构成所在。又如启蒙主义美学家狄德罗提出的"美在关系"说，虽然主要是讲对象本身的关系能够引起我们人的"关系"概念，而主要不是讲主客体之间的审美关系，但他有的论述的确暗含着这一层关系：

> 我的悟性不往物体里加进任何东西，也不从它那里取走任何东西。不论我想到还是没想到卢浮宫的门面，其一切组成部分依然具有原来的这种或那种形状，其各部分之间依然是原有的这种或那种安排；不管有人还是没有人，它并不因此而减其美，但这只是对可能存在的、其身心构造一如我们的生物而言。因为，对别的生物来说，它可能既不美也不丑，或者甚至是丑的。由此得出结论，虽然没有绝对美，但从我们的角度来看，存在着两种美，真实的美和见到的美。②

狄德罗这段话虽然认为"关系到我们的美"之所以美的根本还是在事物（客体）自身，但他也朦胧地看到了美的对象与审美主体之间的审美关系的重要性。这段话后面几句讲到如下观点：第一，他肯

---

① [英] 休谟：《人性论》下册，商务印书馆1980年版，第333—334页。
② [法] 狄德罗：《狄德罗美学论文选》，人民文学出版社1984年版，第25页。

定了"没有绝对美"。第二,他认为美只对人或者跟我们人一样身心构造的生物才有意义,因为对象能够唤醒我们心中的"关系"概念;他还假设了一种和人构造相似甚至更高的生物,他们也能认识到美;但对其他生物而言,这个事物就既不美也不丑,甚至可能是丑的。可以看出,尽管美在事物(客体)本身的关系,但这个美只对人或者如果有跟人一样身心构造的生物才有意义,只有人才有可能去欣赏这个美。狄德罗实际上在一个更深的层次上提出了对象的美丑只对人才有意义,也就是说,只有人类产生之后才有"美"和"丑"的区别,在人产生之前,"美"是根本不存在的,一定要有人或者有人这样一种身心结构的生物存在,美才有意义。换言之,美是对象与人(主体)之间的一种特殊意义关系。这也和马克思在《巴黎手稿》的思想有一致之处。这是我们对"美在关系"说的一个新的解读。不过,我们也不必随意拔高狄德罗,因为上述思想在狄德罗的"美在关系"说中还是次要的、偶然谈到的。

苏联有一些美学家也主张审美关系说,但是没有提到美学研究对象的高度,也没有产生很大的影响。

在当代中国,只有蒋孔阳先生明确地持有审美关系理论。在他的晚年著作《美学新论》中,先生既不是单纯把美(美的本质),也不是单纯把美感(审美经验)作为美学研究的出发点和主要对象。而是明确提出:"人对现实的审美关系,是美学研究的出发点。美学当中的一切问题,都应当放在人对现实的审美关系当中来加以考察"。[①]他在这里虽然没有正面提出美学研究的对象是审美关系(在有的地方还说过美学以艺术为研究的中心),但是,当他把人

[①] 蒋孔阳:《蒋孔阳全集》第三卷,安徽教育出版社1999年版,第3页。

对现实的审美关系列为美学研究的出发点和一切美学问题的考察中心时,他实际上已经把审美关系定位为美学的主要研究对象了。

这一点从表面上看,似乎无关紧要,但却包含着与以往的美学,包括我国当代四大派美学理论在思维方式和哲学根据上的重大差别。众所周知,上世纪五六十年代的美学大讨论形成了中国当代美学的四大派:即以蔡仪为代表的"客观派",以吕荧、高尔泰为代表的"主观派",以朱光潜为代表的"主客观统一派"和以李泽厚为代表的"社会性与客观性统一派"。这四派虽然在"美的本质"问题上观点各个不一,甚至针锋相对,但有一点却不谋而合,即都把探讨美和美的本质问题看作美学研究的主要对象,而且看成为这场大讨论不言而喻、不证自明的前提。依照这样一种共同的美学对象观,其美学探讨的基本提问方式和思维方式必然大体一致(第四派有所不同),即都把"美是什么?"作为核心问题提出来,虽然各派对此做出的回答各不相同。然而,这一共同的提问方式本身却在问题回答前已预设了"美"作为一个对象性的实体已经存在,无论其答案多么不同。因为,如果"美"尚未成为一个实体性存在,这个问题和提问方式就不能成立。换言之,四派中,"美在客观"说已预设了美是一个人(主体)之外的作为客体的实体存在;"美在主观"说虽然肯定了美与人(主体)不可分,但同样预设了美就在作为主体的实体存在上;"美在主客观统一"说也同样预设了美就在作为实体存在的主客统一上。其中,"主客统一"虽然是主客间的一种关系,但在"美是什么"这种提问方式下,这种"关系"也被实在(体)化了。"社会性与客观性统一派"也大体如此。这样,四派无论对此提问做出哪一种回答,都只能是一种实在(体)化的回答。

所谓"实在(体)化",主要是把作为研究对象的事物从该事物所处的具体关系中孤立地抽象出来,作为一个"实体存在"来看待与处理,这也就是我们常说的形而上学或二元对立的思维方式。上述几派关于"美"的本质的提问与回答,则属于这种形而上学思维方式中主客二分的一种方式。这种形而上学的思维方式总是先进行主客二分,然后再用某种关系将二者统一起来。上述三种主张在美学中分别体现为:(1)认定有一个不变的、实在的审美客体,这个客体有其独立性,美是它的本质规定性之一,因而它是普遍的超时空的美,这是一种客体实在(体)论;(2)认定有一个先在的、不变的审美主体,他有一种本质性的先天的审美能力,一旦他应用这种能力,主体就能获得美感,与美感相应的对象就是美,这是一种主体实在(体)论;(3)认定在主体和客体之间有一种单纯的审美关系实际存在,这种实在的审美关系源自主体的审美能力与客体美的属性之间的应和,只要以这种关系把主体与客体联系起来成为实在关系,主体就是审美主体,客体就是美;这是一种关系实在(体)论,它与蒋先生的审美关系说是完全不同的。

蒋先生的审美关系理论把人对现实的审美关系事实上作为美学研究的出发点和主要对象,正是摆脱了"美是什么?"这样一个实体化的提问方式,从而对上述几种形而上学主客二分的思维方式做出了尝试性的突破,包含了生成论思想的可贵因素。

首先,蒋先生对审美关系的基本性质和各个环节都做了简明的分析,同时又时时突出地强调这种关系的变动性与复杂性。他说:"无论作为关系主体的人,或是作为关系客体的现实,以及它们所构成的关系,都既不是简单的,也不是固定不变的。它们都各自具有多层次的结构,多方面的变化。"[①]对此,他从主体、客体、主

[①] 蒋孔阳:《蒋孔阳全集》第三卷,安徽教育出版社1999年版,第5页。

客体关系三个方面进行了分析：一是主体（人）不仅有自然性、物质性，而且有社会性、精神性，还有历史性等方面，是多方面的复杂属性的有机统一，"人是作为一个具有丰富复杂的内容的个性化的主体，来与客观现实发生关系的"；二是客体（现实）"也是极不简单的，极其丰富和复杂的"，包括自然界、人通过与自然的关系制造出的各种产品、人与人的关系产生的各种社会现象、各种精神产品和意识现象，"无论是过去的或是现在的"都在其中；三是主客体关系（包括空间和时间关系）也因此"更是丰富和复杂"，"这一切关系，都以人的需要为轴心，以人的实践为动力，以物的性质和特性为对象，相互交错和影响，形成了整个人类社会的历史和现实生活"[①]。这就有力地说明了人与现实关系的无限丰富性和复杂性。不仅如此，蒋先生还强调指出这种关系的发展、变动性。他说："人对现实的关系，是不断发展和变化的。"这一点更为重要。因为这种关系的不断变动性，乃是我们认为美学研究的思维方式必须打破形而上学，遵循生成性原则的根本原因。

其次，蒋先生进而指出，正因为整个人与现实的关系是处在永恒的变动中，"因而人对现实的审美关系的特点也不是固定的、形而上学的。随着人对现实的审美关系不断地变化的发展，大千世界的美的东西也不断地变化和发展。"[②]这就明确无误地揭示了变动性和生成性乃是审美关系的一个根本特性。

蒋先生上述两点思想，不仅把以往几派美学理论以实体化的"美"（客体）或"美感"（主体）作为美学研究的主要对象，转

[①] 蒋孔阳：《蒋孔阳全集》第三卷，安徽教育出版社1999年版，第7页。
[②] 同上，第16页。

变为以人对世界的审美关系为美学研究的出发点和对象，实现了美学研究对象的重大转换；而且在思维方式方面给了我们重要启示。按照日常的思维模式，我们总是从主体、客体、主客体之间的关系，即主客统一的方式来思考美学的一些基本问题。这种模式本身并没有错，这是我们认识事物的一般过程。但是，如上所述，蒋先生告诉我们：第一，作为"主体"的人，是自然性、物质性、社会性和精神性，以及历史性的统一，"人"本身是一个诸多因素互动影响的过程，是一切社会关系的总和，因此，并没有一个一成不变的绝对化了的抽象"主体"或实在（体）主体；第二，被我们称之为"客体"的东西，是自然界、人、人的物质产品以及人的精神产品的总和，而这个总和又处在历史的长河之中，处在不断的发展变化之中，因而也没有一个固定不变、被动地接受人的观照的抽象"客体"或实在（体）客体；第三，因此，由丰富复杂、不断变动的主体与客体所构成的主客体关系，必然更是丰富复杂、变动不居，它们绝不可能是、实际上也根本不可能存在一种凝固的、恒定不变的供我们研究的主客体的抽象关系或关系实在（体）；第四，审美关系作为主体与客体之间的关系之一，当然同样是变动不居和复杂丰富的。换言之，审美关系也绝不是一种固定不变的关系实在（体）。

在此，我们清楚地看到，蒋先生再三强调主体、客体、主客体关系三者的变动性、复杂性、丰富性，实际上是在美学上将这三者还原、放置到人与现实的具体的、生成的、变化的审美关系中去了。它显然包含和孕育着一种突破形而上学思维模式的尝试。因为如果我们承认，主体与客体以及二者间的关系本身是一个复杂的、动态的过程，那么，主体与客体之间的抽象对立即主客二分就会由于自身的非现成性、非确定性而被化解。这一点并不难理解。任何事物总是处在时空之中，处在不断地生成与变化之中，没有一个固定不变的主体，也没有一个固定不变的客体。既然如此，那么，一方面，在观念中被抽象出来的超越于时空之外，并且自身静止不变的主体也就不可能存在，每一个具体的主体总是诸多因素相互交织影响的动态过程；另一方面，客体也不是静止不变的，在形而上学思维模式中被从时间之流中截取下来的、被固定化了的、被动接受主体认知的客体，也是不存在的；更为关键的是，由于主、客体二者的现实性、具体性和历史（时间）性，二者之间的关系也是具体、现实的，处在具体、历史的时空中的。所以，根本不存在抽象的、超越时空的主客体关系。形而上学的思维方式的各个环节一旦被具体化、现实化，放置在历史的、变动的关系之中，那么主体与客体的截然分立与对立或曰"主客二分"就难以成立，它只能是观念性的，只能停留在思维之中，而不能正确把握和反映不断变动的现实关系。或者说，它只是对现实之中各种复杂变动关系的"一"种切断、割裂和抽象，而丢弃了思维的全部丰富内容。蒋先生在强调主体与客体及主客体关系的丰富、复杂与变动不居时，显然是看到了这一点，从而萌生了生成论的思想。在这个情况下，他没有把抽象、固定的美（客体）或抽象、固定的美感（主体）作为美学研究的起点或主要对象，而是强调人对现实丰富复杂、变动不居的审美关系才是美学研究的出发点和主要对象。我认为实际上已包孕着生成论思想对形而上学思维方式的超越，也包蕴着对前述三种美学主张（主观说、客观说、主客观统一说）的超越。

二、审美关系理论的逻辑思路

蒋孔阳先生的审美关系理论有其自身的逻辑思路。笔者认为大

致可以概括为以下三个层次:

首先,人总是生活在各种社会关系中间。马克思、恩格斯在《德意志意识形态》中论述人类历史的发生、发展时,就是从对人的各种交往关系(包括人与自然、与人自身、与社会等的关系)的历史生成和发展的考察入手的。他们明确指出:"凡是有某种关系存在的地方,这种关系都是为我(按:指'人')而存在的;动物不对什么东西发生'关系',而且根本没有'关系';对于动物来说,它对他物的关系不是作为关系存在的。"① 很清楚,第一,"关系"只是对人而言的,只有人才有的,动物是不存在任何关系的;因此,第二,一切关系都只能是人的关系;第三,人的所有关系,全部是社会的关系,包括人与自然的关系亦然。马克思、恩格斯指出,人的"意识一开始就是社会的产物,而且只要人们存在着,它就仍然是这种产物",他们以人童年时期与自然界的关系为例,认为"自然界起初是作为一种完全异己的、有无限威力的和不可制服的力量与人们对立的",从而产生人"对自然界的一种纯粹动物式的意识(自然宗教)",而"这种自然宗教或对自然界的这种特定关系,是由社会形式决定的,反过来也是一样"。② 这就是说,人与自然的关系,一开始就是受到社会形态制约的,本质上也是一种社会关系;同样,不同的社会形态也受到人与自然关系的制约,反映着人与自然关系的历史变化。唯其如此,马克思强调指出:"人的本质不是单个人所固有的抽象物,在其现实性上,它是一切社会关系的总和。"③ 蒋先生据此认为,任何人任何时候总是处于各种各样的社会关系之中。

---

① 《马克思恩格斯选集》第1卷,人民出版社1995年版,第81页。
② 同上,第82页。
③ 同上,第60页。

如果对蒋先生这个观点稍作引申,我们可以说,任何人从他(她)脱离娘胎、呱呱坠地那一刻起,实际上就不以其意志为转移地进入了一个错综复杂的关系网中,他(她)的本质就是随着关系网的延伸、扩展、纠结、变动而不断生成、变化。

其次,人对现实的审美关系是极其丰富复杂的社会关系中的一种特殊的关系。蒋先生认为人和世界可以在各个方面、各个层次发生复杂的关系,如经济的、物质的、政治的、宗教的、法律的、伦理道德的等等关系,其中有一种关系是跟别的不一样的,那就是审美关系。不过,蒋先生并没有把审美关系看得高于人与世界其他各种关系,他遵循唯物史观,特别指出:"在人对现实的一切关系中,最根本的不是审美关系,而是实用关系。"[①] 而实用关系也包括许多种,其中经济关系、物质劳动关系、社会生产关系等是最基础、最根本的关系,而包括审美关系在内的各种精神性关系(其中政治、伦理、法律等关系也属于实用关系)则是从属的、派生的。审美关系是在人类长期的实践中逐渐从物质、实用的关系中分化、脱离、独立出来的。但这种独立是相对的,在特定条件下才生成的,而且是不断变化的。

再次,与物质的各种实用的关系相比,审美关系作为非实用的精神性关系,有其自身的特点,蒋先生将之归纳为以下四点:(1)审美关系是通过主体的感觉器官来和现实建立关系,而它把握的对象也具有感性的形象性与直觉性,因为"离开这些感性的形象,也就失去了审美的对象,因而再也谈不上什么审美的关系"[②]。突出强

[①] 蒋孔阳:《蒋孔阳全集》第三卷,安徽教育出版社1999年版,第8页。
[②] 同上,第13页。

调了审美关系中主体与客体之间的感性特征。(2)审美关系是自由的。这一自由有两层意思:一是外在的自由,是从外在事物实际的功利关系束缚中超越、解放出来;二是内在的自由。蒋先生说:"这可以从内容与形式两个方面来看。首先,从内容上看,我们欣赏美的对象,不是要满足物质的需要,而是要自由地展示人的本质,取得精神上的自由和满足。……其次,再从形式上看,美的形式要受对象的物质属性的限制,竹子的形式不可能同于梅花的形式。但是,美的形式并不在于物质形式本身,而在于通过某种物质形式自由地表现出或者制造出心灵的形式。"[①](3)审美关系是人作为一个整体和现实发生关系。这是审美关系整体性的主体实现,主体(人)在面对感性对象时,他是调动了由生理到心理、由感觉到思维的自身全部本质力量来对它进行感受、体验的。蒋先生说"人的本质力量是多方面的,包括马克思所说的'视觉、听觉、嗅觉、味觉、触觉、思维、直观、感觉、愿望、活动、爱'等等在内",而在现实生活中,人们经常出于某种功利性的目的,只是以自己某一方面的本质力量来和现实的某一方面发生关系;审美关系却不同于那些功利性的活动,在审美中,"感性的人和理性的人统一了起来,意识形态的人和实践活动的人统一了起来,人以一个完整的整体来和现实发生关系"。[②](4)审美关系还特别是人对现实的一种情感关系。由于作为审美主体的人,是通过感觉器官来对具体的感性对象进行审美的,"其所发生的关系,主要的就不可能是理智上的认识、意志上的行为,而只能是感情上的喜爱与否和满足与否。那就是说,这些

---

① 蒋孔阳:《蒋孔阳全集》第三卷,安徽教育出版社1999年版,第13—14页。
② 同上,第14页。

具体的形象,通过感觉器官的感受,把我们的理智、意志和其他一切,都化成了感情。因而其所产生的效果,主要的只能是喜怒哀乐的感情活动。"① 我们认为,蒋先生关于人对现实的审美关系的四个特点的阐述,把审美关系与人对现实的其他一切物质的或精神的关系清楚地区分开来了,应成为我们用以把握审美现象、审美活动的一把钥匙;同时,又从另一个角度补充论证了审美关系的生成性。因为既然在日常生活中,审美关系总是被淹没在种种物质的、精神的实用关系中了,但是,一旦实用关系中出现了同时符合上述四个特点的现象,那么审美关系也就现实地生成了,并且从实用关系中脱颖而出。可见,任何审美关系都不是现成的,而是生成的。

这里,我们还可以回答学界有人关于审美关系说"循环论证""同义反复"的责难:既然是"审美"关系,那么没有作为"审"的主体和作为"美"的客体双方的预先存在,审美"关系"如何形成?换言之,审美关系仍然必须先有"美"(客体)、后有"审"的活动(主体),这样不就仍然回到了"美在客观"说、回到了美和美感先对立、后建立"关系"的主客二分的形而上学的思维模式吗?

笔者认为,这里有一个对"审美关系"一词的语义须整体性理解的问题。"审美关系"对应的英文是 aesthetic relations(或 connections),在英文中,我们不会把 aesthetic 看作在中文里那种动("审")宾("美")结构的复合词,而只是单一的一个形容词。从语言学、语义学角度,我们必须把"审美关系"中的"审美"看作语义整一的一个形容词,决不将这个单一的词拆分为动和宾合成的词组。这样,我们就能正确地理解蒋先生"审美关系"概念的真

---

① 蒋孔阳:《蒋孔阳全集》第三卷,安徽教育出版社1999年版,第15页。

意。如上所述，蒋先生认为，在上面四个特征（条件）同时具备时，审美关系就会从人对现实世界的大量实用关系（无论是物质的还是精神的）中脱颖而出、逐渐生成。此时此刻，人面对的客体就对人生成为现实的"审美对象"或广义的"美"，而客体面对的人也同时生成为现实的"审美主体"。美和能够欣赏美的人总是在人与世界的审美关系的历史和现实的生成过程中同步地生成的。这样，审美关系理论就不存在"循环论证""同义反复"的问题了。

顺便谈一下审美活动与审美关系两个概念的联系。笔者认为，所谓审美活动，乃是人对现实审美关系的展开，而审美活动的过程同时也就是审美关系生成、展开的过程。审美活动与审美关系属于同一层次的概念，审美关系含于内，审美活动显于外，审美关系的外在展开是审美活动，审美活动的内在构成是审美关系，审美关系是通过审美活动而建构起来的，而审美活动则只有通过审美关系才得到体现。就此而言，审美活动和审美关系就像一个金币的两面，连为一体，不可分割。在大多数场合，这两个概念可以通用和替换。所以，根据蒋先生的审美关系理论，我们可以说，美与美感只有在审美关系、审美活动中才得以产生和形成，只有置于审美关系、审美活动中才可能得到准确理解和说明，只有在审美关系、审美活动之中，所谓的审美主体与审美客体才同时生成，只有在形成审美关系的审美活动过程中，主体才成为现实的审美主体，对象才成为现实的审美客体。审美活动、审美关系偏重于客体方面，便生成为各种各样的审美形态、广义的美；审美活动、审美关系偏重于主体方面，则生成为丰富多彩的审美经验、主体的美感。离开审美关系、审美活动，美和美感就无从谈起。所以，审美关系、审美活动是美学思考的起点、重点和焦点。

三、用马克思的存在论思想对审美关系理论作现代解读

究竟应当如何理解人与现实世界的审美关系呢？蒋孔阳先生指出，审美关系从属于人与世界的关系。而关于人与世界的关系，历来有两种基本的解释模式：一种是传统的"主体——客体"二分的模式，一种是现代的"人——世界"一体的模式。前种模式中，人与世界的关系被解释为主客二分的、外在的、对象性的认识论关系；后种模式中，人与世界的关系则被解释为不分主客的、内在的、相融相通的存在论关系。相应的人与世界的审美关系也就有了两种基本的解释模式。

很长时间以来，美学界常采用传统主体——客体二分模式来解释审美关系。这种解释存在着很大的理论失误，那就是前面提到的，把审美关系加以实体化和现成化。从主体——客体二分模式看，审美关系产生之前，早已有一个既定的、先在的、实体化的审美主体存在，这个审美主体拥有特定的审美态度和审美能力，同时也早有一个永恒的、不变的、实体化的审美客体存在，这个审美客体拥有普遍的美的形式、结构、属性和规律。审美关系就是由现成的审美主体与现成的审美客体支撑与搭建起来的认识关系，它起自审美主体对审美客体的反映、感知和认识。

我们不同意这种主客二分的认识论模式，而主张按照人——世界一体的存在论模式来解释审美关系。

这里需要简单说明一下，我们有的学者，一提到存在论（ontology），就断定是海德格尔专利。这至少是极大的误解。是的，海德格尔的"此在在世"的现象学存在论的确在存在论上超越了传统形而上学的主客二分认识论。但是，早于海德格尔80余年，

马克思在《巴黎手稿》中论述其"人的本质力量的对象化"即实践观点时就明确提出了超越传统本体论的现代存在论思想，并两次在"存在论的"意义上使用了 ontologisch 这个词。本人对此已有专文论述①，限于篇幅，本文不打算引证这段话并加以阐释。只是想指出，在我看来，马克思在《手稿》中表达的与其实践观紧密结合的存在论思想，已经超越传统本体论而为西方现代存在论，包括海德格尔的存在论思想奠定了基础；而且这里的存在论思想在马克思以后的著作包括晚年的《资本论》中仍然得到了延续和发展，这方面哲学界已经有较多论述，本文从略。这里只想引用马克思另外一句极为重要的话："人不是抽象的蛰居于世界之外的存在物。人就是人的世界。"②它告诉我们，在源初意义上，人与世界是一体的、不可分割的，人不能须臾离开世界，只能在世界中存在，没有世界就没有人；同样，世界也离不开人，世界只对人有意义，没有人也无所谓世界；世界从来不是与人无关的、离开人而独立自在的、永恒不变的现成存在物，人也从来不是离开世界和他人的、固定不变的现成存在者，二者都是在"现实的生活过程"即实践中存在和发展的。正是实践将人与世界建构成不可分割的一体，也构成了人在世界中的现实存在。所以，马克思的"人就是人的世界"的概括，确确实实是一个典型的现代存在论命题。

更重要的在于，马克思的"人就是人的世界"的存在论思想乃是以实践论为基础、通过实践而实现的，它高于海德格尔之处不仅在于实际上已经包含着"此在在世"（即"人在世界之中存

---

① 朱立元：《马克思的存在论思想不应轻易否定》，《文艺理论与批评》2010年第3期。

② 《马克思恩格斯选集》第1卷，人民出版社1995年版，第1页。

在")的存在论思想,而且进一步揭示出实践乃是人最基本的存在方式或在世方式。马克思明确指出"人们的存在就是他们的现实生活过程"①,而人们的这种现实的"全部社会生活在本质上是实践的"②。应该特别注意的是,这句话中,人们的"存在"一词马克思用的是sein(即being),他是在存在论意义上使用"存在"概念的,人们的存在不是静止的,而就是他们的现实生活即实践活动的"过程"。显然,在此,实践作为人的现实生活过程也就是人存在的基本方式。那种随意否定马克思实践观客观存在着存在论的维度,把存在论的专利拱手让给海德格尔,并把我们探索中的实践存在论美学硬扣上将马克思主义海德格尔化的帽子的做法,是对马克思和海德格尔的双重误读,在理论上根本站不住脚。

从马克思的与实践观一体的存在论思想出发,来审视和解读蒋孔阳先生的审美关系理论,笔者有几点想法:

首先,审美关系不只是认识关系,而主要是情感体验关系。因为,在单纯的认识关系中,主体的目标是求得对客观事物内在属性和内部规律的认识,形成知识体系。审美关系则不同,它虽然含有一定的认识因素,但其根本目标却不是求知,不是获取符合客观事物本来面貌的真理,而是从事物的色相、秩序、形迹上通过情感领悟和体验人与世界的存在意义,进入一种物我圆融、人与世界一体的饱含情感的高级人生境界。譬如,我们审美地欣赏"人闲桂花落,夜静春山空。月出惊山鸟,时鸣春涧中",就不是追求关于静夜、花鸟的物理知识,而是从那个宁静的春夜、岑寂的春山,惊叫

---

① 《马克思恩格斯选集》第1卷,人民出版社1995年版,第72页。
② 同上,第56页。

的春鸟以及山间的春涧所构成的诗性境界中,凭活跃的情感来感悟和体验一种"片刻即永恒"的禅意或存在意义。

其次,审美关系在逻辑上先于审美主、客体,而不是审美主、客体在逻辑上先于审美关系。应该承认,审美关系与审美主客体在事实上是同时发生、生成的,同步发展的,互为前提的。但是,在理论逻辑上,审美关系却必定先于审美主体或审美客体。蒋先生晚年已经萌发了在审美活动中"关系在先"的重要思想。在《美学新论》总论的开篇"人对现实的审美关系"中,反复论述了这样一个思想:人与现实的审美关系并不是从来就有的,而是从无到有、逐渐生成和发展的,只是在人类漫长的实践过程中,随着人的内自然的人化和外自然的人化,人和他的生存世界之间才产生了审美关系,但这种关系是具体的、现实的、个别的、变化的,而不是抽象的无条件的实在(体)关系。由此我们可以进而推论,蒋先生实际上已觉察到,正是在这样一种具体、现实、个别、变化的审美关系中,才现实地、即时地产生了审美主体与审美客体(对象);离开了这种关系就无所谓审美主体,也无所谓审美对象,美和审美主体都是随着审美关系的产生而产生的。蒋先生明确地指出:"人间之所以有美,以及人们之所以能够欣赏美,就因为人与现实之间存在着审美关系。"[1]这里,实际上已肯定了在因果逻辑上审美关系对美(客体)和美感(主体)的在先地位,即确立了"关系在先"的逻辑原则。

"关系在先"的思想,在理论上是有根据的。根据之一是,依照上述马克思"人就是人的世界"的存在论命题,人与世界源初是

---

[1] 蒋孔阳:《蒋孔阳全集》第三卷,安徽教育出版社1999年版,第3页。

一体的，而不是现成的主体、现成的客体二分的。因此，在逻辑上，审美关系（活动）之外或者之前，不存在任何现成的审美主体，也不存在任何现成的审美客体。如果离开了一定的审美关系（活动），即使是最富于创意的艺术家和最富有经验的鉴赏家，也算不得审美主体；即使是最伟大的艺术作品和最优雅的田园山水，也不是什么审美客体。人能否成为审美主体，世界能否成为审美客体，都取决于审美关系是否生成。审美主客体是在审美关系（活动）的状态中生成和存在的。根据之二是，审美主体是审美关系中的主体，审美客体是审美关系中的客体。审美关系是审美主客体的逻辑确定者。例如我们只能在"采菊东篱下，悠然见南山"的审美关系和审美状态中，才能把陶渊明确定为审美主体，把南山确定为审美客体。可见，人之所以被称为审美主体，世界之所以被称为审美客体，其根本前提在于二者已经处在审美关系中了。人生在世，人的生存实践，永远是审美关系发生的根基。但是，人并非每时每刻都处在审美状态，世界并非每时每刻都成为审美对象（客体），人与世界的关系并非每时每刻都呈现为审美关系。世间不存在绝对的、无条件的审美关系，只存在特定条件、情境、机缘下当下生成显现的审美关系。根据"关系在先"的原则，任何从生生不息的生成之流中截取出来的静止的固定的审美关系，都是抽象的、无根的，也不是真正的审美关系；同样，任何审美主体和审美客体也都是随着审美关系的生成而生成，而不可能是先在的、固定的、现成的。且让我们以《红楼梦》中的一段描写为例作简要的说明：

> 这里黛玉见宝玉去了，听见众姐妹也不在房中，自己闷闷的。正欲回房，刚走到梨香院墙角外，只听见墙内笛韵悠扬，歌声婉转，黛玉便知是那十二个女孩子演习戏文。虽未留心去

听,偶然两句吹到耳朵内,明明白白一字不落道:"原来是姹紫嫣红开遍,似这般,都付与断井颓垣……"黛玉听了,倒也十分感慨缠绵,便止步侧耳细听,又唱道是:"良辰美景奈何天,赏心乐事谁家院。"听了这两句,不觉点头自叹,心下自思:"原来戏上也有好文章,可惜世人只知看戏,未必能领略其中的趣味。"想毕,又后悔不该胡思乱想,耽误了听曲子。再听时,恰唱道:"只为你如花美眷,似水流年……"黛玉听了这两句,不觉心动神摇。又听道"你在幽闺自怜……"等句,越发如醉如痴,站立不住,便一蹲身坐在一块山子石上,细嚼"如花美眷,似水流年"八个字的滋味。忽又想起前日见古人诗中有"水流花谢两无情"之句;再词中又有"流水落花春去也,天上人间"之句;又兼方才所见《西厢记》中"花落水流红,闲愁万种"之句;都一时想起来,凑聚在一处。仔细忖度,不觉心痛神驰,眼中落泪。①

黛玉由《牡丹亭》中的几句唱词所引发的复杂而细微的情感运动过程不仅由听戏文过渡到对个人命运的沉思,走向对人生意味和生命底蕴的深层解悟,而且也正是她一步步进入审美关系、进行审美活动并获得独特的审美体验的过程。一开始,黛玉并没有进入审美关系,她只是偶然路过梨香院墙角外,清醒地听见墙内那十二个女孩子演习戏文的美妙歌声,她还处于非审美状态,还不是审美主体,演习戏文的女孩子们也不知道隔墙有耳,她们的歌唱并没有成为黛玉的审美对象;之后,她先是止步感慨缠绵、侧耳细听,继而

---

① 曹雪芹:《红楼梦》,人民文学出版社1974年版,第271–272页。

点头自叹，心下自思，却又后悔不该胡思乱想耽误了听曲子，这时她开始与所听到的《牡丹亭》曲文生成审美关系，但还处于半审美状态；接下去越听越入迷，浮想联翩，如醉如痴，由心动神摇，再到心痛神驰、眼中落泪，一步步形成了审美关系，最终完全进入了审美活动状态而不能自已。这个过程，正是黛玉与那些女孩子演习的《牡丹亭》戏文逐步生成审美关系的过程。正是在这个审美活动、审美关系形成、展开的过程中，黛玉才现实地生成为审美主体，同时，那些女孩子的歌唱也才现实地成为她的审美对象。这个例子典型而生动地说明了逻辑上审美关系在先、审美主客体在后的道理。

再次，审美关系是人与世界之间的一种精神性的自由关系。前面讲到蒋先生论述审美关系的四特征之一就是自由性。自由首先表现为超功利性。在审美关系中，审美主体不是追求对象的有利有用有益等个人眼前功利的满足，在外不受他物的束缚，在内不受欲望的限制，完全由自己做主。自由又表现在审美主体始终关注对象的感性意义形象，并且环绕这一感性意义形象而展开自由想象和联想，自由地展开自己的心灵形式，而不专注于对象的物质实存和物理属性。自由还表现在审美是人与世界之间的精神情感交流。这种精神情感交流常常呈现为心物交融、物我两忘、你中有我、我中有你的同情、移情状态，产生精神上的自由和满足。

总而言之，在笔者看来，蒋先生的审美关系理论，极富现代性，在一定程度上超越了主客二分的认识论思维方式，包含着生成论的可贵因素，给我们以极大启示，是一种通向未来的富有生命力的美学。

（原载《北京联合大学学报》2012年第4期）

关于实践美学发展的构想

实践美学是中国当代美学史上最重要、最有影响的学派，特别是二十世纪八十年代以来上升为中国美学的主导学派。实践美学的主流派以李泽厚为代表，刘纲纪、蒋孔阳、周来祥为其中的非主流派。这一具有中国当代特色和原创精神的美学理论，致力于突破机械的反映论和非社会性的主客统一观念，而到人类的社会实践中，到人向人生成、自然向人诞生的历史进程中审察美与美感的发生、建构和流变，从而在人类学本体论层面对美与美感作了相当深刻的阐释和概括。但是，李泽厚的主流派实践美学也有其严重的不足和缺陷：一是把实践概念仅仅限于物质生产劳动，而把人类其他实践形态排除在外；二是偏重于美与美感在人类总体实践中的历史生成，而较为忽略它们在感性个体生存实践中的当下生成；三是有把美的本质与起源混为一谈的倾向；四是其人类学本体论的两个本体说，与其唯物史观一元论立场不尽一致，而且并未真正揭示本体论最核心的存在论层面的内涵意义；五是最重要的是在整体框架上还没有超越认识论美学，在一些重要的基本问题上还存在主客二分的认识论思考方式的痕迹，仍然脱离审美关系和审美活动，把美学理论聚焦在对实体化的客观的美的本质，以及作为对美的反映和认识的美感本质的探求上。这就使得李泽厚的主流派实践美学陷入了停滞不前的状况。

近年来，尽管实践美学遭遇到许多方面的批评和责难，但我并不认为实践美学已经过时。实践美学（无论是主流派还是非主流派）只要加以改造和完善，突破认识论的思路和二元对立（如主客二分）的思维方式，仍然具有强大的生命力和巨大的发展空间。就是说，李泽厚如果能在这个问题上突破自我，主流派实践美学仍有发展的天地；刘纲纪、蒋孔阳、周来祥等非主流派的实践美学思想亦然；特别是蒋孔阳的美学思想，不仅不是实践美学的"终结者"，相反，却是实践美学的突破、更新和发展，为中国美学理论在新世纪的创新和突破指出了方向，奠定了基础，是实践美学内部走向变革与突破的先声。

蒋孔阳从四个方面为实践美学的未来发展指出了方向：第一，"审美关系"说：突破形而上学主客二分思维方式的孕育，将美（审美对象、客体）与美感（审美主体）还原、放置到人与现实的具体的、生成的、变化的审美关系中去，这实际上在某种程度上已包孕着对形而上学实体化、现成论思维方式的超越。第二，"美在创造中"：突破本质主义思路的酝酿，对本质主义"美"论的现成性、凝固性思维进行质疑和挑战。蒋孔阳美学论最核心的命题是"美在创造中"。我认为，在蒋孔阳所说的"创造"中包含着"生成"的意义，体现着对现成论思维方式的突破。第三，"人是世界的美"：对美的存在论根基的探寻。这个命题把美和美感置回到无限丰富的生活之中来加以探讨，它说明：离开人，离开人的具体的审美实践活动，根本无所谓美。他揭示出：美是在人与现实的特定关系中生成和存在的；美的存在，美的意义，美的发生与创造，无不处在人的生存世界之中；只有在这个生存世界中，美之为美才得以绽露、显现出来。第四，美感论：开始从认识论思路超拔。蒋孔阳认为，美感是主体对审美对象

"的感受、体验、观照、欣赏和评价,以及由此而在内心生活中所引起的满足感、愉快感和幸福感,外物的形式符合了内心的结构之后所产生的和谐感,暂时摆脱了物质的束缚后精神上所得到的自由感"[①]。蒋孔阳的美感论不同于一般把美感仅仅看成审美主体对审美对象的反映、感受和体验,即主体对对象的靠拢和倾斜,而是同时强调了对象形式与主体心理的"符合"而形成和谐感,还指出审美应当能够给我们带来自由感,而且,把自由感看成是美感的最高状态、审美的最高境界。这些都明显超越了认识论美学的思路。

总之,美学在蒋孔阳这里成为一个以人为中心,以艺术为主要对象,以人生实践为本源,以审美关系为出发点,以创造——生成观为指导思想和基本思路的理论整体。这个理论整体体现出一种突破形而上学主客二分思维方式的最初尝试,也是为美学的一种新的存在论奠基。这一奠基活动把美从彼岸的"本体"世界、从抽象的永恒世界带回到具体的人生实践和无限丰富的审美现象中来,把创造—生成的思路引入美学研究中,从而把美理解为一个过程,这就开启和突破了追寻"美本身"的传统形而上美学之门。我们从蒋孔阳的实践美学理论中看到了希望,看到了一条通往未来的道路。

近年来,笔者在重新学习马克思主义唯物史观的同时,也反复研究了海德格尔等人的现象学思想,发现马克思的实践哲学中原本就包含着存在论的维度,只是我们过去没有给予充分注意罢了。于是,笔者尝试将马克思的实践论与存在论在人学基础上结合起来,并努力继承和发扬蒋孔阳美学思想中富有现代性、前瞻性并超越主客二分的认识论思维方式的生成论思想,提出了实践存在论美学的

---

① 蒋孔阳:《蒋孔阳全集》第三卷,安徽教育出版社1999年版,第269页。

初步构想。我想,这也许可以作为在新世纪发展实践美学的一种尝试吧。下面,简要说明一下实践存在论美学的基本思路和主要观点。这里也包含着我们对实践美学进行发展的基本思路。

第一,深化对实践的理解。实践是人存在的基本方式,实践与存在揭示着人存在于世的本体论含义。"人在世界中存在"(海德格尔称为"此在在世",张世英概括为"人生在世")这个命题是海德格尔针对近代认识论主客二分思维方式无根的缺陷,所提出的一个基本本体论(存在论)命题。以此在的生存论即人生在世的存在论取代主客二分的认识论,为哲学、美学的发展指出了一条新路。不过,"人生在世"并不是海德格尔的发明,马克思对此曾作过明确的表述:"人不是抽象的蛰居于世界之外的存在物,人就是人的世界。"[①]只不过马克思没有直接以这一存在论思想来批判近代主客二分的认识论罢了。但是,马克思高于和超越海德格尔之处是用实践范畴来揭示"此在在世"("人生在世")的基本在世方式。在马克思看来,人不是作为一种现成的东西摆放在世界上,世界也不是作为一个现成的场所让人随意摆放;相反,人是从事实际活动的人,人"周围的感性世界绝不是某种开天辟地以来就已存在的、始终如一的东西,而是工业和社会状况的产物,是历史的产物,是世世代代的结果"[②]。这就是说,人在世界中存在,就意味着在世界中实践;实践是人的基本存在方式;实践与存在都是对人生在世的本体论(存在论)陈述。我们用马克思主义实践论来阐释和改造"此在(人生)在世"的观点,结论显然是:实践活动就是人的在世方式,或者更

[①]《马克思恩格斯选集》第1卷,人民出版社1995年版,第1页。
[②] 马克思,恩格斯:《费尔巴哈》,人民出版社1988年版,第20页。

准确地说,"人生在世"的基本方式就是实践。

这样,我们虽然仍然以实践作为美学研究的核心范畴,但突破了主客二元对立的认识论,转移到了存在论的新的哲学根基上。在实践问题上,我们与李泽厚的观点有着很大的区别。李泽厚把实践看得太狭隘了,他一直强调实践只能是物质生产劳动。实质上,马克思对实践概念的理解并不是那样狭隘。马克思在1845年《关于费尔巴哈的提纲》中,明确地用"人的感性活动"来定义、解释实践概念,并没有局限于物质生产劳动;而且还科学地指出,"全部社会生活在本质上是实践的"①。可见,不只是物质生产劳动,人的各种各样活动、人的整个社会生活都是实践的,都属于人类广大的人生实践范围。所以,我们理解的实践是广义的人生实践。它固然以物质生产作为最基础的活动,但还包括人的各种各样其他的生活活动,即包括道德活动、政治活动、经济活动,也包括人的审美活动和艺术活动。

第二,把实践美学的研究对象定位于人的审美活动,确定审美活动是一种人的基本存在方式和基本人生实践。审美活动与其他实践活动一起构成了人类实践的整体,是人生实践不可缺少的有机组成部分。审美活动也是人的生存、发展实践的需要。审美活动是众多的人生实践活动中的一种,是人的一种高级的精神需要,而且是见证人之所以为人的最基本的方式之一。马克思提出,人要全面地占有自己的本质力量,强调自然的彻底的人道主义和人的彻底的自然主义的统一,就是要塑造健全的人、充实的人,而审美在人的整个实践过程中具有不可替代的作用。因此,审美活动不仅是人的存在方式之一,而且与制造工具、生产、科学研究等一样,是人类不

---

① 《马克思恩格斯选集》第1卷,人民出版社1995年版,第56页。

可缺少的一种基本的人生实践；它是人超越于动物、最能体现人的本质特征的基本存在方式之一和基本的人生实践活动之一。

第三，引进现代存在论的生成思想来改造实践美学，确认美是生成的，而不是现成的。实践美学应该突破认识论框架，换一种提问方式，如"美是怎样生成并呈现出来的？"但是，要回答美的生成问题，必须从人的审美活动（即人与对象世界之间审美关系的现实展开）入手。我们觉得任何美作为审美对象都不是现成的，而是在审美活动、审美关系中现实地生成的。在此，我要提出"关系在先"（"活动在先"）的原则。就是说，从逻辑上说，是审美关系和活动在先，审美主客体（美和审美的人）都是在审美关系和活动中现实地生成的。"在先"不是指时间上的先后，而是逻辑上的先后。从时间上说，美、审美主体、审美活动三者都是同时进行和产生的，无法严格地去区分。而从逻辑上说，审美关系、审美活动先于美而存在。没有审美活动，就没有美。没有一个客观固定的美先在地存在于世界某个地方，美是在现实的审美关系和审美活动中生成的。这就是"关系在先"（"活动在先"）原则的基本含义。

第四，重建实践美学的人本关怀，确认审美是一种高级的人生境界。人在各种生存实践活动中，在与世界打交道的过程中，会有各种不同的经历和体验，这各种不同的经历和体验会有各种不同的层次和水准，进而形成不同层次的境界。就是说，在人与世界打交道的丰富复杂的过程之中，会形成不同层次的人生境界，其中就包含着审美境界。

怎样理解人生境界？首先，人生境界不是自然界进化而成的物质实体，也不是主体心灵自生的幻影，而是我们人与世界的相互依存和一体圆融；这种人与世界的统一关系着重体现在人对自身生存实践的觉解与对宇宙人生意义的体悟的不同程度、层次和水平上。其次，境界作为人与世界的交融统一，又不是认识论层面上的主客观统一，即那种外在的客观物理属性与内在的主观心理意识在认识上的统一，而是存在论层面上的统一，即在人与世界相互依存、双向建构的生存活动——人向人诞生、世界向人生成——的人生实践过程中所实现的统一。这种交融统一，体现为人与世界的实践关系。境界在人与世界的实践关系中生成。人生境界是人们通过自身锻炼修养、提高觉解水平而不断生成的。人生境界的生成取决于人们对自身生存实践及其意义的觉解。由于觉解的层次和程度不同，造成人生有多种境界、多重境界。不同的人，对生活的自觉和了解的程度是有区别的，因而，尽管每个人都面对着相同的宇宙，置身于大致相同的生活之流中，但是，生活对每个人却显示出不同的意义，每个人都因而处身于不同的人生境界中。我们认为，在人生实践当中，在人与世界打交道的过程中，会有各种不同的觉解程度和层次，会形成各种不同的人生境界，而审美境界则是其中一个较高层次的精神境界。审美境界较大程度上超越了个体眼前的某种功利性和有限性，而达到相对自由的状态。所以，我们认为，审美境界属于较高层次的人生境界。审美境界高于一般的人生境界，是对人生境界的一种诗意的提升和凝聚，也可以说是一种诗化了的人生境界。

当然，以上几点只是发展实践美学、克服实践美学自身弱点的最初尝试和最主要的构想与思路，许多问题都需重新思考，如审美活动的基本性质和历史发生、中西方重要审美形态、审美经验的构成与过程、艺术存在与活动、审美教育的目的与方式，等等。（可参阅笔者主编的《美学》修订版，高等教育出版社即将出版。）

（原载《河北学刊》2007年第1期，
人大复印资料《美学》2007年第5期转载）

第二辑

走向实践存在论美学之途

走向实践存在论美学

当代中国美学的发展目前正处于一个十分微妙的发展阶段,一方面人们开始认识到传统美学存在着种种局限,力图克服这种局限,实现美学的新发展;但同时我们仍然受到传统美学思维方式的影响,未能完全突破传统的认识论思维方式和框架的束缚,因而未能获得真正突破性的大发展。目前我们正处于这样一个时期:中国美学酝酿着或者说正面临着取得新的重大突破的机遇,但如果我们不能进一步解放思想,在思维方式和研究方法上有所突破和创新,那么,美学研究的真正突破和进展就不可能实现。因此,探讨如何实现中国美学的突破性进展在当前就显得十分紧迫。我们一直关注并思考着这个问题,也做了一些初步的思考和尝试,现在把它发表出来,以期引起学界同仁的共同关注和讨论。

我们的基本观点是:中国美学要实现重大的突破和发展,一个最重要的途径恐怕就是要首先突破主客二元对立的单纯认识论思维方式和框架。

一、主客二元对立的认识论：阻碍中国当代美学突破的一个重要因素

新中国成立后不久的二十世纪五六十年代，中国美学就迎来了一次大讨论，形成了以蔡仪、朱光潜、吕荧、高尔泰、李泽厚为代表的所谓美学四大派。这四大派虽然成就不同、观点各异，但有一点却是共同的，那就是他们的讨论基本上都局限在一种主客二元对立的认识论思维方式和框架之中来讨论问题，都是把美作为一个先在的、现成的实体来认识；认为美在客观，是客观事物的一种属性，这是一种客体实在论；认为美在主观，是人的一种主观感受，这是一种审美主体实在论，把人看作一个早已存在的不变的审美主体；认为美在主客观的统一或者社会性与客观性的统一，实际上主张美就在于客观事物的属性恰好和一定的审美主体的感受相契合，这实际上是一种关系实在论。也就是说他们都是把"美"或者"美的主体"作为一个早已存在的客观对象来认识，因此，虽然争论得很热闹，也取得了一定的成果，但由于都是相同的认识论的思维路径，因而最后归结、上升到唯物主义与唯心主义之争，却未能在解决美学的基本问题上有大的突破。

"文革"以后，美学大讨论中各派的观点借助于对马克思《巴黎手稿》思想的阐释都有所坚持、发展和完善，但总的来说，还是在认识论的框架里来谈怎样认识美、美是什么等问题，没有新的重大的突破。而以李泽厚先生为代表的社会性与客观性相结合的美学理论，充分结合马克思《1844年经济学哲学手稿》的思想，用"自然的人化"的实践和历史"积淀"作为贯穿整个美学思想的基础，发展成了他的人类学本体论美学，形成了二十世纪八十年代在中国

美学界中占主导地位的主体性"实践美学"。李泽厚先生的美学理论代表着"实践美学"的主流派别,他强调人的物质生产劳动、制造工具的基础地位和历史"积淀"的理性指导作用,把美和人的物质生产劳动实践结合在一起来研究美学,已经对认识论美学所局限的范围有所拓展,因此具有一定的生命力,影响是非常大的。但是,这一时期的实践美学仍然围绕着怎样认识美的本质这个中心论题研讨,没有真正跳出认识论的思维框架。当然,在实践美学后来的发展中,实践美学中的其他代表人物已经开始注意到如何超越单纯认识论美学模式的问题了,比如蒋孔阳先生以实践论为哲学基础、以创造论为核心的审美关系说美学就是试图超越认识论美学框架而进行的颇有成效的尝试。

进入二十世纪九十年代以来,中国美学的发展处于一个急剧变化的时期,一种新的突破发展的可能性正在酝酿之中。已经有越来越多的学者开始意识到我们必须超越现有的美学研究模式,才有可能使中国的美学发展获得一个大的突破,并且开始做了一些尝试的工作。比如早在二十世纪八十年代后期就有人以感性—个体反对理性—集体的方式拉开了对以李泽厚先生为代表的实践美学主流派进行批评的序幕;在九十年代初,陈炎先生又开始向"积淀说"发难;接着,杨春时先生也提出超越实践美学、走向"后实践美学"的主张;潘知常教授等人则提出了"生命美学""生存论美学"等来反对实践美学。与此同时,也有一批学者(包括笔者在内)对处于变化之中的实践美学作具体分析,从各个方面为实践美学中的合理因素辩护,当然也承认实践美学主流派的观点存在局限,需要改进和发展。这场美学大讨论表明已经有越来越多的人不满于中国美学的现状,试图超越现有的美学模式,这预示着我们的美学正酝酿着某种革新和突破的可能性。但是,究竟应该怎样超越、突破,什么才是阻碍中国美学发展取得突破性进展的关键问题却仍是需要我们进一步研究的，必须抓住这个根本的症结，中国美学才有可能有一个真正的突破性发展。从对实践美学的论争中来看，人们还主要不满于实践美学过分强调集体性、理性、物质生产劳动的一面，因此想要给予与之对立的感性、个体体验性在审美中以应有的位置，但多数人对"美"的提问方式并没有从根本上发生变化；对实践美学主流派在认识论方面的局限虽然开始注意，有的也有批评，但多数人似乎还认识得不够深刻，还没有提到关键、要害的地位来认识。现在看来，这种反思和批评的工作当然是很必要和有意义的，但还没有从根本上抓住阻碍当代中国美学发展的核心问题，即主客二元对立的认识论思维方式问题，有的学者虽然也看到或提到这一点，但深入反思、分析还不够。多数人（包括我们在内）很长一个时期仍然是在认识论的思维框架范围之内来探寻美学学科的发展，所以难以有大的突破和创新。

九十年代中期另一场争论更使我感到超越主客二分的认识论思维方式的迫切性，这就是关于巴黎手稿"美的规律"的争论。1997年陆梅林先生发表了《巴黎手稿探微》的文章，学界开展了争论，我也参加了这场论争，发表了自己对"美的规律"的看法，认为所谓"美的规律"是一条"属人"的规律，而并非截然与人无关的客观事物的属性，并非纯粹的自然规律，它是社会合力的结果，这样我把"美的规律"定位于社会历史的规律；认为社会历史规律的客观性主要体现在支配社会历史发展的规律在其发生作用的范围内，对每一个社会主体（个体）的意志和认知而言，具有不可阻挡的客观强制性。这样，"美的规律"就不再简单的只是一个在人之外固定不变地存在着的所谓"物"的自然规律、客观规律了。我这样的观点被一些坚持"美的规律"是客观事物的属性的客观派所批评。这次讨论使我感到，我们有的同志在思维方式上不是前进了，而是倒退了,倒退到五六十年代的水平了,还停留在简单的唯物、唯心对立的认识论思维模式中来讨论问题。这使我感到我们学界当前在研究学术问题思维方式的创新问题上仍然任重道远。因此,从新世纪中国美学的发展来看,我认为阻碍我们美学取得突破性进展的一个主要障碍就是那种主客二元对立的僵化的认识论思维模式。

二、超越传统的认识论:西方美学发展的历史趋势给我们的启示

从西方美学两千多年的历史发展来看,传统美学哲学基础一直是以一种主客对立的认识论占主导地位的。主客二分的科学分析式的认识方式向来是西方占主导地位的思维模式,以此获取关于外在世界和事物的可靠的知识也一直是西方人最重要的一个价值目标。对于美学研究来说,人们也是自觉地把美作为一个知识对象来认识。柏拉图就是自觉地把美作为一个自己要加以分析认识的对象来认识,只把对"美本身"的沉思、获取美的普遍知识作为寻求的目标,而不关心各种具体的"美的东西",提出美是一种"理念";亚里士多德则认为艺术能引起我们愉悦,是因为我们在看到艺术模仿某物时,就想起了它模仿的是现实中的某物,从中获得了知识,从而把获取知识作为审美的第一价值标准。这样,求知的认识论心态成为人们美学研究的首要价值参照系和出发点。也因此,真实"模仿"自然、客观反映现实也就成了传统美学的一个主要价值标准。笛卡儿以来的理性主义思潮把人的理性"我思"作为认识外界客观事物的出发点和中心,确立了主体的中心性、优先性和基础性,这种认识方式的前提是主客体二分,即把要认识的对象作为客体与作为主体的人对立起来,这就使主客二元对立的认识论方式成了近代

以来西方的一种主要认识方式和思维方式,当然也是美学研究的一个主要思维方式,它把"美"作为一个纯粹客观和固定不变的对象或概念来分析、研究和认识,从而总是追问"美是什么?"试图给"美"下一个确切的定义,获得对美的固定本质的认识。从柏拉图、亚里士多德到康德、黑格尔莫不是如此。

而从十九世纪中期以来,西方美学发展的一个明显趋势,就是从各个角度、多方位地对传统的以追求客观知识为目标的、主客二元对立的认识论美学展开批评和反驳。唯意志主义哲学家叔本华认为当一个人"不是让抽象的思维、理性的概念盘踞着意识,而代替这一切的却是把人的全副精神能力献给直观,沉浸于直观,并使全部意识为宁静地观审恰在眼前的自然对象所充满,不管这对象是风景、是树木、是岩石、是建筑物或其他什么的。人在这时,按一句有意味的德国成语来说,就是人们自失于对象之中了。"[①]叔本华把这种失去理性认识状态的"自失"的"直接观审"作为真正的审美状态,让人与物直接消融在一起,而不是划出物我、主客体界限来认识,认为这种超越认识的"观审"才是真正的审美。叔本华以这种带有非理性色彩的直观方式反对传统主客二元对立的认识论美学。而直觉主义者克罗齐则认为:"知识有两种形式,不是直觉的,就是逻辑的;不是从想象得来的,就是从理智得来的;不是关于个体,就是关于共相的;不是关于诸个别事物的,就是关于它们中间关系的;总之,知识所产生的不是意象,就是概念。"[②]而审美既

---

① [德]叔本华:《作为意志和表象的世界》,石冲白译,商务印书馆1982年版,第249—250页。

② [意]克罗齐:《美学原理》,朱光潜译,《朱光潜全集》第十一卷,安徽教育出版社1989年版,第131页。

不是概念、不是理智、不是逻辑，也不是共相，审美就是直觉，当头脑中的直觉活动完成以后，艺术审美就完成了。克罗齐虽然仍把作为直觉的艺术和审美看成是知识的一种形式，但他实际上是以人的直觉活动颠覆了传统美学的主客二分的认识论思维方式。精神分析学大师弗洛伊德则把人行动的根本动力归结为人的性本能、无意识，认为"力比多"的无意识是人活动的力量源泉。对于诗人的审美创作来说，"同白日梦一样，艺术创作是过去儿童游戏的继续和代替。……诗人所完成的东西，是他最大的隐私。"① 弗洛伊德把审美创作看作为艺术家的白日梦或者无意识的转移和升华，弗洛伊德这种研究美学的无意识精神分析方法，使传统的那种主客二元对立的科学分析的认识论研究方式受到极大的冲击。另一位对现代美学有着深刻影响的哲学家尼采强烈地批评那种认为知识和认识可以包治百病的"苏格拉底式乐观主义"，提出"真理比外观更有价值，这不过是一种道德偏见而已；它甚至是世界上证明的最差的假定"②。以此反对传统的真理—认识论，要求人们勇敢地停留于事物表面，去追求感性生命的强力意志，建立"生理学美学"，而不是去追求所谓事物的客观本质或真理的美学。在《权力意志》中尼采反复强调说："要以肉体为准绳……因为肉体乃是比陈旧的灵魂更令人惊异的思想。无论在什么时代，相信肉体都胜似相信我们无比实在的产业和最可靠的存在——简言之，相信我们的自我胜似相信精神。""根本的问题：要以肉体为出发点，并且以肉体为线索。肉体是更为丰富

---

① 中国社科院美学研究室：《美学译文》第3辑，刘小枫译，中国社科出版社1984年版，第336—337页。

② 熊伟主编：《存在主义哲学资料选辑》上卷，赵勇译，商务印书馆1997年版，第129页。

的现象，肉体可以仔细观察。肯定对肉体的信仰，胜于肯定对精神的信仰。"①尼采如此强调感性肉体的基础地位，深层原因就是对几千年以来西方思想中根深蒂固的追求客观知识的知识主义信念的反叛，对传统主客二元对立论认识方式所带来的弊端的深恶痛绝。以强调感性生存的美学方式来代替传统以求知为目的的主客二元对立的认识论的美学研究方式，这是西方现代美学发展中的一个重要的趋势。

存在主义哲学家海德格尔则把西方传统的这种认识论思维方式的弊病归结为"对存在的遗忘"。从存在主义的先驱克尔凯郭尔开始，存在主义就指出任何认识是人的认识，这就必须首先明确人的存在状况是怎样的，然后才能谈认识真理的问题。把对外物的认识分析转为对人的存在本身的优先性研究，使认识论走向存在论。克尔凯郭尔指出："不管真理是被经验地定义为思维和存在的一致，或是被观念地定义为存在和思维的一致，重要的是每一个定义都应该审慎地指明存在意味着什么。"②而人的存在就意味着主体是一个生存着的个人，而"生存是一个生存的过程，因而，作为思维与存在的同一的真理概念是一种对抽象的幻想，就其真理性而言，它只是对造物的一种期待"③。因为认识是一个生存着的个体的认识，而生存是一个过程，是每时每刻都在改变着、流动着的个体，因而不可能有静止的"同一"，一切都是在人生存的过程中生成的，客观静止"同一"的认识是不存在的，这就无异于拔掉了传统认识论的根

---

① [德]尼采：《权力意志》，张念东等译，商务印书馆1991年版，第152、178页。
② [丹麦]克尔凯郭尔：《最后的非科学的附篇》，熊伟主编，段小光译，《存在主义哲学资料选辑》上卷，商务印书馆1997年版，第13页。
③ 同上，第21页。

基。因此，克尔凯郭尔把哲学的中心转到对当前人的生存状态的感受上而不是对外在客观真理的认识上。海德格尔也认为传统认识论思想没有对主体自身的存在本身有所领悟就谈存在者的存在，实际上不能真正指明存在。他指出："康德耽搁了一件本质性的大事：耽搁了此在的存在论，而这耽搁又是由于康德继承了笛卡儿的存在论立场才一并造成的。笛卡儿发现了我思故我在，就认为已为哲学找到了一个可靠的新基地。但他在这个基地的开端处没有规定清楚的正是这个思的存在方式，说得更准确些，就是我在的存在的意义。"①海德格尔把人的当下生存的"此在"状况作为一切存在论的基础，使人的存在论获得了优先地位，"其他一切存在论所源出的基础存在论必须在对此在的生存论分析中来寻找。"②人的存在是"此在"，即一个特定的存在，通过自己的"操劳"在世界中存在，通过自己的"在世"与世界打交道，人，就是人生在世，没有抽象的人先在地存在某处，他就在世界中，也没有一个纯粹客观的世界在人的对面等待人来认识。人和世界都是在他（它）们的"交道"中存在的，因而，除了"正在""亲在"以外，没有客观固定不变的对象被同样固定不变的纯粹主体来进行所谓的真理性认识，真理就是"此在在世"这种当下生存的自行置入。海德格尔以"此在"正在（在世）的生存论的生成思想来超越西方传统的主客二元对立的认识论思维方式，给人们巨大的震撼和启发。

我们看到，试图克服传统认识论思维的弊病然后超越这种思维方式，成了西方现代美学寻求新的发展和突破的一个基本趋势，这

---

① ［德］海德格尔：《存在与时间》，陈嘉映、王太庆译，三联书店1999年版，第28页。

② 同上，第16页。

种思维方式的根本改变使得西方现代美学获得了极大的突破性发展，它的丰富性、建设性和生长潜力几乎超过了以往全部美学观念的总和。这也给我们尝试突破当代中国美学发展的瓶颈提供了重要参照和启示，那就是一定要跳出单纯的主客二元对立的认识论的思维方式和框架。

三、以实践论与存在论的结合为哲学基础，走向实践存在论美学

如何才能跳出认识论的思维方式呢？结合我国当代美学的现状和世界美学发展的历史趋势来看，可能有多种超越的途径；而在现有的几派美学中，我认为还是实践美学仍有改革、更新的可能。总体看来，实践美学虽有不足，但它并没有完全过时，特别是非主流派的蒋孔阳先生以实践论为基础、以创造论为核心的审美关系说，实际上已经开始寻找存在论的根基，尝试超越主客二元对立的思维方式，为我们树立了创造性地发展和建设实践美学的范例。如果我们能沿着这一思路前进，树立起"美"是当下生成的"人生在世"的一种状态，而不是现成的认识对象的观念，从而不把美作为一个在人以外早已存在的客体去认识，而是将实践论与存在论结合起来作为哲学基础，以此走向实践存在论的生成性美学，或许能作为当今美学突破的一条尝试之途。下面试对实践存在论美学的要点略作陈述。

1. 美是生成的而不是现成的

传统主客二分的认识论美学的一个基本立足点就是把"美"作为一个早已客观存在的对象来认识，预设了一个固定不变的"美"的先验存在，从而总是追问"美是什么"的问题。由于已经先在地把"美"设定为一个客观的实体，所以就必须找到一个唯一的答案，为

"美"下定义；但实际上那个先在的"美"是不是存在以及是如何存在的，人们还并不清楚。这就无异于给一个还处于空无状态的东西下定义，从而使人们陷入了一个怎么说都可以却总是说不清、道不明的怪圈之中，说来说去，难以有大的突破。这里的要害是认识论的思维框架。我们要取得根本性的突破，就必须首先跳出一上来就直接追问"美是什么"的认识论框架，而是重点关心"美存在吗？它是怎样存在的？"这样一种存在论问题。因为只有"美"存在了，然后才能言说"美"是什么等其他问题，而传统美学不问美是否存在或怎样存在就直接问美是什么，绞尽脑汁给美下定义，结果陷入理论误区，因为连是不是有美都没有解决就问美是什么，这在逻辑上也说不通。因此，美的存在问题是美的首要问题。

那么，美是怎样存在的呢？我们认为没有一个客观固定的美先在地存在于世界某个地方。美是在人的审美活动中现时、当下生成的。美只存在于正在进行的审美活动之中，只有形成了人与世界的审美关系，美才存在。也就是说，从逻辑上说，审美关系、审美活动先于美而存在。没有审美活动，就没有美。美永远是一种"现在进行时"。

"美"不是"美的东西"。某个"东西"是存在的，但如果是"美的东西"则必须是在审美活动中才有"美的东西"存在。人对世界的"东西"有形成多种关系的可能性，人对某个东西可能是占有的欲望功利关系，也可能是纯粹客观的科学研究关系等等。在欲望的关系中，人要为自己而占有或者消灭那个"东西"，这时候没有"美"存在；在纯科学的研究关系中，人要分析那个"东西"的结构，这时候也没有美存在。当人以一种情感的非功利观照态度即以审美的方式来观照这个"东西"的形象时，可能有一种特殊的状态或感受出现在这个活动过程中，这时美就产生了。如海德格尔所言，一幅画和茶缸放在背包里,一部莎士比亚全集放在床头柜上,如果没有被人审阅欣赏,它与那些茶缸、堆放着的土豆在那时是具有同样"物性"的一个"物"而已,只有在审美观照之中它们才变得不一样,才有可能成为"美"而被人"审"。所以,审美关系不是现成的,而是生成的。

人与世界的关系有多种可能性,一个人自身也有多种可能性。在一天之中一个人有时可能是粗鲁的人、野蛮的人;而有时又可能是讲伦理道德的人、高尚的人;另一些时候可能是实事求是、讲究科学严谨的人;还有一些时候可能是情感的、非功利的人等等。人不可能始终都是一种状态,更不可能只有一种状态。所以,没有一个一直都处于审美状态的"审美主体"存在。这个"审美主体"可能在不审美的瞬间是一个充满了原始欲望的猥琐卑鄙的人,这也是可能的,但这并不是说他这样一个主体在审美的时刻就不能成为一个"审美的主体"。主体就是一个主体,科学的主体、道德的主体、渺小的主体……而当他在审美的时刻里,他就是一个审美的主体。可见,审美主体也不是现成的,而是生成的。

同样,审美客体也不是现成、固定的。我们所谓的客体,是相对于主体人而言的,是人的对象、对立面。应当说,客体作为人的对象,它就是一个客体,是中性的。人与客体发生不同关系时,客体就成为不同性质的客体:比如,当人在对客体进行科学研究的时候,这个客体成为一个"科学客体";而当人对这个客体进行欲望活动时,这个客体就又变成了一个"功利的客体";当人对这同一个客体进行审美式的观照时,这个客体就成了一个"审美客体"。美就是在人的审美活动中、在人与世界形成审美关系时当下生成的。因此,我们可以说美同样不是现成的,而是生成的。

总之,从逻辑上说,"审美主体"和"审美客体"(包括"美")都是在审美关系确立后,在审美活动中当下同时生成的,没有一个早已存在的固定不变的"美的主体"或"美的客体"(广义的"美")存在。在此,我们必须确立审美关系逻辑先在的原则。

再从人类历史发展的实际情况来看,"审美客体""审美主体"也不是从来就有的,而是从无到有,在人类生产生活的长期实践中一步一步、历史地形成的。众所周知,大自然的山水在很长一段时间里就只是自然山水,并不是人类的"审美客体",而且它还是作为人类的异己力量成为人类的"敌人"而存在的。在人类的孩提时代,人和自然的关系还处于一种敌对的关系之中,"羿射九日""精卫填海"和各民族的大洪水故事等都说明早期的"日""海""水"等自然事物都是人类的异己力量而不是审美的客体。正如马克思所说:"自然界起初是作为一种完全异己的、有无限威力的和不可制服的力量与人们对立的,人们同它的关系完全像动物同它的关系一样,人们就像牲畜一样服从它的权力。"① 人类早期与自然的关系主要是求生存、繁衍种族的实用功利关系,人类的活动也主要都是一种与艰苦的生活环境做斗争、求生存的实用活动;只是随着人类社会经济和文化、文明的发展,自然才慢慢与人建立起审美的关系,进入人类的审美视野,成为人的"审美客体"的。人类的审美活动就是这样从无到有,从简单到丰富,不断生成的,而且只要人类和人类文明还存在,这种审美活动和(广义的)美就会继续生成下去、永远生成下去。在此意义上,我们可以说,审美活动、审美关系乃至"美"都是过程,都是生成的。历史实践告诉我们,"审美主体""审美客体"也都是历史发展、生成的产物,它们不是从来就存

---

① 马克思,恩格斯:《德意志意识形态》,见《马克思恩格斯选集》第1卷,人民出版社1995年版,第81—82页。

在的一个客观事物，而是随着历史发展而逐步形成并不断丰富、发展的。

2. 审美活动是一种基本的人生实践

因此，我们可以说，审美活动是美学问题的起点，有关美的一切问题都在审美活动中产生，也应在审美活动中求得合理的解释。有关美的问题只有在审美活动正在进行的过程中才是现实的美的问题，才构成真正的美学问题。所以，追问那个抽象的美是什么，实际上也就是问在人类的无限丰富的实践活动中什么样的活动才是审美的活动？这就提出了审美活动与人生实践的关系问题。

人生实践是人的基本存在方式。人是通过实践而成为人的，人也应当通过实践而得到越来越全面的发展，越来越成为真正意义上的人。这应该构成我们美学理论的哲学基础。一切美学问题都应该在这个基础上加以思考和研究。人的存在或者生存，不是一个抽象不变的概念，更不是一个僵化的客体。人就生存、存在于他与世界交往、打交道的实践活动之中。同样，人的本质也不是抽象的、固定不变的，而是生成的；没有一种先验的、永恒存在在某个地方的人的本质。人是在他的实践活动中形成自己的本质特性的。人在世界中存在，人的一生总是在不断地同世界打交道，进行着各种各样的活动，人在活动中生存，不活动，人就不存在。这种活动就是人生的实践。以前我们对"实践"的界定主要着重其制造、使用工具这样一种的物质生产活动，或者把实践狭窄化为阶级斗争、生产斗争和科学实验，而把其他的林林总总的人生活动都排除在"实践"范围之外了。在亚里士多德那里，实践已不限于制作工艺的技术性活动，而是偏重于伦理道德活动；到了康德，他把人的认识活动分成三大块，即所谓的纯粹理性、实践理性与判断力，实践在他那里主要是指意志领域的道德活动，当然也包括人的一些其他活动，但是，审美的直观判断属于情感活动，因而不是意志领域的"实践"。这比我们今天许多学者仅仅把人制造和使用工具的物质生产活动以及生产斗争、阶级斗争、科学实验等社会性的"大活动"看成实践显然要广泛得多。这些"大活动"固然都是实践，但人的实践决不只限于这样的范围。道德伦理的活动是人生的重要实践；包括艺术和审美活动在内的人的精神生产活动也不能排除在人生实践之外，此外，以社会性的个体存在和以生产为目的衣食住行、婚丧嫁娶等日常生活的"杂事"也都是人生实践的题中应有之义。人生实践的范围是非常宽广的。正是在这个意义上我们说人的基本存在方式就是人生实践。

进行审美活动是人生实践的一个基本内容。当人超越了生存的基本功利需要之后，就会产生进行审美活动需要，就会进行形形色色的审美活动。审美活动是众多的人生实践活动中的一种，是人的一种高级的精神需要，而且是见证人之所以为人的最基本的方式之一。它是人与世界的关系由物质层次向精神层次的深度拓展；它与制造工具、生产、科学研究等一样，是人类不可缺少的一种基本的人生实践。一句话，审美活动是人超越于动物、最能体现人的本质特征和生存方式的一种基本的人生实践活动。

3. 广义的美是一种人生境界

人生实践活动是极其丰富的，但这些丰富的实践活动并不是一个层面上的活动，它们是有着不同的层次的。有的是高层次的，有的是低层次的。有的活动是人满足自己最基本的肉体生存需要的活动，比如吃喝、睡眠等生理活动；有的是推动或者阻碍人类社会前进的重大活动，如社会经济改革或破坏、政治革命运动的成败、重要科技创造及其应用活动等。一般说来，满足单纯个人性的生物需要的活动是低层次的，满足推进人类社会进步的活动是高层次的；

满足人的物质生活需要的活动虽然最为基本，但层次相对较低，而满足人的精神生活需要的活动则相对层次较高。但不论高低，这些分层次的活动却都是人的生存、存在所必需的活动，人不是只需要高层次的活动而不需要所谓低层次的活动的。人来源于动物就不可能完全消灭他的动物性，只是在一个人身上，他的动物性的生物性和社会性的人性所占的比重不同而已，这种不同的比重就把人区分为无数不同的层次，这种不同的层次在一定意义上可以说就是不同的人生境界。我们所说的高的人生境界就是在基本的生物性存在之上，不断远离单纯的生物性而无限趋近于更加丰富的人性活动。因此，人的生存是讲境界的，人是一种境界性的生存。在现实生活中，人往往是有限性的存在，受制于生物性的感官功利的制约或者社会性的道德规范等强制而不自由，而审美活动则是在超脱于主体功利与外界规律基础上的一种精神的自由活动。审美活动是在人满足了基本的生物性生存基础之上的一种活动，是人的一种高层次实践活动的产物，是人不断脱离其单纯动物性存在的结果，是人的生存样态不断丰富的结果。因此，美是一种人生境界的展开，追求美就是追求更高的人生境界。审美实际上就是对一种较高人生境界的追求。

人的生存是讲境界的，也只有人的生存是讲境界的。在西方思想世界里，人的生存也是一直有着各种不同的境界的。在柏拉图那里，他重视理性贬低情欲，哲学家的生存是最高境界的，是"理想国"里的王；中世纪要人们抛弃感性，皈依上帝，虔诚的信仰生活是最高境界的生活；在康德知、情、意的世界里，把审美的"情"看作是连接知与意的中间环节，是向最高的道德境界的过渡环节；"美学之父"鲍姆加登在理性认识和感性认识的比较中，把审美看成一种低级的感性认识，仍然把理性认识的生活看作最高境界的生活；黑格尔把美、艺术看作通达最高的哲学境界、"绝对精神"的前奏；席勒把审美看作是介于"理性冲动"与"感性冲动"之间的一种"游戏冲动"，把审美看作达到"理性人"的过渡环节；存在主义的先驱克尔凯郭尔认为人有三种境界：审美的境界、伦理的境界、宗教的境界，审美境界是达到信仰境界前的一个低级阶段，因为这时人全凭感情、感性而不是理智来处理事情；尼采则把人分成动物、人和"超人"三种境界，"人"仅仅是达到"超人"的一个桥梁，具有"强力意志"的超人才是最高的生存境界。这些思想家都把人的生存分成不同的层次境界，只是在西方传统思想里，一般都把知识、理性、道德、哲学式的生存作为最高境界的生存方式，审美并不是一个理想的生存境界，这是与西方几千年以来的"求真意志"分不开的。但西方思想发展到现代的一个趋势却是对传统的"求真意志"的批判，提高审美在人的生存中的层次，把审美作为拯救在现代技术社会中"异化"的人类的一剂良方，作为一个越来越高的人生境界来追求。

在中国，也是讲生存的境界的。孔子说："三十而立，四十而不惑，五十而知天命，六十而耳顺，七十而从心所欲，不逾矩。"这实际上就是一个人的不同的人生境界，孔子是向往、赞同那种"从心所欲，不逾矩"的自由的，"吾与点也"的那种颇具审美精神的从容境界。庄子所向往的是那种"相忘于江湖"、不"物于物"，"独与天地精神相往来"的物我两忘的自由境界，是一种"游刃有余"的心灵的"逍遥"。这种自由、这种"逍遥"在很大程度上是一种审美精神。中国人所向往的就是这样一种能进能退，"达则兼济，穷则独善"的自由境界，一种天、地、神、人自然和谐相处的境界，即我们传统所说的"天人合一"的境界。诚如冯友兰先生所言，人的境界有自然境界、功利境界、道德境界和天地境界，就如动物性的自然本能地生存，吃饭就吃饭，教书就教书，这是自然境界；而为了自己个人一定的目的而做某事了,这是功利的境界;为了更多的人、为了社会而做某事了,这是道德境界;而似乎没有什么目的却有着更大的目的,不刻意为了某个目的却符合人类生存的整体性目的,这就是天地境界,"从心所欲,不逾矩"的境界。而这种最高境界往往是审美式的,或者是同审美状态息息相通的。因此,中国人的生存是讲境界的,而中国人的最高境界往往同时是审美的境界。

就字面意义来讲,"境",边境,范围、界限的意思,一个省有省境,一个国家有国境,"界",也是界线、范围的意思,一个县有县界,一个国有国界。境界的意思就是边界、范围的意思。境界高就是可以自由活动的界限宽、空间大;境界低就是界限狭窄,没有足够的大的空间。人生的境界高,就是人生的活动范围无限宽广,具有足够的活动空间,可以无限自由地展示无限丰富的人性。审美活动就是把人从单纯的生物本能活动中提升出来,大大扩展其生存空间的界限,扩展它与自然万物之间的关系的活动。审美活动把人的生存边界和界限大大扩展了,所以审美活动是人的一个高的境界。

四、《美学》:走向实践存在论美学的尝试

正是基于上面的这样一种认识,我们做了一些实际的尝试工作。在主编高校面向21世纪教材《美学》的过程中,我们就力图实现我们对认识论美学框架体系的突破的设想。总体上说,是想建一个审美活动中当下生成的美学。

我们认识到,要想在美学原理的研究领域里有所创新和推进,最紧要的事情就是突破长期以来主客二分的二元对立的思维模式对我们的束缚。因此,我们在反思、总结过去几十年,特别是最近二十年国内美学研究的经验教训和取得的各种成果的基础上,以美

是在审美活动中当下生成的实践生存论美学思想作为重新思考美学问题、寻求美学基础理论研究突破的切入点。我们借鉴吸收了西方现象学的某些合理思路，比较自觉地发展蒋孔阳先生以实践论为哲学基础、以创造论为核心的审美关系理论，努力超越主客二分的思维模式和认识论的理论框架，把美与人生实践紧密联系起来，将"审美是一种人生实践""广义的美是一种特殊的人生境界"的主旨贯穿全书，以审美活动论为教材编写的中心和逻辑起点，然后从"审美形态论""审美经验论""艺术审美论""审美教育论"等方面展开论述，整个教材从基本思路、逻辑框架到概念范畴等都有一定的创新。

我们这本由高等教育出版社出版的《美学》除导论外共分为五大部分：即审美活动论、审美形态论、审美经验论、艺术审美论和审美教育论。我们把审美活动论作为全书的逻辑起点和核心部分，它提出审美主、客体都是在审美活动中现时地、动态地生成的，审美活动是人类对自己生存方式的一种认同和确证，是人的一种存在方式，是人的一种基本的、高级的人生实践活动。在此基础上的人生实践活动在不同层次上的展开，实际上就是各种不同的审美形态，从而把审美形态定义为"不同层次的人生境界的感性的、具体的表现"。审美经验论则强调审美经验必须当主体处在与对象的审美关系或活动中才会形成，它是审美活动中主体对审美对象的反应、感受和体验的过程和结果；审美经验的根本性质是实践，是与人生实践、审美实践活动不可分割地联系在一起的。审美经验不是传统所说的一种关于过去的回忆性的固定体验，而是在审美活动正在进行的过程中才有审美的经验，它是现时生成的。艺术审美是人类审美活动的集中体现，我们从存在论的新视角出发追问艺术是怎样存在的，从艺术活动的整体存在来界定艺术，开辟了艺术存在于从艺术创造到艺术作品到艺术接受的动态流程中这一新的解释路径。在审美教育论上,我们以提升人生境界,促进人生全面发展为出发点,指出要使审美活动与人生实践活动有机地统一起来,真正达到人生的最高境界,还要借助于审美教育。这样,我们以审美活动为起点,在审美活动的动态生成过程中把审美的主要问题连接在一起,形成了一个动态生成的体系。

《美学》只是我们初步的尝试,存在问题不少。我们深知,要真正实现我们美学研究的突破性发展还有很长的路要走,要与时俱进,回应时代提出的新挑战,美学界的同仁还需共同努力,继续探索。我们欢迎大家对我们的尝试工作提出批评指导,以便我们共同推进当代中国美学的建设。

(原载《湖南师范大学学报》2004年第4期,人大复印资料2004年第9期《美学》全文转载,《新华文摘》2004年第18期论点摘登)

简论实践存在论美学

我在两年前曾经说过：中国当代美学正处于一个十分微妙的发展阶段，一方面人们开始认识到传统美学存在着种种局限，力图克服这种局限，实现美学的新发展；但同时我们仍然受到传统美学思维方式的影响，未能完全突破传统的认识论思维方式和框架的束缚，因而没能获得真正突破性的大发展；我还说，当代中国美学要实现重大的突破和发展，一个最重要的途径就是要首先突破主客二元对立的单纯认识论思维方式和框架。

一、传统认识论美学思维方式的局限

传统认识论美学的主导思维方式是近代以来认识论的思维方式。这种认识论思维方式的显著特征有二：一是主客二分，一是现成论。主客二分的要害是把人与世界截然分为两块，认为人是主体，世界是客体，人与世界的关系是主体与客体的认识关系；现成论的要害是把人与世界从生生不息的生成之流中抽离出来，使之双双变成现成的实体存在者，人被看作具有理性能力的现成主体，世界被看作等待人去感知、认识和理解的现成客体，人与世界的关系被看作一种现成存在物与另一种现成存在物之间的关系。

对传统认识论主客二分的思维方式，海德格尔从存在论高度做过深刻的批判。在其前期代表作《存在与时间》中，海德格尔通过对存在之意义问题的探讨，对近代以笛卡儿为代表的"知识形而上学"传统的根基进行了彻底的检验和质疑。他指出，作为笛卡儿形而上学之基础的主体与客体二元对立的认识论，在没有厘清存在的意义之前就把人与世界设定为现成存在的主客体关系，"把这个'主客体关系'设为前提"，设为某种"不言自明"的东西，而在海德格尔看来，"它们仍旧是而且恰恰因此是一个不祥的前提"，其关于存在的判断是没有根基的。因为它"把这种关系理解为现成存在"，那人（此在）与世界在"实际性"上被分割为"现成存在"的两个"存在者"——主体与客体，两者在分立、对立的"前提"下，"一个'主体'同一个'客体'发生关系或者反过来"。海氏认为，这种预设的前提在存在论上是错误的，而且正"由于存在论上不适当的解释，在世（按：即'在世界之中存在'）却变得晦暗不明了"，造成"人们一任这个前提的存在论必然性尤其是它的存在论意义滞留在晦暗之中"。① 因此海德格尔说："笛卡儿发现了'我思故我在'，就认为已为哲学找到了一个可靠的新基地。但他在这个'基本的'开端处没有规定清楚的正是这个思执的存在方式，说得更准确一些，就是'我在'的存在意义。"② 所以，这种主客二分的认识论在存在论上是错误的，缺乏存在论的根基。

以近代认识论的思维方式来理解审美现象，其基本思路主要包括以下四层：首先，人是现成的审美主体。尽管不同的人有不同的

---

① ［德］海德格尔：《存在与时间》，三联书店1999年版，第69页。
② 同上，第28页。

感觉、想象、理解能力，不同的精神态度、主观心境、生活经验、知识素养，但他们的审美主体身份却总是固定不变的。其次，世界万物是现成的审美客体。尽管万物的美有高低强弱之分，譬如，白天鹅比麻雀美，桂林山水比普通山水美，西湖比一般池塘美，牡丹花比牵牛花美，拉斐尔的绘画比普通工匠的制作美，如此等等，但这仅仅只是程度的不同，而且这种不同也是固定不变的，不过它们作为审美客体却是无可置疑的，情形有如狄德罗所说："不论我们想到还是没想到卢浮宫的门面，其一切组成部分依然具有原来的这种或那种形状，其各部分之间依然是原有的这种或那种安排；不管有人还是没有人，它并不因此而减其美"①。其三，现成的审美主体去感知、认识、反映、理解现成的审美客体，便构成审美关系，形成审美活动。审美关系在根本上是一种认识关系，审美活动在根本上是一种认识活动。尽管审美也有特殊性，譬如它始终有形象、体验、想象、情感相伴随，但这种特殊是审美作为认识活动的特殊，是属于认识论整体框架内的特殊。其四，美学研究的最高目标，在于求得对终极的美本身、永恒不变的美的本质的认识、理解和界定。认识论美学坚持认为，美是客体，客体有本质与现象、一般与个别、普遍与特殊之分。呈现在我们面前的是美的个别、具体事物，它们的背后都有一个美本身，一个美之为美的最高属性、终极本质。美学的使命，就是要追溯出美本身，或者概括出美的本质，为美下一个放之四海而皆准的、普遍而永恒的定义。否则，美学不能称为"学"，够不上知识论的资格。

---

① [法] 狄德罗：《关于美的根源及其本质的哲学探讨》，见《狄德罗美学论文选》，人民文学出版社1984年版，第25页。

我们当然承认,近代认识论及其思维方式自有它的独特价值和用武之地。人类告别愚昧,发展理性能力,征服改造自然,扩延社会财富,不断向更有生存主动性的阶段进发,这些都与近代认识论的引导不无关系。主体与客体、思维与存在、精神与物质、理性与感性的二元分立,乃是近代认识论得以建立的前提条件。特别是自笛卡儿完成从传统本体论到认识论的转向以来的近代西方哲学,对人类思维发展起了重大作用,主客二分的思维方式在相当长时期内对近现代自然科学(也对社会科学)的发展起了巨大的推动作用。同时,就具体的审美活动而言,其某些层次、环节、局部也包含着认识因素。对这些认识因素,无疑需要借助于认识论加以探究。

但是,我们却不赞同把这种近代以来的认识论当作美学研究的基本思维方式。首先,这种认识论以主客二元对立为中心,在主体方面设定感性与理性、灵与肉的二元对立,在客体方面设定本质与现象、普遍与特殊的二元对立,然后以这一套二元对立模式去解释丰富多彩的审美现象,这就必然造成一种本质主义的美学思路。其次,它把审美活动包括审美主客体从生生不息的生成之流中剥离出来,切断主体之为审美主体、客体之为审美客体的"先在语境",即它们所处的人与现实世界的具体审美关系,也就切断了审美活动的存在论维度,即人生在世的生活活动或人生实践。

我们认为,中国当代美学要创新发展,必须彻底突破这种近代以来形成的认识论美学的思维方式。我们提出实践存在论美学,正是想在这方面做一初步尝试。

二、实践存在论美学提出的根据

我们提出实践存在论美学的主要理由有三:

第一，我们看到，在马克思的学说中，实践概念与存在概念有一种本体论上的共属性和同一性，二者揭示和陈述着同一个本体领域。马克思说，"通过实践创造对象世界，改造无机界，人证明自己是有意识的类的存在物"[①]，"人们的存在就是他们的现实生活过程"[②]，"全部社会生活在本质上是实践的"[③]。在马克思看来，实践就是人的存在方式。人正是在实践中展开他的自我创生活动，开显他的存在意义，获得他的存在方式的。世界也正是在实践中才生成为人的世界，才作为人的世界而存在的。"环境的改变和人的活动的一致，只能被看作是并合理地理解为变革的实践"[④]，"全部所谓世界史，不外是人通过人的劳动的诞生，是自然界对人来说的生成"。人和世界的存在，"已经具有实践的、感性的、直观的性质"[⑤]。可以说，从实践着眼审视存在，从现实存在着眼来审视实践乃是马克思唯物史观的精髓。关于这一点，我们将另外撰文专门论述，此处不展开了。

第二，实践与存在揭示着人存在于世的本体论含义，是对近代以来主客二分思维方式的重要超越。"人在世界中存在"（张世英先生概括为"人生在世"）这个命题是海德格尔针对近代认识论主客二分思维方式无根的缺陷所提出的一个基本本体论（存在论）命题。海德格尔在批评笛卡儿"我思故我在"的主客二分的认识论思路的

[①] 马克思：《1844年经济学—哲学手稿》，刘丕坤译，人民出版社1979年版，第51页，译文略有改动。
[②]《马克思恩格斯选集》第1卷，人民出版社1995年版，第73页。
[③] 同上，第56页。
[④] 同上，第59页。
[⑤] 同①，第84页。

同时，提出必须首先厘清存在的意义问题。海德格尔认为，存在总是某种存在者的存在，不可怀疑的不是"我思"这个主体，而是作为存在问题之提问者对存在的在先的领会，因而这一提问者（人）作为存在者之一具有存在论上的优先地位，海德格尔称之为此在。他认为"此在本质上就包括：存在在世界之中。因而这种属于此在的对存在的领会就同样源始地关涉到对诸如'世界'这样的东西的领会以及对在世界之内可通达的存在者的存在的领会了。"① 他认为此在的存在论就是其他一切存在论所源出的基础存在论，并提出了此在的存在论的基本命题，即此在（人）"在世界之中存在"（"在世"）。他首先强调这一命题与二元论相反，从其"复合名词的造词法就表示它意指着一个统一的现象"②，而非主客二分式的；其次，他又指出，此在"在之中"不是人（身体物）在世界"一个现成存在者'之中'现成存在"，而是"意指此在的一种存在机制，它是一种生存论性质"，是此在"把世界作为如此这般熟悉之所而依寓之、逗留之"，因而是"融身在世界之中"，所以"此在"与"世界"绝非"现成共处""比肩并列"的两个"存在者"；③ 再次，他用"此在生存论上的基本机制的亮光朗照""此在在世"命题，揭示出此在"能够领会到自己在它的'天命'中，已经同那些在它自己的世界之内同它照面的存在者的存在缚在一起了"④，换言之，"这个此在具有在世界之中的本质性机制"。海德格尔正是通过这种对此在的生存论分析，阐明了"此存在在世界中存在"，即"人生在世"这个命题

---

① ［德］海德格尔：《存在与时间》，三联书店1999年版，第16页。
② 同上，第62页。
③ 同上，第63-64页。
④ 同上，第66页。

的存在论意义。这就意味着不存在孤零零的绝对主体,也不存在和此在决然对立的客体,此在(人)在时间、空间中在世并将诸存在者带上前来,它们相互启蔽而又相互遮蔽,存在于主体和客体之间不可跨越的鸿沟被生存、被共同在世消解了。这是对思维/存在、主体/客体二元对立的一个重大超越。

以此在的生存论即人生在世的存在论取代主客二分的认识论,为哲学、美学的发展指出了一条新路。不过应该指出,人生在世并不是海德格尔的发明,实际上马克思已经发现并作过明确的表述:"人并不是抽象的蛰居于世界之外的存在物,人就是人的世界。"[①]只不过马克思没有直接用这一存在论思想来批判近代主客二分的认识论罢了。但是,马克思高于和超越海德格尔之处是用实践范畴来揭示此在在世(人生在世)的基本在世方式。在马克思看来,人不是作为一种现成的东西摆放在世界上,世界也不是作为一个现成的场所让人随意摆放,相反,人是从事实际活动的人,人"周围的感性世界绝不是某种开天辟地以来就已存在的、始终如一的东西,而是工业和社会状况的产物,是历史的产物,是世世代代的结果。"[②]这就是说,人在世界中存在,就意味着在世界中实践;实践是人的基本存在方式;实践与存在都是对人生在世的本体论(存在论)陈述。海德格尔的存在论始终没有达到马克思的实践论的高度,而马克思则把实践论与存在论有机结合起来,使实践论立足于存在论根基上,存在论具有实践的品格。这是我们提出实践存在论美学的直接理论依据。

---

① 《马克思恩格斯选集》第1卷,人民出版社1995年版,第1页。
② 马克思,恩格斯:《关于费尔巴哈的提纲》,人民出版社1988年版,第20页。

第三，实践存在论美学是中国当代美学语境下揭示出来的一个发展方向。这里要提到蒋孔阳先生。他晚年以实践论为哲学基础、以创造论为核心的审美关系理论就从四个层面开始走向实践论与存在论的结合。首先，他从劳动实践入手直探人的存在本质，认为人的本质是从劳动实践中创造出来的，劳动没有止境，人的本质也就没有止境，永远处在创造之中。其次，他揭示了人和世界的多层累性，认为人是一个有生命的有机整体，人的本质力量是生生不已的活泼的生命力量。世界及其向人展示出来的美也是既多层累又无限流变。再次，他揭示出审美现象的生成性质，认为美是人在对现实发生审美关系的过程中诞生的，人作为审美主体不是现成主体，而是审美关系的主体。又次，他一再提出人是世界的美，认为美的各种因素都必须围绕人这一中心，人在自己的生存实践中实现自己的本质力量而创造了美。美为人而有、因人而生，人是美的目的和归宿。①综上可见，蒋先生的美学思想展示出一个以人生实践为本源，以审美关系为出发点，以人和人生为中心，以艺术为典范对象，以创造—生成观为指导思想和基本思路的理论整体。这个理论整体为我们建设和发展实践存在论美学初步奠定了基础。

三、实践存在论美学的要点

关于中国当代美学的建构，美学界一直存在不同的意见。我们讲的实践存在论美学，总的想法是吸收和继承蒋孔阳先生以实践论为基础、以创造论为核心的审美关系理论，力图超越主客二元对立

---

① 蒋孔阳：《蒋孔阳全集》第三卷，安徽教育出版社2000年版，第166—188页。

的思维方式，超越认识论美学的局限，把哲学根基从认识论转向实践存在论。具体来说，就是要以马克思的实践论和存在论为理论基础，吸收西方实践哲学与存在哲学的思想资源，在本体论层面上把实践概念与存在概念在马克思主义唯物史观的基础上结合起来，然后依照实践存在论的思考框架来解说各种审美现象。

走向实践存在论美学。总体上有这样几个要点：

1. 实践是我们人存在的基本方式

马克思主义实际上已经回答了这个问题。人不是有了语言、理性或别的什么才产生的，人是通过实践，在实践中生成人自身。马克思在《巴黎手稿》中讲到，通过自然的人化，即通过把人的本质力量对象化的生命活动，不但外在客观自然被人化了，而且人自己的器官、心灵、心理结构等也进一步人化了。人就是在这样的历史实践过程中才逐渐成其为人的。因此，实践是人之成为人的一个原动力，也是人之为人的一个标志。

更重要的是，实践还是人存在的基本方式。前面讲到，所谓人的存在，就是海德格尔的"此在在世"，也就是"人生在世"（人在世界中存在），海德格尔把人和世界看成是一体的，人的变化带动世界的变化，世界的变化也带动人的变化，而不是像认识论思维方式那样看成是主客二分的，认为世界外在于人。按照人生在世的观点，人跟世界是不能分离的，一方面，人生存在世界之中，世界原初就包括了人在里面，人是世界的一部分；另一方面，世界只对于人才有意义，如果没有人，这个世界也就无所谓意义。而"在世"就是人与世界打交道，人一直处于跟世界不断打交道的关系中。在打交道的过程中，人就现实地生成了。这种打交道的过程，实际上就是人通过有意识的活动与世界发生各种各样的关系，按照马克思主义的观点，这其实就是实践。我们用马克思主义实践论来阐释和改造"人生在世"的观点,实践活动显然就是人的在世方式,或者更准确地说,人生在世的基本方式就是实践。我们每个人每天都要进行大量的各种各样的活动,包括学习、工作、经济、政治、道德、艺术、审美等等活动在内,都是实践活动的组成部分。我们就是在各种各样的实践活动中生存和发展的。在此意义上,也就是在存在论意义上,我们说实践是人存在的基本方式。

这样,我们虽然仍然以实践作为美学研究的核心范畴,但是却突破主客二元对立的认识论,转移到了存在论的新的哲学根基上了。

2. 实践的含义

既然我们把实践作为人存在的基本方式,那么实践的含义是什么呢?在这一点上,我们与作为实践美学主流派代表人物李泽厚先生的观点有着很大的区别。从《批判哲学批判》开始,李泽厚先生在解释马克思关于实践的看法时,就一直强调实践就是物质生产劳动,2004年9月在北京的一次座谈会上,他仍然坚持这一观点,这在实质上把实践狭隘化了。

我们承认物质生产劳动是人的一种基础性实践。没有物质生产劳动,没有制造和使用工具,人不可能脱离动物界而成其为人,也很难推动人类社会向前发展。但是,如果把实践认定为仅仅是物质生产劳动,而把人的其他各种活动完全排除于外,这就显得太偏狭了。

我们认为,李泽厚先生对马克思关于实践的看法存在严重误解,马克思并没有明确说过实践就等于物质生产劳动。马克思、恩格斯是在西方的思想传统基础上来谈实践的,他们的实践观与西方的思想传统一脉相承,当然也有所推进和发展,把物质生产劳动看成是实践的核心基础即是这种推进、发展的体现。但是从西方的思想背景来看,实践从来就不是单纯指物质生产劳动,而且主要不是指物质生产劳动。这一点，可以举出亚里士多德和康德两个例子来做说明，他们对实践的看法就与李泽厚的理解有着根本的不同。

在亚里士多德那里，实践主要是指道德的行为，而并不是指物质生产劳动。物质生产劳动有另外的概念，叫作"制作"或"技艺"。亚里士多德在《尼各马可伦理学》里讲到，"实践是使灵魂获得平衡状态的具体的活动"。在人的伦理政治活动中，使人的灵魂获得平衡状态，这就是人的道德活动，或者宽泛一点，再加上政治行为，这就是实践。制作活动的目的是外在于制作活动的，而实践的目的就在于活动本身。可见，亚里士多德明确地把制作和实践区分了开来，也就明确地把物质生产劳动和人的道德实践区分了开来。这跟李泽厚的理解是完全相反的。

再看康德。李泽厚是研究康德的专家，奇怪的是他却对康德的实践观置若罔闻。康德认为流行的看法对实践的概念有一种普遍的误解，即把认识领域的活动与物自体领域、道德领域的活动混为一谈，都称为实践。他认为按照自然概念的实践和按照自由概念的实践存在根本的差异。前者涉及人和自然的关系以及自然规律，因而康德是贬低的；他认为真正的实践是后一种，即自由领域的实践，是道德实践、伦理实践，也可以扩大到政治实践。可见，李泽厚否定了康德的区分，把自然领域的实践作为唯一的实践，这不能不说是对西方传统实践概念的一种漠视。

马克思对实践概念的理解是从西方传统来的，特别是继承、改造了康德以降的德国古典哲学的实践观，并非推倒重来。在1845年《关于费尔巴哈的提纲》中，马克思明确使用"人的感性活动"来定义、解释实践概念，并没有局限于物质生产劳动；并科学地指出，

"全部社会生活在本质上是实践的"①。可见，不只是物质生产劳动，而且人的各种各样活动，人的整个社会生活，都是实践的，都属于人类广大的人生实践范围。

毛泽东对实践也有清晰的并同马克思一致的阐述。他指出，"人的社会实践，不限于生产活动一种形式，还有多种其他的形式，阶级斗争、政治生活、科学和艺术的活动，总之社会实际生活的一切领域都是社会的人所参加的。因此，人的认识，在物质生活以外，还从政治生活、文化生活中（与物质生活密切联系），在各种不同程度上，知道人和人的各种关系。"②可见，人的实践活动既包括物质生产和生活，也包括精神生产和生活，实践应该是大于物质生产劳动的，它包括这两种生活活动的全部内容。

据此，我们认为，李泽厚的实践观不足有三：其一，把人类除物质生产活动以外的其他所有的实践形态包括审美活动全部排除在外，把极为丰富驳杂的人类社会实践狭隘化；其二，仅仅从人与自然的关系着眼来界说实践，而悬置了人与世界其他层面的关系；其三也是更重要一点，他对实践的理解仍然没有完全突破认识论的框架，而忽略了实践的存在论维度。

综上所述，我们理解的实践是广义的人生实践。它固然以物质生产作为最基础的活动，但还包括人的各种各样其他的生活活动，既包括道德活动、政治活动、经济活动等等，也包括人的审美活动和艺术活动。

---

① 《马克思恩格斯选集》第1卷，人民出版社1995年版，第56页。
② 毛泽东：《实践论》，见《毛泽东选集》第一卷，人民出版社1966年版，第260页。

3. 审美活动是一种人的基本存在方式和基本人生实践

审美活动是人生实践的一个组成部分已如上述，而且，它还是一种人的基本存在方式和一种基本的人生实践。首先，审美活动跟其他实践活动一起构成了人类实践的整体，是人生实践不可缺少的有机组成部分。人通过实践成为人，也通过实践得到了发展，其中就包括审美实践的作用在内。人类社会就是建立在包括审美活动在内的无限丰富的人生实践基础上的。人类的文明通过实践活动而得到建构和提升，作为人类文明标志之一的审美活动也在人类的实践过程中得到发展；反过来，审美活动也推进了人类实践整体的发展，推进了人类文明的建设。其次，审美活动是人走向全面、自由发展之非常重要的一个环节和因素。人如果只局限于物质生产劳动，而没有审美活动，那么其实践就是不完整的、片面的，这种实践造就的人也是片面的、不自由的。再者，人的本质不是固定不变的，从来没有固定不变的人的本质。马克思认为，人的本质，在其现实性上，是社会关系的总和。人在世界中存在，就包括人在具体的社会关系中存在的含义。而人们的社会关系总是在实践中不断地变动着，因而处在社会关系中的每个个体的人的本质也总随之而不断地变动。审美活动作为人类实践的重要方面，对于推动社会关系的变化、完善和健全人的本质力量，有着其他实践不可替代的特殊功用。再次，审美活动总体来说是一种精神活动，按照马克思的说法是一种"精神生产"，它跟物质生产劳动相比，精神性就要更强一些。因此，审美活动，尤其是艺术活动，精神性更高一些，在人的所有实践活动中，是最超越于功利性的。此外，审美活动跟其他人生实践活动相比，会更多地体现出个人的感觉、情感、直观、想象、联想、无意识等纯粹个体性的冲动和社会性的理想追求、探索、创造等理性规范之间在瞬间的碰撞、爆发；它是个体与群体活动的统一，既是个人的创造性实践活动，也是社会性的历史活动。

总之，审美活动是众多的人生实践活动中的一种，是人的一种高级的精神需要，而且是见证人之所以为人的最基本的方式之一；它是人与世界的关系由物质层次向精神层次的深度拓展；它与制造工具、生产、科学研究等一样，是人类不可缺少的一种基本的人生实践。一句话，审美活动是人超越于动物、最能体现人的本质特征的基本存在方式之一和基本的人生实践活动之一。下面拟对审美活动与人生实践的关系问题作进一步的说明。

审美是人生实践的一个不可缺少的部分，我们常说人生大舞台，舞台小人生，这句话就说明，审美活动和人生实践是紧密联系在一起的，它深深地扎根于人生实践之中。审美活动本身就起源于我们的生存和发展之中，考古发掘出土的大量文物都可以说明这一点，而且这种活动是有益于人类的发展的。从人类形成的历史过程看，人最初的时候并没有审美活动，只有当人超越了生存的基本功利性需要之后，才会产生进行审美活动的需要，才会进行形形色色的审美活动，才得以在对事物形象的直接观照中获得愉悦。在原始人的实践活动中，原始的宗教、巫术、劳动等活动是更为基本的满足生存需要的实践，人一旦在某些方面超越了这些基本的功利性生存需要，带有审美因素、原始艺术性的活动就逐渐萌发出来。换言之，在满足生存、生活的基本需要后，原始人实践活动中的审美因素逐渐积累起来，最终超越了纯粹实用的需要而让审美特征较强烈的活动凸显出来了。比如原始人制造和使用的石斧，开始只是为了砍一些东西，但是到了一定时期，会有一种定性的要求，要求比较细腻、对称等，这就有了形式感较强的美的东西产生。可见，人类的审美活动就产生于原始人的实践活动，原始的审美活动并没有独立，它和生产、巫术等活动是一而二、二而一的，是很难区分开的。所以，审美一开始就是一种与其他活动交织在一起的人生实践。

审美活动也是人的生存、发展实践的需要。鲁迅先生曾经也说过,我们一要温饱,二要发展。温饱就是要生存,但仅仅有生存还是不够的,我们还要发展。而审美活动极大地推动着人类的发展,如果没有审美活动,我们人类也许还在黑暗中徘徊,根本不可能向更高的文明前进。不但人类群体如此,对个体的人也是如此。不管什么人,在生活活动中都有可能会遇到各自的烦恼,不会一直一帆风顺,每个人都有局限性,在整个社会生活中我们没有办法超越我们有限的生存,在这种情况下人们往往就需要审美活动,需要借审美活动的帮助来摆脱自身的有限性。在审美状态中,如欣赏艺术时,人们往往可以忘乎所以,忘情地投入到一部作品中去,从而从人的日常状态中超越出来,达到一种升华;在观赏大自然的美时,我们往往会觉得心旷神怡,觉得和大自然拥抱在一起,与自然融为一体,这时候大自然不再是外在于我们的,而是和我们结为一体了,在这种情况下,物我两忘,物我交融,从而超脱于日常的种种烦恼之外。人们的文化素养越高,对文明的要求程度越高,对审美的要求也就越强烈,所以古人说宁可食无肉,不可居无竹。孔子也在《论语》中说,听尽善尽美的《韶》乐"三月不知肉味",也是说从音乐中获得的精神上的享受远远高于肉体上的享受。现代人对审美的要求实际上是更加强烈了,越是科技发达,越是物质生活丰富,生活对人的压抑就越强烈,因此也就越需要精神生活的补偿;科技至上对人文精神的挤压越来越强烈,异化现象扭曲了人的生命、人的精神,使人性遭到肢解,这些都呼唤着审美活动的超越、调节、补偿的功能。从某种意义上说,审美对于现代人的发展更加重要,没有了审美,人就不是全面发展的人,人就会缺乏精神生活的充实。黑格尔曾经批判物质主义,强调人的精神对于物质而言的重要性，精神的贫乏比物质的贫乏更可怕。马克思提出人要全面地占有自己的本质力量，强调自然的彻底的人道主义和人的彻底的自然主义的统一，就是要塑造健全的人、充实的人，而审美在人的整个实践过程中有着不可替代的作用。

审美活动一方面是人的生存、发展实践的需要，一方面也是以人生实践为源泉的。审美创造与审美欣赏都离不开人生实践，审美活动需要在实践中不断汲取营养，才能丰富和发展起来。就艺术创造这个审美活动来讲，艺术创造要取得真正的成功，一定要扎根于现实生活，只有从现实生活中获得了灵感、获得了材料，创造才能成功，才会有比较长远的生命。比如说法国的艺术家罗丹的《思想者》，这件作品之所以取得了巨大的成功，就是因为他截取了生活的一个瞬间，生动地刻画了一位陷入沉思者的神情体态。如果离开了对现实的深入的观察与摹刻，离开了具体的人生实践，就不可能创造出如此成功的艺术品。又如达利的《记忆的永恒》，这件作品是需要我们发挥想象才能领会的，但是要领会这样的艺术作品，仍然要立足于对现实生活的体验与领悟，这也就说明，艺术家在进行创作时，也是以生活实践中的具体感受为出发点的。再如白石老人的作品，把水、莲花、蝌蚪这些东西仅在寥寥数笔中就栩栩如生地刻画出来，每一幅画都洋溢着蓬勃的生机，这已经超越了对具体事物的描摹，而成为一种对人生、对生命的体验，成为人生实践的升华。以上这几个例子都有力地说明，艺术活动是和人生实践紧密地结合在一起的，审美活动是扎根于人生实践之中的。

因此，审美活动不仅是我们人的存在方式之一，而且是基本存在方式之一，基本人生实践之一，它不是派生的、次要的，人类没有它就不行。没有它，人也就成为非人了。整个人类要健康、全面地发展，审美活动就是不可或缺的。

4. 美是生成的，而不是现成的

海德格尔在对传统形而上学批评时指出，传统形而上学提出的问题是"存在是什么？"，这种提问方式本身就预设了存在已经存在。其实这个存在只是存在者，并不是存在本身。假设存在已经存在，实质上就把存在变成固定、现成的了。传统主客二分的认识论美学的症结亦复如是。前面已经提到，认识论美学的一个基本立足点就是把"美"作为一个早已客观存在的对象来认识，预设了一个固定不变的"美"的先验存在。由于已经先在地把"美"设定为一个现成的客观的实体，所以就必须找到一个唯一的答案，为"美"下定义，从而总是追问"美"是什么、"美的本质"是什么一类问题。

我们吸收海德格尔的存在论思想，不是全盘接受，而是有批判、有选择地吸收，其中比较重要的一点就是为了吸收其生成论的思想，从而否定现成论的思想。后期海德格尔赋予了一些基础性的哲学范畴以全新的含义，如存在，他阐释为涌现与聚集；真理，他阐释为无蔽，澄明；逻各斯，他阐释为采集，收集。通过这种再阐释，海德格尔为哲学勾勒出一个全新的开端。他的"开端即是结果"的思路，为我们指出了一个思想的新境界和存在的本然状态——"在之中"一切都是活泼的，万物浑然一体、相辅相成，总是处在一种生机勃勃的涌动之中；没有僵化的体系，也没有现成化的方法，万事万物总处在一种缘发状态和当下生成之中，处在永不停息的运化之中。海德格尔称这种运化为天地神人之四方游戏，并且将这种新境界总称为"Ereignis"（大道）。这种新境界，与他前期思想相比，更加具有动态的生成论观点，对我们理解美、解释美应该很有启发。我们应该用生成论而不是现成论的观点和思路来看待美，否则容易陷入本质主义。当然，我并不认为不能讨论美的本质问题，过去对美的本质的讨论，对美学也起了一定的作用。但是如果思路不变，讨论是不会有结果的。比如维特根斯坦就认为，美是没法定义的，对于像美这样不可言说的东西，就应该保持沉默。他认为美的意义就在使用中。这个词用于不同的场合、不同的语境，含义完全不同，有时甚至相反，所以，要为美下一个永恒不变的、放之四海而皆准的定义，或者说要找到这样一个现成的美的本质，几乎是不可能的。

其实，我们的美学也不一定要去正面回答美是什么这一问题，从而给美下一个定义。这里也涉及中国在"美学"这一学科名称翻译和理解上的某种不当，当然现在已经约定俗成，无法去改变了。美学（Aesthetics）一词的本意是"感性学"，不是关于"美"的学问，当然它跟美是相关的。在鲍姆加登那里，讲到美学是研究感性认识的完善，主要是在认识论框架里来讲感性学的。我们认为应该突破认识论框架，换一个提问方式，即可以问"美是怎样生成并呈现出来的？"，要回答美的生成问题，必须从人的审美活动入手。我们觉得任何美作为审美对象都不是现成的，而是在审美活动中现实地生成的。比如海德格尔曾举例说，一幅名画和茶缸等洗漱用具放在同一个背包里，一部莎士比亚全集放在床边柜上，如果没有被人审阅欣赏，它们与那些茶缸、与堆放着的土豆在那时只是具有同样"物性"的一个"物"而已，只有在审美观照之中它们才变得不一样，才有可能成为"美"而被人"审"。所以，美不是现成的，而是生成的。杜夫海纳也认为博物馆闭馆后，没有人欣赏时，里面的画就不是审美对象了——当然这幅画潜在的审美价值还是存在的。可见，只有在审美的活动当中，美才存在，才现实地生成。

这里还要回答一个问题：是先有美，还是先有审美主体？我认为只在具体的审美活动中，两者才同时现实地生成，才真正存在。比如，一些大学生在教室里听讲座，而不是在审美，他们此时绝对不是审美主体；但如果他们晚上在上海音乐厅欣赏高水平的交响乐，就有可能成为审美主体。当他们全身心地投入欣赏并被交响音乐所深深吸引时，整个演奏就不仅仅是一个音乐作品，而成了他们的审美对象，现实地生成为美向他们呈现；同时，他们那时是在审美，也就现实地成为审美主体。当然也有可能有个别人或者是乐盲，或者心境不好，或者心不在焉、在想别的事情，那么他们即使坐在音乐厅里，即使交响乐的演奏水平很高，对他们来说，也不会成为审美对象，而他们此时也没有真正成为审美主体。由此可见，不但美，而且审美的人也是在审美活动中现实地生成的，换言之，审美对象和审美主体是在审美活动中同时现实地生成的。审美活动是对象和人之间的一种特殊的关系，是这种特殊的关系（审美关系）的具体展开，审美活动与审美关系根本上乃是完全一致的。

在此，我要提出一个"关系在先"（"活动在先"）的原则。就是说，从逻辑上说，是审美关系和活动在先，审美主客体（美和审美的人）都是在审美关系和活动中现实地生成的。这里需要对"关系在先"（"活动在先"）的原则作一些解释。我所说的"在先"不是指时间上的先后，而是逻辑上的先后。从时间上说，美、审美主体、审美活动三者是同时进行和产生的，没法严格地去区分。而从逻辑上说，审美关系、审美活动先于美而存在。没有审美活动，就没有美，也没有审美的主体。有人曾对此有疑问，认为不是先有男的、女的，才有恋爱关系吗？我认为这是好解答的。因为男、女之间的关系可以有许许多多种，如朋友关系、血缘关系、师生关系等等，不一定是恋爱关系；而从逻辑上说，只有先确定了某一种特定关系（恋爱关系），才有处于这种关系中的每一方存在。同理，审美关系（活动）也一样，只有审美关系（活动）在逻辑上先确立、先存在，才有作为审美关系（活动）中的审美主体或审美客体的一方生成和存在。

此外,对这一问题的解答也可以推及对自然美的看法。蔡仪、陆梅林等先生认为自然界中的美在没有人之前就是美的,这一看法在我看来是不可思议的。我们可以用这一原则来加以说明。在没有人之前,自然就无所谓美不美,因为在人类产生之前,根本没有、也不可能形成一种自然满足人的审美需求的价值关系,即审美关系,外在于审美关系的自然事物就只是自然事物,无所谓美与不美。自然美是人类发展到一定阶段,社会文化、审美活动、各个民族的历史积累等进展到一定的阶段,人与自然开始形成某种超越于实用功利关系的审美关系(或者至少是具有明显审美因素的关系)自然界中一些事物才逐渐成为审美对象或准审美对象。例如后羿射日、精卫填海等神话传说体现出当时人并没有把太阳、大海等自然对象看作美,相反是当作恐怖、灾难的对象,只是后来才逐步被作为审美对象的。这一点可以说明美是动态地在具体审美关系中生成的。没有一个客观固定的美先在地存在于世界某个地方,美只能是在现实的审美关系和活动中生成的。这就是"关系在先"("活动在先")的原则的基本含义。

5. 审美是一种高级的人生境界

人在各种生存实践活动中,在与世界打交道的过程中,会有各种不同的经历和体验,这些经历和体验会有着不同的层次和水准,就会形成不同层次的境界。就是说,在人与世界打交道的丰富复杂的过程之中,会形成不同层次的人生境界,其中就包含着审美境界。

中国古代文献中关于"境界"的说法非常多。境界最初是指时间和空间上的界限。但是境界的含义后来有很大的变化,清人段玉裁注"境"曰:"曲之所止也。引申之,凡事之所止,土地之所止,皆曰竟。"这里,"曲之所止""土地之所止"两义自古有之,但"事之所止"却昭示出一种新识度：首先，它表明，至迟到晚清时代，"境"字已经明显从表示时空界限发展为表示人的存在状态和生活行为，即人生之境；其次，它表明，"境"是由人与世界两维构成的。"境"为"事之所止"，而所谓事，乃是人事，人的实实在在的活动行为，切身的生存实践。事的缘起、产生、发展、完成、实现、转换，都涉及人与世界的关系，包括人与自然、人与社会、人与他人、人与自我的关系。因此，境界的构成不能单从人或者单从世界来了解，而应该从广义的人生发展、从人与世界的实践关系来把握。现代意义上的境界，首先指人生境界，它主要标志着人在生存实践中的精神修养及思想觉悟程度，是人对宇宙和人生的自觉和对生命意义、幸福感的感悟水平，这自然也包含人生实践中审美的境界。

关于人生境界的构成，有以下三层意思必须辨明：

首先，人生境界不是自然界进化而成的物质实体，也不是主体心灵自生的幻影，而是我们在上文一再强调的人与世界通过实践而达到的高度统一、一体圆融的关系；境界不仅在横向上扭结着各种错综复杂的因缘关系，包括人与自然、人与社会、人与他人、人与自我等等关系，而且在纵向上凝聚着现实、历史和未来的各种因缘关系；不仅有世界在，而且有人在，人和世界缺一不可。当然，这种人与世界的统一关系着重体现在人对自身生存实践的觉解与对宇宙人生意义的体悟的不同程度、层次和水平上。

其次，境界作为人与世界的交融统一，又不是认识论层面上的主客观统一，即外在的客观物理属性与内在的主观心理意识在认识上的统一，而是存在论层面上的统一，即在人与世界相互依存、双向建构的实践活动中所达到的统一，在人向人诞生、世界向人生成的实践过程中所实现的统一。这种交融统一，体现为人依寓于世界，融身于世界，在世界中生生不息地繁忙、操劳的生活活动，体现为人与世界的实践关系。境界在人与世界的实践关系中生成。境界的本体之根深植于人生实践。

再次,人生境界的特点在于它的个体内在性和生成性。所谓个体内在性是指人生境界作为人们对人生意义的觉悟总是一种个人独特的内在体验,具有个体性,不期望别人也有同样的体验;它是个体由觉悟而生的内心的澄明,别人是不易发现的,因而是内在的。生成性即指非瞬间性和非凝固性,即在稳定和变化中保持一定的张力。"生成"意为正在成为,正在发生,正在变为。它表示一种动态过程,某种东西正在发生的动态过程,而且这个过程是连续不断的。因而它是一个现在进行时态。生成具有自动、自在、自然之意,不是被动地成型。

人生境界是人们通过自身锻炼修养、提高觉解水平而不断生成的。这里觉解是关键。在某种程度上可以说,人生境界的生成取决于人们对自身生存实践及其意义的觉解。由于觉解的不同,造成人生有多种境界、多重境界。不同的人,对生活的自觉和了解的程度是有区别的,因而,尽管每个人都面对着相同的宇宙,置身于大致相同的生活之流中,但是,生活对每个人却显示出不同的意义,从而每个人处于不同的人生境界中。冯友兰先生精辟地指出:"人对宇宙人生的觉解程度,可有不同。因此,宇宙人生,对于人的意义,亦有不同。人对于宇宙人生在某种程度的有无觉解,因此,宇宙人生对人所以有的某种不同的意义,即构成人所以有的某种境界。"又说,"各个人对于人生的了解多不相同,因此,人生的境界,便有分别。境界的不同,是由于认识的互异。"[1]冯先生曾据此概

---

[1] 冯友兰:《冯友兰学术文化随笔》,中国青年出版社1996年版,第98、99页。

括出由低到高的四种境界：自然境界、功利境界、道德境界、天地境界。最后一个境界中人对宇宙人生觉解程度最高，达到跟宇宙天地化为一体，它是人的存在所能达到的最高境界。处于这一境界中的人不仅能超个人，而且能超社会，因而具有更加宽广的胸襟和眼界，"是觉解的进一步提升；自觉的理性已化为人的内在品格，因而遵循规范已无须勉强。"① 处在这种境界中的人已经不再把各种规范作为一种束缚，而是把天地万物、自然社会的运行法则化为自己的一种内在需要，化为自己心理结构的一个组成部分，化为自己的一种血肉，于是不知不觉中与天地万物融为一体。冯先生讲四种境界，其实可能不止四种，此一学说主要是指出人生实践中会有不同的层次、不同的境界，人们可以追求并达到一个比较高的境界。需要指出的是，冯先生所讲的天地境界，同审美境界有很多共通的地方。冯先生可能不仅仅指审美境界，但是我们可以理解成是一种要求真善美高度统一的境界。我们采用冯先生的思路，也是要想指出人生实践当中，与世界打交道的过程中，会有各种不同的层次，形成各种不同的人生境界，而审美境界则是其中一个比较高层次的境界。审美有一个基本条件是要求主客体之间，或者说人与世界之间实现比较高程度的"交融"，即中国美学所说的"物我两忘""天人合一"。如果主客体始终处于隔离、割裂、矛盾的状态，那就不太可能是审美的。从心境来说，审美境界较大程度上超越个体眼前的某种功利性和有限性，达到相对自由的状态。所以，我们认为，审美境界属于比较高层次的人生境界，审美境界不同于、高于一般的人生

---

① 杨国荣：《存在与境界》，引自《理性与价值》，上海三联书店1998年版，第436页。

境界，可以说是对人生境界的一种诗意的提升和凝聚，也可以说是一种诗化了的人生境界。

四、实践存在论美学与实践美学主流派的区别

最后谈一谈实践存在论美学与实践美学的关系。我认为这是既相联系又相区别的关系。联系在于，首先，它仍然把"实践"概念作为基本语境和范畴之一，尤其对实践是人与世界双向建构的历史过程的解释，与实践美学有共同语言；其次，实践存在论美学与属于实践美学中非主流派的蒋孔阳美学思想一脉相承，是对后者的直接继承和发展。但实践存在论美学与李泽厚为代表的实践美学主流派的思想有明显的区别，主要表现在：

首先是关于实践概念的界说。前面已经谈到，实践美学把实践界说为以制造和使用工具为标志的物质生产劳动。实践存在论美学则不同，它虽然承认物质生产劳动是最基础、最重要的实践形态，是人类生存发展须臾不能离开和中止的活动方式，但不赞同把物质生产劳动当成唯一的实践形态。实践除物质生产劳动之外，还应该包括变革现存制度的革命实践、政治实践、道德实践、审美和艺术实践以及广大的日常生活实践等等。

其次，更重要的是，实践美学对实践的解释虽然注意到实践主体人的中心地位，有时用"人类学本体论"来概括，但实际上还没有完全摆脱认识论的思维框架；而在实践存在论美学看来，应该从存在论（本体论）角度把实践的内涵理解为人最基本的存在方式，理解为广义的人生实践。

再次是关于审美现象的生成性的理解。实践美学主张美与美感是在人类漫长的实践中生成出来的，人类实践发生之前，没有美与

美感的存在。这一点我们完全赞同。但是，实践美学所说的生成仅限指人类总体的历史生成。如果只承认这种生成，便有可能给现成论留下地盘。实践存在论美学则不同。它所理解的审美现象的生成，除了人类总体的历史的维度，还有感性个体的当下维度。这也就是说，在实践存在论美学看来，美与美感不仅是在人类总体的实践中历史地生成出来的，而且是在感性个体生存实践中当下生成的。对于人类总体来说，离开历史实践就不会有美与美感的发生；对于感性个体来说，离开他的生存实践就不会有审美现象的出现。美与美感的终极处没有任何现成性可言。

第四是关于审美关系、审美活动的解释。实践美学在解释人对世界的审美关系时，隐含着主客分立在先的观念，即是说，先有审美主体和审美客体，而后有审美关系和审美活动。实践存在论美学则认为，不存在脱离具体审美关系、审美活动的审美主体和审美客体，审美主客体都是在具体的审美关系、审美活动中现实地诞生的。这就是关系（活动）在先的原则：从逻辑上讲，审美关系、审美活动在先，审美主客体在后，审美关系、审美活动是审美主客体的确定者；从事实上讲，审美关系的建构、审美活动的开展与审美主客体的生成是同步的。但无论从逻辑上还是从事实上讲，在审美关系、审美活动之前和之外，无所谓审美主体和审美客体。

第五是关于美学理论的逻辑建构。实践美学总体上没有完全超出认识论美学主客二分的思维方式，如李泽厚先生《美学四讲》的逻辑构架就是美—美感—艺术三大块，内中隐含着先有客观的美、再有主观的美感的主客二元对立的认识论思路，所以其虽然强调了人类学本体论的主旨，即以人为本体和中心展开论述，但在美论一开始就提出"美是什么"的问题，即使没有直接替美下定义，且对"美"的含义作了多层次的分析，然而最后还是去寻找抽象的、普遍的"美的本质"（后来改用"美的根源"），未能完全摆脱本质主义的理路。实践存在论美学则遵循上述关系在先的原则，并不正面去寻找、界定美的本质，而是以审美活动（作为审美关系的具体展开）作为逻辑起点，认为审美对象和审美主体都是在审美活动中现实地生成的。接着分别从对象形态和主体经验两个方面论述审美形态和审美经验，认为审美形态可理解为人对不同样态的美（广义的美）即审美对象的归类和描述，它是审美活动中当下生成的自由人生境界的对象化、感性表现形式和具体存在状态；而审美经验则体现为在审美活动中主体直观到了超越现实功利、伦理、认识的自由人生境界、体验到了人与世界的存在意义而产生的自由感、幸福感和愉悦感。然后论艺术和艺术活动，由于艺术最集中、典型地体现、凝结了审美活动的诸方面，因此，美学应该通过研究艺术和艺术活动来把握一般审美活动。最后落实到审美教育即美育，美育指有意识地通过审美活动，增强人的审美能力，提高人的整体素质，焕发人的精神风貌，提升人的生存境界，建构人向全面发展成长的存在方式，促进人向理想的、自由的、健康的、精神丰满的人生成。综上所述，实践存在论美学的逻辑构架是：审美活动论—审美形态论—审美经验论—艺术审美论—审美教育论。

（原载《人文杂志》2006年第3期）

我为何走向实践存在论美学

进入新世纪以来,中国当代美学出现了多元展开的新局面:一方面,实践美学与后实践美学之间以及同时批评这两种理论的观点展开了多层次的论争;另一方面,各派都有一些学者在努力做一些建设性的工作,尝试按各自的思路建构比较系统的美学理论。正是在这一学术背景下,作为众多建设性尝试中的一种,我提出了实践存在论美学的构想。我并不认为这一构想已经很成熟,只是自认为实践存在论美学比起现有的四大派美学,包括实践美学,有了一些推进,今后有可能成为建设当代中国美学理论的众多可供参考的思路之一。本文想着重谈一下我是为何以及如何走向实践存在论美学的。

一

众所周知,上世纪五六十年代的美学大讨论,围绕美的本质问题,形成了当代中国美学四大派:以吕荧、高尔泰为代表的主观派美学,以蔡仪为代表的客观派美学,以朱光潜为代表的主客观统一派美学,以及以李泽厚为代表的客观社会派美学,即后来的实践美学[①]。四大派在"文革"后或多或少都有发展,特别是通过学习、研讨马克思《1844年经济学—哲学手稿》,除了客观派以外,各派原有观点都发生了一些相互接近的变化,而李泽厚的客观社会派美学则发展为实践美学(虽然李泽厚先生本人一直到2004年才接受"实践美学"的提法)。由于种种原因,到八十年代中后期,其他三派美学的影响逐渐减小,而实践美学则逐渐上升到主流派的地位。

但是,与此同时,围绕着实践美学的诸多观点也展开了一系列的争论。八十年代后半期,有人向李泽厚发起挑战,他与李泽厚的对话在当时影响颇大。1993年,陈炎先生发表《试论"积淀说"与"突破说"》,批评李泽厚的"积淀说"。"积淀说"是李泽厚实践美学的一个重要观点,认为通过实践,人的主体心理结构在审美方面得以积淀,客体的积淀为主体的,理性的积淀为感性的,集体的积淀为个体的。陈先生提倡"突破说",批评李泽厚的"积淀说"片面强调渐变,是文化上的保守主义。1994年,杨春时先生发表《走向"后实践美学"》一文,对实践美学提出了十点批评。杨先生认为,李泽厚的实践美学存在的主要问题是:把实践直接作为美学的基础,跳过了很多中介环节,直接推论到美学基本问题;审美强调超越性,而实践没有超越性;审美强调个体性,而实践往往是群体的、集体的、社会的活动;审美强调感性,而实践强调理性,带有目的性。一开始,我为李泽厚先生辩护,先后发表了两篇文章

---

① 蒋孔阳:《建国以来我国关于美学问题的讨论》,载《蒋孔阳全集》第三卷,安徽教育出版社1999年版,第553—576页。

与陈①、杨②两位先生商榷。然而，随着讨论的深入，我发现，李先生的实践美学并非十全十美、无懈可击；而后实践美学似乎破多立少，暂时还无法抗衡、更无法取代实践美学，但他们对实践美学的批评仍然不无合理、可取之处，有的批评确有振聋发聩的功效，虽然从整体上说，我认为他们的批评还未能切中实践美学的要害。这场实践美学与后实践美学长达数年的争论引起了我认真而深入的反思，促使我重新学习有关的马克思主义经典著作，研读西方现当代哲学、美学，尤其是现象学的论著，思考当代中国美学应当如何走出沉闷、停滞的现状，真正有所突破、有所推进。

此后几年，我对实践美学的认识发生了一些变化，开始认识到，李泽厚实践美学的某些重要方面确实存在着薄弱环节和缺陷。而且，我愈来愈感到，实践美学并非铁板一块，而是派中有派，除主流派的李泽厚外，还有非主流派的蒋孔阳、刘纲纪、周来祥先生等人，当然他们三位的观点并不完全一样。蒋孔阳先生的美学主张与李泽厚就有很大的不同。蒋先生在美学上，更强调审美的个体性、感性、情感性，强调审美的生成性，认为美不是固定不变的、现成的。他的美学思想中包含着一些现在还可以进一步发展的、非常有价值的观点。我还认为，不但非主流派实践美学有进一步发展余地，即使是李泽厚的主流派实践美学，同样也可以进一步改进、发展和完善，并非已经过时，更非一无是处。现在对实践美学的批判，在我看来并非都有道理，其中有的批得过了头，有的并没有切

---

① 朱立元：《对"积淀说"之再认识》，载《美学与实践》，广西师范大学出版社1999年版，第10—16页。

② 朱立元：《实践美学的历史地位与现实命运》，载《美学与实践》，广西师范大学出版社1999年版，第22—37页。

中要害，还有的有强加于人之嫌。当然，实践美学的不足和局限是毋庸置疑的，是需要认真反思的。反思正是为了促进实践美学的变革和发展，增强其生命力。

正是在这样一种情况下，我对李泽厚的主流派实践美学，开始从全面辩护到反思其局限，逐步认识到其最主要的问题表现在以下两个方面：第一，没有完全超越西方近代以来主客二分的认识论思维框架，而这是中国美学要真正取得重大突破和发展的主要障碍；第二，对实践的看法失之狭隘，无法真正成为美学的理论根基。

先看第一方面。李泽厚明确讲过，美学的基本问题是认识论问题。李泽厚早期在《论美感、美和艺术》（1956）中就说过："美学科学的哲学基本问题是认识论问题。美感是这一问题的中心环节。从美感开始，也就是从分析人类的美的认识的辩证法开始，就是从哲学认识论开始，也就是从分析解决客观与主观、存在与意识的关系问题——这一哲学基本问题开始。"[①] 后来，李泽厚对这个问题的看法似乎有所改变，但一直到八十年代末的《美学四讲》中仍然没有放弃或否认把美和美感作为主客关系置于认识论框架内的基本思路。《美学四讲》的逻辑构架就是美—美感—艺术三大块，内中隐含着先有客观的美、再有主观的美感的主客二元对立的认识论思路，所以其虽然强调了人类学本体论的主旨，即以人为本体、以"自然的人化"为中心展开论述，但在美论一开始就提出"美是什么"的问题，即使没有直接替美下定义，且对"美"的含义作了多层次的分析，然而最后还是去寻找抽象的、普遍的"美的本质"（＝"美的根源"），未能完全摆脱本质主义的理路（虽然从总体上

---

① 李泽厚：《美学论集》，上海文艺出版社1980年版，第2页。

看，李泽厚的主体性实践美学的丰富、深刻内容是超越、突破了认识论的）。

这种仍然保存的认识论美学的思路就其实质而言，乃是未能完全摆脱主客二分的二元对立的思维模式。这种思维模式导致了把"美"和"审美主体"（美感）实体化的倾向。具体来说，李泽厚的实践美学在回答"美是什么"的问题时给出了"美在客观性与社会性统一"的答案，这个回答并没有否认或取消"美是什么"这种主客二分的提问方式，在根本上仍未跳出认识论的思维框架，只是把作为主体的个人看成社会性的主体，他与作为对象的客体（美）之间仍然是一种认识论的实体性关系。实际上，只要承认"美是什么"的提问方式，也就肯定并预设了"美"是作为客体的实体存在，其回答，实质上仍是一种实体化的回答。这种认识论思路在把"美"实体化的同时，很容易推出美感是对于这种实体化的美的认识、感受和体验的观点。事实正是如此，李泽厚虽然以自然的人化为核心，认为美是外在自然（客体世界）的人化，美感则是对内在自然（主体情感）的人化，但美和美感的关系毕竟仍然是主体心理对客观外在的美的认识、感受、体验；而这仍然未能根本突破对美和美感作主客二分的思考和探讨。这导致李泽厚把认识论看成中国美学的基本哲学问题，于是整个美学的结构框架在实际上仍然被压缩在认识论范围中了。当然，我们不能把李泽厚的实践美学简单地归结为认识论美学，而只是指出其美学的理论架构和逻辑理路没有完全摆脱主客二分的认识论思路。

再看第二方面。李泽厚认为实践就是人的物质生产劳动。在他看来，马克思主义的实践范畴就只是指物质生产劳动，人的其他活动都不算实践。据此，实践只是：人作为工具性本体学会制造和使用工具，改变自然，然后在物质实践过程中创造了美的同时也感受到美。虽然他也强调通过实践，在人与世界之间、人与人之间建立关系，但他理解的世界是客观、现成的，人作为主体也是现成的，因此，人和世界的关系是现成主体对现成客体的认识关系、改造关系，人通过认识自然、改造自然，获得自由，然后进一步再认识、再改造，如此循环往复。审美就在这种物质实践活动中获得了积淀，然后形成审美的心理本体。我认为，李泽厚强调物质生产劳动作为实践的唯一含义，并不符合事实。他把人的精神活动、精神劳动、审美活动、艺术活动都排除在实践之外，既不符合西方思想传统对实践的理解，也不符合马克思（以及后来的毛泽东）的实践观。马克思在《关于费尔巴哈的提纲》中批评机械唯物主义时明确把实践界定为"人的感性活动"，并没有局限于物质生产劳动；并科学地指出"全部社会生活在本质上是实践的"[1]。可见，不只是物质生产劳动，而且人的各种各样活动，人的整个社会生活，都是实践的，都属于人类广大的实践活动范围。毛泽东对实践的界定更明确，仿佛就是针对李先生的实践观似的："人的社会实践，不限于生产活动一种形式，还有多种其他的形式，阶级斗争，政治生活，科学和艺术的活动，总之社会实际生活的一切领域都是社会的人所参加的。因此，人的认识，在物质生活以外，还从政治生活、文化生活中（与物质生活密切联系），在各种不同程度上，知道人和人的各种关系。"[2]可见，人的实践活动既包括物质生产和生活，也包括精神生产和生活，实践应该是大于物质生产劳动的。除物质生产劳动之外，它还应该包括变革现存制度的革命实践、政治实践、道德

---

[1]《马克思恩格斯选集》第1卷，人民出版社1995年版，第56页。
[2] 毛泽东:《实践论》，见《毛泽东选集》第一卷，人民出版社1966年版，第260页。

实践、审美和艺术实践以及广大的日常生活实践等等。而李先生对实践的理解显然太狭隘了，由此，他对于从物质实践到美和审美，只能绕过很多中介环节，只能通过"心理本体"推论出来。

总之，我认为，李泽厚主客二分的认识论思维模式和狭隘的实践观值得讨论和商榷。而这恐怕也是主流派实践美学的主要局限所在。

开始认识到实践美学主流派存在的这些局限，并不等于找到了克服这种局限的思路和方法，因为我也常常深感自己仍受到主客二分的传统美学思维方式的影响，未能完全突破传统认识论思路的束缚。长期以来，我思考的一个核心问题是如何在维护现有实践美学的实践论哲学基础的同时，对其局限有所突破、有所改造、有所发展。经过多年的研究，我发现，在马克思主义实践观的基础上，引进存在论的维度，将二者有机结合起来，有可能突破主客二分的认识论思维模式，以一种新的思路和方法发展和推进实践美学，使之成为新世纪中国美学多元化发展格局中富有生命力的一环。

二

我思考并提出实践存在论美学大致经历了以下的过程：

开始是从现象学（主要是海德格尔的现象学基础存在论）那里获得重要启示。海德格尔的基础存在论恰恰要跳出笛卡儿以来的主客二分的认识论，返回到人与世界最本原的存在，即人和世界是不可分割的一体，人就在世界中存在。我借鉴了海德格尔专门对笛卡儿"我思故我在"那个存在着无根的缺陷的命题进行批评的存在论命题——"此在（人）在世"，"人在世界中存在"。他认为"此在本质上就包括：存在在世界之中。因而这种属于此在的对存在的领会就同样源始地关涉到对诸如'世界'这样的东西的领会以及对在世界之内可通达的存在者的存在的领会了。"[①]他提出的"此在在世"、即此在（人）"在世界之中存在"（"在世"）是存在论的基本命题。他首先强调这一命题与二元论相反，从其"复合名词的造词法就表示它意指着一个统一的现象"[②]，而非主客二分式的；其次，他又指出，此在"在之中"不是人（身体物）在世界"一个现成存在者'之中'现成存在"，而是"意指此在的一种存在机制，它是一种生存论性质"，是此在"把世界作为如此这般熟悉之所而依寓之、逗留之"，因而是"融身在世界之中"，所以"此在"与"世界"绝非"现成共处""比肩并列"的两个"存在者"[③]；再次，他用"此在生存论上的基本机制的亮光朗照""此在在世"命题，揭示出此在"能够领会到自己在它的'天命'中，已经同那些在它自己的世界之内同它照面的存在者的存在缚在一起了"[④]，换言之，"这个此在具有在世界之中的本质性机制"。海德格尔正是通过这种对此在的生存论分析，阐明了"此在在世界中存在"这个命题的存在论意义。海氏这里强调的是人与世界在原初的不可分离性。人一产生，就离不开世界，人本身是世界的一部分。人与世界，不是先分，然后再寻求合，而先就是合，没有对立的。同时，世界只对人而言才有意义，人只能在世界中存在，人就在世界中，世界只是对人存在，离开了人，无所谓世界。这就意味着不存在现成的、孤零零的绝对主体，也不存在现成的、和人截然对立的绝对客体。人与世界在原初存在论上不能分开，确定无疑的存在就是人在世界中存在，然后才

---

① [德] 海德格尔：《存在与时间》，三联书店1999年版，第16页。
② 同上，第62页。
③ 同上，第63-64页。
④ 同上，第66页。

能考虑其他问题。这是我近年来研读海德格尔得到的有可能超越主客二分认识论思维模式的重要启发。

在读海德格尔著作时，又发现"人在世界中存在"的思想其实并不是海德格尔的发明，实际上我们的老祖宗马克思比海德格尔早八十多年就已发现并作过明确表述："人不是抽象的蛰居于世界之外的存在物。人就是人的世界。"①只不过马克思没有直接用这一存在论思想来批判近代主客二分的认识论罢了。但是，马克思高于和超越海德格尔之处是用实践范畴来揭示此在（人）在世的基本在世方式。在马克思看来，人不是作为一种现成的东西摆放在世界上，世界也不是作为一个现成的场所让人随意摆放。相反，人是从事实际活动的实践着的人，人在世界中存在，就意味着人在世界中实践；实践是人的基本存在方式；实践与存在都是对人生在世的本体论（存在论）陈述。海德格尔的存在论始终没有达到马克思的实践论的高度，而马克思则把实践论与存在论有机地结合起来，使实践论立足于存在论根基上，使存在论具有实践的品格。在这个意义上，虽然海德格尔给了我重要启示，但真正为实践存在论美学提供了直接依据的，乃是马克思。我们正是以马克思关于实践与存在一体的思想为哲学基础，寻求建构实践存在论美学的基本思路。当然，对这一点的认识也有一个深化的过程。经过了较长时间和反复地读原著，我越来越坚信，在马克思的实践学说中其实早已包含了存在论的维度和丰富内涵，也明确地认识到这种存在论的内涵主要在于：实践是人的现实的、具体的、历史的生存在世方式；实践包含人类各种各样的活动形态，由物质生产实践，社会改革、伦理道德实

---

① 《马克思恩格斯选集》第1卷，人民出版社1995年版，第1页。

践、精神实践等多层面、多维度的活动方式组成，可以视作广义上的人生实践；实践是人与自然，人与社会，人与自我交往的基本方式。①学习、研究马克思实践观的存在论维度和内涵，使我对理顺和建构实践存在论美学的思路、超越主客二分的认识论美学的局限，突破和发展现有的实践美学增添了信心。

这里还不能不提到我的导师蒋孔阳先生。从大的方面说，他的以实践论为哲学基础、以创造论为核心的审美关系理论也属于实践美学范围。实践存在论美学的提出，在许多方面直接受到蒋先生的启发和影响。1999年蒋先生去世后，我重读了他的美学论著，写了系列"新探"文章，认为他的美学是通向未来的美学，在新世纪仍有其生命力。我认为，作为他一生美学思想总结的《美学新论》一书，实际上已从四个层面开始探索实践论与存在论的结合。首先，他从劳动实践入手直探人的存在本质，认为人的本质是从劳动实践中创造出来的，劳动没有止境，人的本质也就没有止境，永远处在创造之中。其次，他揭示了人和世界的多层累性，认为人是一个有生命的有机整体，人的本质力量是生生不已的活泼的生命力量。世界及其向人展示出来的美也是既多层累又无限流变。再次，他揭示出审美现象的生成性质，认为美是人在对现实发生审美关系的过程中诞生的，人作为审美主体不是现成主体，而是审美关系的主体。又次，他一再提出人是世界的美，认为美的各种因素都必须围绕人这一中心，人在自己的生存实践中实现自己的本质力量而创造了美。美为人而有、因人而生，人是美的目的和归宿。②综上可见，蒋先生的美学思想展示出一个以人生实

---

① 朱立元、任华东：《试论马克思实践观的存在论内涵》，载《河北学刊》2008年第2期。

② 以上参见《蒋孔阳全集》第三卷，安徽教育出版社2000年版，第166-188页。

践为本源,以审美关系为出发点,以人和人生为中心,以艺术为典范对象,以创造—生成观为指导思想和基本思路的理论整体。这个理论整体为我们建设和发展实践存在论美学初步奠定了基础。

上面三个方面是启发我形成实践存在论美学观的主要思想来源,当然,其中马克思实践观及其所包含的存在论思想乃是核心和基础。不过,关于"实践存在论"的提法,其实不自今日始。回想起来,早在1988年,我已在一篇探讨现实主义哲学基础的文章中使用过"实践存在论"这一说法:

> 当代现实主义的哲学基础既不是直观反映论或能动反映论,也不是单纯的实践论,或单纯的存在论,或单纯的主体论,而是以人为中心的实践存在论。因此,只有(1)把实践论与存在统一起来,把在实践中主体对现实人生意义的体验看作现实主义的坚实基础和唯一源泉。(2)把实践存在看成本体论与认识论的统一;实践存在是人的自然存在与社会存在的统一,构成了社会(包括自然)历史的本体;实践存在也是人与世界的交流关系、体验关系、意义关系,因而构成了人的认识来源、认识过程与检验、发展认识的标准。(3)把人作为实践存在的价值中心,全部实践存在及其目标就是人的生存与发展。这样一种实践存在论就从认识论、本体论、社会观各方面为当代现实主义提供了哲学基础,也体现了对旧现实主义实证精神与人道主义的继承和发扬。[①]

[①] 朱立元:《关于现实主义问题的哲学反思》,载《理解与对话》,华中师范大学出版社2000年版,第127页。

不过，在当时，我对此的想法并不成熟，也尚未结合大量理论材料深入论证这个极为重要的问题，只是从现实主义的哲学基础角度作了思考。人的认识是在不断发展深化着的。进入上世纪九十年代后，通过与后实践美学和客观派美学的学术论争，我逐渐坚定了突破主客二分形而上学思维方式的信念；而从上面三个方面吸取营养，我终于找到了马克思主义实践观与存在论相结合的理论根据。此时，我觉得用"实践存在论"来概括这个新的理论思路是再合适不过的了。

三

下面，我简要介绍一下实践存在论美学的基本主张。

首先，实践存在论美学仍然以实践论作为哲学基础，但将其根基从认识论转移到存在论上。在实践存在论美学看来，应该从存在论（本体论）角度把实践的内涵理解为人最基本的存在方式，理解为广义的人生实践，从而实现实践论与存在论的有机结合。具体来说，第一，人是在实践过程中才逐渐成其为人的，实践是人之成为人的一个原动力，也是人之为人的一个标志。第二，更重要的是，实践还是人存在的基本方式。我们用马克思主义实践论来阐释和改造海德格尔"此在（人）在世"的观点，实践活动显然就是人的在世方式，或者更准确地说，人生在世的基本方式就是实践。我们每个个人每天都要进行大量的各种各样的实践活动，包括学习、工作、经济、政治、道德、艺术、审美等等活动在内。这里，实践不仅仅是物质生产劳动，虽然物质生产劳动是人整个实践活动中最基础的，却不是全部。我们就是在各种各样的实践活动中生存和发展的。在此意义上，也就是在存在论意义上，我们说实践是人存在的基本方式。

其次,审美活动不仅是人生实践的一个不可缺少的组成部分,而且也是一种人的基本存在方式和基本人生实践。人类社会就是建立在包括审美活动在内的无限丰富的人生实践基础上的。人类的文明通过实践活动而得到建构和提升,作为人类文明标志之一的审美活动也在人类的实践过程中得到发展;反过来,审美活动也推进了人类实践整体的发展,推进了人类文明的建设。而且,审美活动是人走向全面、自由发展之非常重要的一个环节和因素。人如果只局限于物质生产劳动,而没有审美活动,那么其实践就是不完整的、片面的,这种实践造就的人也是片面的、不自由的。总之,审美活动是人的一种高级的精神需要,是见证人之所以为人、人超越于动物、最能体现人的本质特征的基本存在方式之一;它是人与世界的关系由物质层次向精神层次的深度拓展;它与制造工具、物质生产、科学研究、政治活动、道德行为和其他精神文化活动等一样,是人类不可缺少的一种基本的人生实践。

再次,突破单纯的认识论框架,以实践存在论思路建构美学理论,在美学研究对象问题上,超越主客二分的思维模式,改变以往美学多以美或美的本质、规律为主要研究对象的观念,而是以人与世界的审美关系及其现实展开即审美活动为研究对象。人在现实中可以发生多种关系,审美关系是其中之一。审美活动是在人类长期历史实践中,从人与世界的多种关系、多种活动中逐渐独立出来的;美和审美主体都不是先在、现成、固定不变的存在者;只是在审美活动中,现实的美才生成,现实的审美主体才生成。包括实践美学在内的以往各派美学,在解释人对世界的审美关系时,隐含着主客分立在先的观念,即是说,认为先有审美主体和审美客体,而后有认识论意义上的审美关系和审美活动。实践存在论美学则认为,不存在脱离具体审美关系、审美活动的审美主体和审美客体，审美主客体都是在具体的审美关系、审美活动中现实地诞生的。这就是说，在审美活动中，审美客体（美）与审美主体（美感）才同时现实地生成。从时间上讲，审美关系的建构、审美活动的开展与审美主、客体的生成是同步的，没有先后之分；但逻辑上审美关系、活动在先，美和美感在后，而非先有美，再有美感，或者先有美（客体）和美感（主体），后有主体对客体的审美关系和活动。这样，无论从逻辑上还是从时间上讲，在审美关系、审美活动之前和之外，无所谓美（审美客体）和美感（审美主体）。因此，实践存在论美学就把审美活动（审美关系的现实展开）、而不是美和美的本质作为美学研究的主要对象和逻辑起点。这是试图在美学研究对象上超越主客二分的思维模式。

第四，与此紧密相关，实践存在论美学的一个基本主张，是用生成论取代现成论。主客二分的思路必然持现成论的思路。现成论美学的基本立足点，是把"美"作为一个早已客观存在的对象来认识，预设了一个固定不变的"美"的先验存在。由于已经先在地把"美"设定为一个现成的客观的实体，所以必须找到一个唯一的答案，为"美"下定义，从而总是追问"美是什么""美的本质是什么"这类问题。这个提问方式就是现成论的。因为在我们追问"美是什么"时，实际上已假定和预设了美的实际存在，已经是现成的对象。实际上，没有一个客观固定的美先在地存在于世界的某个地方，美只能在具体现实的审美关系和活动中动态地生成。所以，用现成论的思考方式是无法解决美学基本问题的。实践存在论美学的思考方式不再问"美是什么"，而是问"美何以存在""美如何存在"，这个改变乃是从现成论向生成论的重要改变。

第五，对这一问题的解答也可以推及对自然美的看法。我们不同意那种认为自然美是自然界的客观属性，是从来就有、万古不变的，自然界中的美甚至在没有人之前就是美的看法。在实践存在论美学看来，自然美同一切形态的其他美一样，是生成的，而不是现成的。自然是相对于人而言的，在没有人之前，与人相对的自然也不存在，更谈不上自然美了。那时，我们现在称之为自然的存在物就无所谓美不美，因为在人类产生之前，根本没有也不可能形成一种自然满足人的审美需求的价值关系，即审美关系，外在于审美关系的自然事物就只是自然事物，无所谓美与不美。自然美是人类发展到一定阶段，社会文化、审美活动、各个民族的历史积累等进展到一定的阶段，人与自然开始形成某种超越于实用功利关系的审美关系（或者至少是具有明显审美因素的关系），自然界中一些事物才逐渐成为审美对象或准审美对象。

第六，审美是一种高级的人生境界。人在各种生存实践活动中，在与世界打交道的过程中，会形成与世界不同程度的统一、圆融的关系，这种统一关系着重体现在人对自身生存实践的觉解与对宇宙人生意义的体悟的不同程度、层次和水平上，于是会形成不同层次的人生境界，审美境界是其中一个比较高层次的境界。审美有一个基本条件是要求人与世界之间实现比较高程度的"交融"，即中国美学所说的"物我两忘""天人合一"。如果主客体始终处于隔离、割裂、矛盾的状态，那就不太可能是审美的。从心境来说，审美境界较大程度上超越个体眼前的某种功利性和有限性，达到相对自由的状态。所以，我们认为，审美境界属于比较高层次的人生境界，审美境界不同于、高于一般的人生境界之处，在于它是对人生境界的一种诗意的提升和凝聚，也可以说是一种诗化了的人生境界。

第七，实践存在论美学的逻辑建构，遵循上述审美关系、活动在先的原则，并不正面去寻找、界定美的本质，而是首先以审美活动（作为审美关系的具体展开）作为逻辑起点，探讨审美对象和审美主体如何在审美活动中现实地生成，以及审美活动的性质、特点。接着分别从对象形态和主体经验两个方面论述审美形态和审美经验，认为审美形态可理解为人对不同样态的美（广义的美）即审美对象的归类和描述，它是审美活动中当下生成的自由人生境界的对象化、感性表现形式和具体存在状态；而审美经验则体现为在审美活动中主体直观到了超越现实功利、伦理、认识的自由人生境界，体验到了人与世界的存在意义而产生的自由感、幸福感和愉悦感。然后论艺术和艺术活动，由于艺术最集中、典型地体现、凝结了审美活动的诸方面，因此，美学应该通过研究艺术和艺术活动来把握一般审美活动。最后落实到审美教育即美育，美育指有意识地通过审美活动，增强人的审美能力，提高人的整体素质，焕发人的精神风貌，提升人的生存境界，建构人向全面发展成长的存在方式，促进人向理想的、自由的、健康的、精神丰满的人生成。综上所述，实践存在论美学的逻辑构架是：审美活动论——审美形态论——审美经验论——艺术审美论——审美教育论。本人主编的《美学》（修订版，高等教育出版社2006年出版）就是按照这一逻辑思路展开论述的。

最近，我和朱志荣教授一起策划的"实践存在论美学丛书"（五本）已经由苏州大学出版社出版了，我们想借此对实践存在论美学思想从不同方面展开一些论证，这同样是我们建设性尝试的一个步骤。我真诚地欢迎各种不同意见的批评指正，以帮助我们改进和完善这个思路；当然，如果最终证明实践存在论美学根本不能成立，我也愿意服从真理，彻底放弃它。

（原载《文艺争鸣》2008年第11期，
人大复印资料《美学》2009年第1期全文转载）

寻找生态美学观的存在论根基

一

关于生态美学，我所知甚少，基本上是外行。之所以想做本文这个题目，主要是被来自现实生态问题的日益严重、严峻所激发。2005年2月，我曾经有感而发，写过一篇题为《让"环保风暴"更猛烈、持久地刮吧》的短文，为了说明写作本文的思想历程，特转录如下：

> 近日看到报载，环境保护部公布了46家未启动脱硫项目的火电厂的名单，要求这些单位按规定时间完成脱硫项目的建设，否则其新建、改建、扩建的火电项目将暂停审批；这个名单加上不久前公布的30家，总共公布了76家火电厂的名单；而且，这次名单中，还包括了华电、华能、国电、中电、大唐等五大发电集团，显示了环保部门的决心和魄力。为此，报纸还用了"环保风暴刮向五大发电巨头"的醒目标题。
>
> 读了这则消息，有几点补充想法要说一说。首先，我觉得这场"环保风暴"刮得好、刮得及时。环保而需要刮风暴，这说明我们所面临的环保形势已经非常严峻、危机已经非常严重。
>
> 先说远的。从全球范围来说，据刚刚公布的由几个国际权

威机构完成的一份题为《应对气候挑战》的研究报告指出,全球气候变暖的趋势日益明显,而在今后10年之内将达到"不可逆转"的程度。全球气候变暖对人类社会和生态系统将造成"极其重大的"破坏,"例如,将造成广泛的干旱、惨重的农作物歉收、疾病的增加、海平面的上升、原始森林的不可逆毁灭等等,受到水资源问题影响的人们的数量也将大幅增加。"如果放在更大的时间区间来看的话,人类从1750年第一次工业革命起,至今全球的平均气温已经升高了0.8℃,离全球生态达到真正灾难性的危险点(即比那时升高2℃)仅有"1℃之遥"了。换言之,留给我们躲避全球毁灭性的生态灾难的时间已经不多了。与此同时,伴随着大工业的发展,人类活动所产生的二氧化碳(这是全球气候变暖的直接原因)的排放量也大幅上升,不断刷新纪录。目前,大气中二氧化碳的浓度已经从1750年的280ppm增加到379ppm,并且继续以每年2ppm的速度增加,按此推算,10年后世界某些地区二氧化碳的浓度将达到400ppm的危险点,有可能造成世界性的生态大乱,所以该报告主持人巴亚斯认为,"这是一枚正在嘀嗒作响的生态定时炸弹。"

再看近的。如果把中国目前的环保形势和生态状况放在上述全球生态系统的大背景下看,就更加会感到问题的严重和紧迫。据有关部门提供的材料,仅电力行业,2004年1月至11月环境保护部就受理了200个电站项目的环境影响报告书。如果这200个项目全部上马,预计将增加年耗煤量4亿吨,如不采取防污染措施,将每年新增二氧化硫和烟尘排放量分别为500万吨和5326万吨,这至少会导致部分省区污染超标;如果把其他行业的环保问题考虑进去,则对生态环境的负面影响就更大了。那就是说,如果我们的工业生产不认真执行《环境影响评价法》,

不仅会对我国环境和生态造成严重的破坏，而且会对全球的气温升高和二氧化碳浓度的增加推波助澜，加速、加剧全球的生态危机，而这反过来又会雪上加霜，进一步恶化我国的生态环境，从而形成恶性循环，其后果不堪设想。由此可见，环境保护部这次刮起的"环保风暴"真是一场及时雨！

但是，这场"环保风暴"在我看来力度、强度还不够大。据讯，第一批30家被叫停的项目中有8个（包括三峡总公司承建的3家）仍然未停，另有一家补办了手续又将重新开工。这就不能不使人担心，这场"环保风暴"会不会虎头蛇尾，半途而废？这里原因也许比较复杂，但是违规成本过低恐怕是最重要的因素之一。据说，目前环保部门对一个违规项目的最高处罚只不过20万元，这对于投资动辄十亿百亿的大项目来说，力度实在太小了，怎么可能镇得住顶风作案者呢？而且环保部门也没有直接追究相关责任人的行政和法律的权力，这也会使"环保风暴"刮不到也刮不倒相关责任人。相反，相关责任人会因为地区、部门、企业的利益而受到保护，甚至继续受到重用。这就有可能使"环保风暴"中途夭折。

另外，我还担心"环保风暴"不能持久。按照常规，既然是"风暴"，总是刮一阵，很快会过去的。那时候，各种违反环保法规的行为和事件就必然会卷土重来，甚至愈演愈烈。所以"环保风暴"应当反常规，应当不停地、持久地刮下去，不让任何违反环保法规的行为有可乘之机。怎样才能够做到这一点呢？我以为，唯有尽快加强和完善有关环保的各项法制、法规的建设，并且不断强化执法的力度和强度，以保障环保法规执行的常规化、经常化、持久化。不要等到问题成堆、日趋严重之时，才来刮一次"风暴"。

总之，我呼吁：让"环保风暴"刮得更猛烈、更持久些吧！

上面这篇短文虽然没有发表，但确实真实地反映了我当时对于生态和环保问题紧迫性的认识，而且也由此深深感到，生态和环保问题直接关乎人类的生存和发展这样一个存在论问题，进而想到，生态美学观同样不能不在存在论的根基上，加以研究和思考。

二

当代中国美学寻求突破的最重要途径之一就是超越传统认识论，走向存在论。生态美学应当也不例外，而且恐怕更加应当奠基于存在论之上。这里需要说明的是，在我看来，生态美学目前还不能说是一个学科，我们主要还是从生态的维度来研究美学问题，所以，本文所谈的，实际上是生态美学观的存在论根基问题，而不是就作为学科的生态美学而言的。

我国生态美学的领军人物曾繁仁先生敏锐地指出，当代存在论美学观的提出，是基于美学学科适应当代社会与艺术发展的现实需要，也是美学学科自身突破传统认识论束缚的需要。同时他也指出，由于它作为当代西方哲学-美学理论形态之一，其自身不可避免地存在着片面性。当代美学学科建设应在综合比较方法的指导下，以当代存在论美学为基点，对各种美学见解加以综合吸收，在此基础上创建以马克思主义实践观为指导的符合中国国情的当代存在论美学，实现由认识论到存在论的过渡[①]。曾繁仁先生最近对此问题作

[①] 曾繁仁：《试论当代存在论美学观》，见《文学评论》2003年第3期。

了更加深入的论述,他明确指出,生态美学观"以人与自然的生态审美关系为基本出发点……是一种包含着生态维度的当代存在论审美观",强调应"将我们的生态美学观奠定在马克思的唯物实践存在论的哲学基础之上"[①]。我完全赞同曾先生的意见。下面拟就生态美学观的哲学基础问题谈一点不一定成熟的看法。

生态美学观,在我看来,在面对和处理人与自然的关系方面,是以追求两者的和谐、协调为最高最终目标的。如果我们把人与自然的关系仅仅局限于认识和改造自然这样一个认识论的框架里,那就会导致对自然的无度开发以及对自然生态的严重破坏,反过来导致人类自身的生存危机,这也就从根本上取消了生态美学存在的根基。所以说,生态美学观寻找存在论的哲学基础,是必然的,是题中应有之义。这方面,西方的现象学,特别是海德格尔的存在论有值得我们借鉴之处。

以海德格尔为代表的现象学存在论分为前后两个时期,这两个时期的存在论对生态美学观都有启示。其前期的是"此在的基础存在论"。在此在的存在论中,此在是置于优先的地位。此在是作为"除了其他存在的可能性之外还能够发问存在的存在者",对于此在之存在意义的追问,也就是对于存在意义追问唯一正确的方式。他认为"各种科学都是此在的存在方式,在这些存在方式中此在也对那些本身无须乎是此在的存在者有所交涉。此在本质上就包括:在世界之中存在。因而这种属于此在的对存在的领会就同样源始地关涉到对诸如'世界'这样的东西的领会以及对在世界之内可通达的

[①] 曾繁仁:《当代生态文明视野中的生态美学观》,见《文学评论》2005年第4期。

存在者的存在的领会了"[①]。海德格尔认为此在的存在论就是其他一切存在论所源出的基础存在论,而这种基础存在论就在此在的生存论分析之中。在此,海德格尔提出了此在的存在论的基本命题,即此在"在世界之中存在"("在世")。他首先强调这一命题与二元论相反,从其"复合名词的造词法就表示它意指着一个统一的现象",而非主客二分式的;其次,他又指出,此在"在之中"不是人(身体物)在世界"一个现成存在者'之中'现成存在",而是"意指此在的一种存在机制,它是一种生存论性质",是此在"把世界作为如此这般熟悉之所而依寓之,逗留之",因而是"融身在世界之中",所以"此在"与"世界"绝非"现成共处""比肩并列"的两个"存在者";再次,他用"此在生存论上的基本机制的亮光朗照""此在在世"命题,揭示出此在"能够领会到自己在它的'天命'中,已经同那些在它自己的世界之内同它照面的存在者的存在缚在一起了",换言之,"这个此在具有在世界之中的本质性机制"。通过这种此在的生存论分析,诸存在者被带上前来,存在者之是什么也被揭示了出来。这就是"此在在世界之中存在"的基本意义。这里,世界与此在的关系不是由认识活动造成的,相反,认识是此在根植在世(在世界之中存在)的一种方式。这样,在传统认识论框架下的人与自然(世界)、主体和客体的对立两分状态被消解了,认识回到本真的存在论层面;而且更重要的是,此在的基础存在论给我们展示的是此在"融身在世界之中",即人与自然在存在论上交融为一体,不可人为地分割。这实际上与生态美学观所追求的人与自然的和谐、交融完全一致。不过,应当看到,这一"此在的基础存在论"还是

[①] [德]海德格尔:《存在与时间》,三联书店1999年版,第16页。

有缺陷的。

因为，海德格尔认为，同其他一切存在者相比，此在在存在论上有优先地位，换言之，他实际上最终还是把人的存在视为世界（包括自然）的存在的前提，认为人对自然有先在的优先性，人在存在论上高于、优于自然，而不是与自然平等（这里"平等"一词不是在价值论上，而是在存在论上使用）。所以，这种存在论只能达到对人的存在的揭示，而没有达到"存在"本身，而且，它显然带有某种程度的人类中心主义色彩，缺乏对自然的平等态度。这样的存在论对于生态美学观虽然有重要启发，但还不足以成为生态美学观充分的哲学依据。

海德格尔后期的存在论明显克服了前期这种人类中心主义倾向，而强调了人与自然的和谐统一。这就是Ereignis（可译为"大道"）。海德格尔Ereignis这个词指称的是这样一种思想境界：他认为，以往的"存在"总是从两个维度来确立存在的内涵，要么是世界之外的超验之物，如上帝、绝对精神和理念等；要么是从主体性的"我""意志""纯思"等来规定存在，现在需要一种能够摆脱二元对立模式、涵盖主客、统一主客的存在观，Ereignis（大道）就是这样一种尝试。Ereignis这个概念的内涵非常丰富，是一个有机整体。海德格尔提出Ereignis这个概念，明显受到道家特别是老子思想的影响或启示。

限于篇幅，这里只指出，这个概念最深刻的含义体现在"存在"与"时间"在Ereignis中达到了统一，它描述着一种时间化了的"存在"。在海德格尔看来，存在总是体现为"曾在""现在""将在"。"存在"的这三种时间状态是彼此勾连，彼此传递而成为统一体，正是这种传递创造了三者本己的统一性，这种统一性就是本真的时间。于是这种传递也就成了本真时间的一个必不可少的维度，

"本真的时间就是四维的"①。存在与时间交互规定着，存在者的存在——在场把时间定为四维（包括"本真的时间"）的，而时间让存在者之存在自行澄明。时间和存在在相互转让、奉献，它们并不彼此给出，而是在相互转让和奉献中构成，并且共属于这种构成之物，"这规定存在与时间两者入于其本己之中，即入于其共属一体之中的那个东西，我们称之为Ereignis。"在海德格尔看来，Ereignis不是静止的，它是纯粹的运作，是时间之四维的勾连，是存在与时间的共属一体，是隐与显的交融。在这个概念之中包含着某种被海德格尔称为"诗意"的东西，这诗意就是天地神人四重奏。在Ereignis这种原始的统一性中，天、地、神、人"四方"归于一体。"大地是承受者，开花结果者，它伸展为岩石和流水，涌现为植物和动物"；"天空是日月运行，群星闪烁，四季轮转，是昼之光明和隐晦，是夜之暗沉和启明，是节气的温寒，是白云的飘忽和天穹的湛蓝深远"；"诸神是神性之暗示着的使者。从神性的隐而不显的运作中，神显现而入其当前，或者自行隐匿而入于其掩蔽"；"终有一死者乃是人，人之所以被称为终有一死者，是因为人能够赴死。赴死意味着能够承担作为死亡，唯有人赴死，而且只要人在大地上，在天空下，在诸神面前持留，人就不断赴死。"②这就是四方，当我们思及其中的任何一方时，我们就已经一道思及其他三者，但还没有思及Ereignis、思及四方之纯一性。四方是一个相互勾连的整体，你中有我，我中有你，海德格尔以桥和壶为例"道说"了这种四方的一体实现。桥把河流，河岸和陆地带入相互的邻近关系中，把大地聚集

---

① [德]海德格尔：《海德格尔选集》，三联书店1997年版，第677页。
② 同上，第1192-1193页。

为河流四周的风景,为终有一死的人提供道路,作为飞架起来的通道,桥聚集在诸神面前。"桥以其方式把天地神人聚集于自身。"①同样,壶容纳和承受被注入的东西,然后又倾倒出来,它倾倒出来的,总是天地之产物,总是为人之物,也可用来祭神,在壶中,天地神人四方也聚集为一体。所以,可以说,任何存在者之存在都是四方的统一。

这样,时间的四维与天地神人的四方一体,构成了海德格尔后期的存在论——Ereignis。和以往的存在观相比,海德格尔对存在的理解是最神奇也是最灵妙的,这里一方面有一种对存在问题的"诗化"倾向,另一方面则完全克服了前期多少存在的此在中心主义倾向,达到了人与自然、与世界的充满诗意的和谐境界。这种"大道"存在论在某种意义上就是美学的,而且完全符合生态美学的宗旨。在这一点上,我同意曾繁仁先生最近就海德格尔后期的存在论——天地神人"四方游戏"说——所包含的生态美学观的五方面内涵所做的简明而深刻的阐述②。总之,我觉得,生态美学观完全可以从海德格尔后期的"大道"存在论得到重要的启示。

三

现在的问题是,学界有人担心美学借鉴海德格尔的存在论,会导致离开马克思主义的唯物史观,或者把马克思主义海德格尔化。这种担心当然不无理由。但是,如果我们以马克思主义的唯物史观或实践

---

① [德]海德格尔:《海德格尔选集》,三联书店1997年版,第1196页。
② 曾繁仁:《当代生态文明视野中的生态美学观》,见《文学评论》2005年第4期。

唯物主义为基础，有批判地借鉴、吸收海德格尔后期存在论中的合理因素，那么，这种担心就没有必要。

我们不应当忽视，马克思主义实践论的唯物史观本身就包含着存在论维度。在马克思那里，实践与存在不是对立的，而是完全可以统一，也应该统一的。我们应该考虑到马克思、恩格斯所处的时代、历史环境。马克思、恩格斯作为革命导师，当时主要关注的还是欧洲无产阶级革命运动，关注现实斗争。因此，在现实可能性和现实必要性上，实践的存在论维度不可能也没有来得及像后来的海德格尔那样充分地展开。但是，这不等于说马克思主义实践观本身不存在这个维度。

马克思主义的存在论维度就是社会存在，当然与卢卡奇的社会存在本体论还不完全一样。这里，社会存在不是从认识论角度、即不是从社会存在与社会意识关系的角度而言的，而是从人的存在方式即存在论角度而言的。马克思的历史唯物主义，或者说实践的唯物主义，就是以存在论意义上的社会存在为基础的。社会存在本来就是马克思主义实践哲学的一个基本出发点。社会存在离开实践，就没有地方可以依存；实践离开社会存在，就与黑格尔没有本质区分，就谈不上马克思主义的实践观了。在《费尔巴哈论纲》里，马克思批评费尔巴哈只把人看作是感性的对象，而不是感性的活动（即实践），没有看到真实存在着的活动的人，没有把感性世界理解为个人的活生生的感性活动，没有从实践活动来理解。当然，马克思所讲的感性与费尔巴哈不同，它是人的现实存在、社会存在的感性，是现实的社会的人的活动。这里，真实存在着的活动的人，就是实践中的人。马克思显然是把实践看作人的感性活动。他还指出，人的本质，就其现实性而言，是社会关系的总和。这就是说，现实的人的本质也是在实践中，在感性活动中得以展开的。现实的人只有在这种感性活动中才存在和发展，这种感性活动是人之所以为人，人类之所以能够发展、文明不断前进的一个重要基础。马克思还明确地说"人们的存在就是他们的实际生活过程"，这应该是马克思的存在论的一个极为重要的表述，人的存在不是固定不变的，而是其"实际生活过程"、亦即实践活动过程。他还有一句话很重要，"社会生活本质上是实践的"，社会生活包括人类生活的方方面面，不只是物质生产劳动。既然实践范畴非常广泛，涵盖基本的主要的人类生活方式，所以人的基本存在方式就是实践。以上两句话联系起来就可以清楚地看到，马克思的实践论是包含着存在论维度的，同样，马克思的存在论的核心就是实践论。所以，我们以马克思的实践唯物主义或唯物史观为基础，适当吸收海德格尔存在论的合理成分，不但是可能的，而且是必要的。但这绝不是把海德格尔存在论当成主要的、根本的东西，更不是把马克思主义实践论海德格尔化。正因为马克思的实践唯物主义本来就有存在论的维度，我们借鉴吸收海德格尔存在论思想的一些有价值的因素，阐发马克思没有来得及充分展开的存在论思想的内涵，使马克思的唯物主义实践观得到充分的展开和丰富。我认为，作为一种探索和尝试，这是对马克思主义唯物史观固有的存在论维度的恢复和展开。以上观点对于寻找生态美学观的存在论根基也完全适用。

（原载《湘潭大学学报》2006年第1期，收入曾繁仁主编的《人与自然》一书，河南人民出版社2006年7月版）

略谈马克思实践观的存在论维度及其美学意义

在实践美学与后实践美学的讨论中,有学者批评我提出的实践存在论美学把马克思主义唯物史观"降低"到了海德格尔的存在论水平,甚至"把马克思海德格尔化"了[①]。我不能同意这种批评。我认为,不是我在把马克思存在论化,而是在马克思的实践学说中早已包含了存在论的维度。不过长期以来,由于种种复杂的历史原因和现实原因,这一维度被自觉不自觉地遮蔽了而已。本文拟对马克思实践观的存在论维度及其美学意义谈一些粗浅的看法,就教于同行方家。

一

众所周知,海德格尔的存在论思想在当代中国日益引起学界关注,我们在提出实践存在论美学观点时也确实曾经受到海德格尔关于"人生在世"的现象学存在论思想的启发。但是,我们真正的理论根据不是来自海德格尔,而是来自马克思。海德格尔的上述观点

---

① 章辉:《告别实践美学》,见《学术月刊》2005年第3期。

其实早已在马克思那里以另外一种方式,即历史唯物主义实践观的方式得到了表述。

由笛卡儿"我思故我在"所开启的近代认识论哲学传统,在确立人的主体性的独立地位的同时,也确立了人与世界的现成存在和两者的二元对立。具体来说,第一,它以主客二元对立思维方式为基础,首先将人与世界分为截然对立的两块,同时又将人自身截然分为感性与理性两个部分,人与世界本来丰富多样的生存关系被简化为思维与客体的认知关系;第二,按此思维方式运作,它总体持一种"现成论"思路,即将人与世界从生生不息的生成之流中抽离出来,使之双双变成现成的实体存在者,人被看作先验地具有理性能力的现成主体,世界被看作等待人去感知、认识和理解的现成客体,人与世界的关系被看作一种现成存在物与另一种现成存在物之间的认识关系,其结果便是,人与世界这两者均变成了两地分居的抽象性存在。而马克思的实践论恰恰以独特的方式在存在论维度上超越了这个传统。

首先,马克思根本不同意这种将人与世界作为现成的、不变的主客体截然割裂开来、对立起来的主客二分的形而上学,他明确地指出:"人不是抽象的蛰居于世界之外的存在物。人就是人的世界。"[①]就是说,在原初意义上,人与世界是一体的、不可分割的,人不能须臾离开世界,只能在世界中存在,没有世界就没有人;同样,世界也离不开人,世界只对人有意义,没有人也无所谓世界。所以,马克思的"人就是人的世界"的概括,典型地体现了现代的存在论思想。

[①] 《马克思恩格斯选集》第1卷,人民出版社1995年版,第1页。

其次，在马克思看来，在这个"人的世界"中，既不存在永恒不变的"抽象的人"，也不存在亘古如一的"抽象的世界"，人与世界是一体的，人在现实性上是"从事实际活动的人"，现实的、社会的人，是"处在现实的、可以通过经验观察到的、在一定条件下进行的发展过程中的人"，而"不是处在某种虚幻的离群索居和固定不变状态中的人"[①]，也就是说，人从来不是离开世界和他人的、固定不变的现成存在者，而是在"现实的生活过程"中存在和发展的。正是人的"这个能动的生活过程"即实践，将人与世界建构成不可分割的一体，也构成了人在世界中的现实存在。

在大约八十年之后，海德格尔也对这种传统认识论的主客二分思维方式从存在论高度作过深刻的批判。在其前期代表作《存在与时间》中，海德格尔通过对存在之意义问题的探讨，对近代以笛卡儿为代表的"知识形而上学"传统的根基进行了彻底的检验和质疑。他指出，作为笛卡儿形而上学之基础的主体与客体二元对立的认识论，在没有厘清存在的意义之前就把人与世界设定为现成存在的主客体关系，把这个"主客体关系"设定为某种"不言自明"的东西，而在海德格尔看来，"它们仍旧是，而且恰恰因此是一个不祥的前提"，其关于存在的判断是没有根基的，因为它"把这种关系理解为现成存在"，那人（此在）与世界在"实际性"上被分割为"现成存在"的两个"存在者"——主体与客体。海氏认为，这种预设的前提在存在论上是错误的，而且正"由于存在论上不适当的解释，在世（按：即'在世界之中存在'）却变得晦暗不明了"，这导致"人们一任这个前提的存在论必然性，尤其是它的存在论意义滞

[①] 《马克思恩格斯选集》第1卷，人民出版社1995年版，第73页。

留在晦暗之中。"①因此海德格尔认为,"笛卡儿发现了'我思故我在',就认为已为哲学找到了一个可靠的新基地。但他在这个'基本的'开端处没有规定清楚的正是这个思的存在方式,说得更准确一些,就是'我在'的存在意义。"②这种主客二分的认识论,在存在论上是错误的,缺乏存在论的根基。

于是,对"此在"所作的生存论分析就构成了海德格尔现象学的基础本体论(存在论)主张,这一主张的核心命题之一就是"此在(Dasein)在世"。在海德格尔看来,所谓人的存在就是"此在在世",也就是"人生在世"(人在世界中存在)。海德格尔把人和世界看成是一体的,人的变化带动世界的变化,世界的变化也带动人的变化,而非像认识论思维方式那样主客二分,认为世界外在于人。按照"此在在世"的观点,人跟世界是不能分离的:一方面,人生存在世界之中,世界原初就包含人在里面,人是世界的一部分;另一方面,世界只对人有意义,如果没有人,这个世界也就无所谓意义。

可见,现代存在论的核心思想不是海德格尔首创,而是早在马克思那里就明确提出了。其实,海德格尔自己已经看到了并在一定程度上承认了这一点。他说过,"纵观整个哲学史,柏拉图的思想以有所变化的形态始终起着决定性的作用。形而上学就是柏拉图主义。尼采把他自己的哲学标示为颠倒了的柏拉图主义。随着这一已经由卡尔·马克思完成了的对形而上学的颠倒,哲学达到了最极端的可能性。"③海德格尔虽然没有直接提到以笛卡儿为代表的"知识形而上学",但其实它无疑是被包括在整个形而上学传统中的,更加

---

① [德]海德格尔:《存在与时间》,三联书店1999年版,第69页。
② 同上,第28页。
③ [德]海德格尔:《面向思的事情》,商务印书馆1999年版,第70页。

意味深长的是，海德格尔明确肯定"对形而上学的颠倒"是"由卡尔·马克思完成了的"。明明是马克思的实践观已经首先提出和包含了现代存在论思想，海德格尔也承认这一点，为什么有人却偏偏要把恢复马克思实践观本有的存在论维度的努力说成是把马克思降低到海德格尔的水平呢？

二

更重要的是，马克思的"人就是人的世界"存在论思想乃是以实践论为基础、通过实践而实现的，其要旨在于，作为现实的实践活动是人的基本在世方式，这种实际的生存活动彻底改变了人与世界之间对立和相互外在的关系，人与世界在这样的现实实践中获得了统一，并在此永无止息的过程中相互生成。

在马克思看来，"人就是人的世界"这个命题不仅包含着"人在世界中存在"的存在论思想，而且进一步揭示出人最基本的在世方式是实践。他指出，"人们的存在就是他们的现实生活过程"，而人们的这种现实的"社会生活在本质上是实践的"①。在此，实践作为人的现实生活过程就是人的存在，就是人存在的基本方式。马克思对以费尔巴哈为代表的旧唯物主义的批评似也可以从这个角度去理解。马克思指出它们的主要缺点是"对对象、现实、感性，只是从客体的或者直观的形式去理解，而不是把它们当作人的感性活动，当作实践去理解"，原因在于费尔巴哈由于把"人"看作与社会实践无关的纯然自然的、肉体的、生理的人，即抽象的人，从而否

---

① 《马克思恩格斯选集》第1卷，人民出版社1995年版，第78页。

定了人正是通过实践活动建构起人与世界不可分割、相互交织的一体关系。马克思一针见血地批评费尔巴哈"把人只看作'感性的对象',而不是'感性的活动',……而没有从人们现有的社会联系,从那些使人们成为现在这种样子的周围生活条件来观察人们;因此,毋庸讳言,费尔巴哈从来没有看到真实存在着、活动的人,而是停留在抽象的'人'上,……他没有批判现在的生活关系,因而他从来没有把感性世界理解为构成这一世界的个人的共同的、活生生的、感性的活动"①。可见,正因为他完全不懂得作为真正感性活动的实践,不懂得正是实践活动"是整个现存感性世界的非常深刻的基础",所以,他也不懂得人只是通过实践才生成"人的世界"。据此,我们完全有理由推论:人的生活世界,即人与世界统一的"人的世界"本就生成于实践、奠基于实践、统一于实践,实践就是人生在世的基本在世方式,这些属于存在论维度的思想确实就是马克思本人的思想,而不是我们强加给他的。

而且,马克思还强调了人与世界在实践中统一的在世方式是一个不断创造、生成的过程,在此过程中,人与世界相互牵引、相互改变,在自然与社会的互动中推动着文明的进程。用马克思自己的话说便是,"环境的改变和人的活动或自我改变的一致,只能被看作是(并合理地理解为)革命的实践"。这里的"革命"按我理解是广义上的,是指实践活动具有不断变革外部世界和人自身的革命意义。由于人的实践活动就发生在现实可触的感性世界中,所以人通过实践在改变外部世界的同时也在改变着自身(内部世界),这乃是同一个过程。就人与自然的关系而言,人在通过实践创造不断

---

① 《马克思恩格斯选集》第1卷,人民出版社1995年版,第50页。

改造自然、创造着人类生存新环境的同时，也在实践中不断改造人自身（"自我改变"），改变人自身的"自然"和心灵，使人一步步摆脱原始状态而走向现代。正如马克思所说，通过劳动，"人就使他身上的自然力——臂和腿、头和手运动起来。当他通过这种运动作用于他身外的自然并改变自然时，也就同时改变了他自身的自然，使他自身的自然的沉睡着的潜力发挥出来，并且使这种力的活动受他自己的控制"①。人的生存环境与人自身的双重改变乃是在历史性的、社会性的实践中不断实现的。正是在这个意义上，他才得出"整个世界历史不外是人通过人的劳动而诞生的过程，是自然界对人说来的生成过程"这样一个伟大结论。在此，实践与存在都是对人生在世的本体论（存在论）陈述。海德格尔的存在论始终没有达到马克思的实践论的高度，而马克思则把实践论与存在论有机结合起来，使实践论立足于存在论根基上，使存在论具有实践的品格。

就这样，马克思通过对实践作为人的现实的、具体的、历史的生存活动和基本存在方式的确认，不但早海德格尔八十年就已在存在论层面超越了主客二分的认识论传统，而且在历史感方面，也远比海德格尔对人生在世的现象学展示高明。

关于如何理解马克思的实践概念，笔者已有专文讨论，此处不拟展开，只想指出，马克思的实践概念讲的是人的社会性、历史性的存在方式、是人的具体感性的现实活动，它必然是由多层面、多维度、多样态的人的生存、生活活动所组成，物质生产劳动构成其基础部分，却不是实践的唯一或全部，因此，实践可以，而且应当视作广义上的人生实践；人的日常生活活动包括学习、工作、生

---

① 《马克思恩格斯全集》第二十三卷，人民出版社1979年版，第201-202页。

产、经济、政治、宗教、道德、交往、休闲、体育、艺术、审美等活动在内，都是人生实践活动的组成部分，我们人就是在各种各样的人生实践活动中生存和发展的。

三

以上的简要探讨足以表明，我们提出实践存在论美学的主张，虽然受到海德格尔现象学存在论的启发，但主要依据的是马克思把实践论与存在论有机结合的基本思路。这一思路，对美学研究和美学学科的建设应当是有极其重要的理论意义和现实意义的。

首先，这一思路能够指导我们在美学研究中超越近代以来主客二分的认识论思维方式。因为这种思维方式一是以主客二元对立为中心，在主体方面设定感性与理性、灵与肉的二元对立，在客体方面设定本质与现象、普遍与特殊的二元对立，然后以这一套二元对立模式去解释丰富多彩的审美现象，这就必然造成一种本质主义的美学思路；二是它把审美活动包括审美主客体从生生不息的生成之流中拔离出来，切断主体之为审美主体、客体之为审美客体的"事先情况"，即它们所处的人与现实世界的具体审美关系，也就切断了审美活动的存在论维度，即人生在世的生活活动或人生实践；三是它把审美活动狭隘化为单纯的认识活动，即把美看作先在的、固定不变的审美客体，而美感则是现成的、同样固定不变的审美主体对美的反映和认识。马克思把实践论与存在论有机结合的思路，可以引导我们全面超越上述主客二分的认识论思维方式，为美学开辟一个实践存在论的新境域。

其次，这一思路提示我们，美学研究应当打破现成论的旧框架，建立生成论的新格局。前面已经提到，认识论美学的一个基本立足点就是把"美"作为一个早已客观存在的对象来认识,预设了一个固定不变的"美"的先验、现成存在,同样,它也预设了人作为一个固定不变的审美主体而现成存在,所以它把美学的主要任务确定为给"美"和"美感"下定义,从而总是追问"美"和"美感"是什么、"美的本质"是什么等问题。而从实践存在论出发,审美客体和审美主体、"美"和"美感"都不是现成存在、固定不变的,而是在人与世界审美关系的形成和展开中,在具体的审美活动中现实地生成的。这种生成论思路将会带来美学学科的新变革,美学的研究对象、逻辑起点、基本问题、范畴系统、框架结构等问题,都有进一步反思、变革的必要和可能。

又次,这一思路告诉我们,实践是人类的基本在世方式,艺术和审美活动也是种种人生实践中不可缺少的重要组成部分,因而也是人的基本存在方式和在世方式之一。人通过实践成为人,也通过实践得到了发展,其中就包括艺术和审美实践的作用在内。人类社会就是建立在包括艺术和审美活动在内的无限丰富的人生实践基础上的。人类文明通过实践活动得到建构和提升,作为人类文明标志之一的艺术和审美活动也在人类的实践过程中得到发展。反过来,艺术和审美活动也推进了人类实践整体的发展,推进了人类文明的建设。

再次,这一思路启发我们,在众多的人生实践中,艺术和审美活动是人走向全面、自由发展的非常重要的一个环节和因素。人如果只局限于物质生产劳动,而没有审美活动,那么其实践就是不完整的、片面的,这种实践造就的人也是片面的、不自由的。这一方面确立了艺术和审美活动在整个人生实践和人的在世方式中不可或缺的重要地位,另一方面也指明了审美这种独特的实践方式对于促进人的自由、全面发展具有不可替代的作用。

最后，这一思路还昭示我们，艺术和审美活动总体来说是一种精神性的实践活动，按照马克思的说法是一种"精神生产"，是人与世界之间的一种精神性的对话和交流。它跟物质生产劳动相比，精神性更强，在人的所有实践活动中，审美活动，尤其是艺术活动，是精神性最强的活动之一。而且，它是一种较为高级的、具有自由性、超越性的精神实践。审美活动一方面发生在广义的人生实践之中，另一方面又是对现实生活活动的超越，也是向着作为高级人生境界的审美境界的提升。在人生实践当中，在人与世界打交道的过程中，会有各种不同的层次，形成各种不同的人生境界，而审美境界则是其中一个比较高层次的境界。原因在于审美境界较大程度上超越个体眼前的某种功利性和有限性，达到相对自由的状态。所以，审美境界属于比较高层次的人生境界，审美境界不同于、高于一般的人生境界，可以说是对人生境界的一种诗意的提升和凝聚，也可以说是一种诗化了的人生境界。

总之，在实践存在论的视域下，艺术和审美活动不仅是人的一种高级的精神需要和交流方式，而且是见证人之所以为人的最基本的方式之一，是人超越于动物、最能体现人的本质特征的基本存在方式之一和基本的人生实践活动之一。

在当前实践美学与后实践美学的激烈论争中，发掘和研讨马克思实践观的存在论维度与含义，无疑可以对我国当代美学的建设和发展提供极为重要的理论启示。当然，在这个重大问题上，学界存在不同意见，是很正常的，我觉得是好事情。我希望通过摆事实、讲道理的学术争鸣，能够逐渐增加共识、减少分歧，推动二十一世纪中国美学的健康发展。

（原载《马克思主义美学研究》第11辑，2008年6月）

略谈当代中国语境中的实践存在论美学

2009年以来,董学文等先生连续发表文章,对实践存在论美学进行批评和质疑,对此我们也做出了一些回应,从而在学界形成了关于实践存在论美学的论争。对这一论争,我们已进行了初步总结,并充分表明了自己的观点和态度。① 尽管在论争中对方并非完全立足于学术问题本身进行讨论,其间不乏政治化的指责和批判,但我们还是努力摆事实、讲道理,在学理层面上阐明我们的基本观点。总体来看,尽管这一论争围绕实践存在论美学展开,但却涉及如何准确理解马克思的美学思想,以及在此基础上如何进一步推进中国当代美学发展等一系列问题。因此,在当代中国语境中重新反思实践存在论美学的提出及其基本论题,对于推进马克思美学思想的研究和中国当代美学的发展就显得十分必要了。

---

① "我们依然真诚地欢迎并期待严肃的、真正学术的而非政治化的批评,然而,对于本文和我们此前几篇反批评文章所涉及的有关议题,如果看不到董先生像样的新的批评意见,我们就不准备继续回答了。"(朱立元,栗永清:《对近期有关实践存在论批评的反批评——对董学文等先生的批评的初步总结》,见《上海大学学报》(社会科学版)2011年第1期。)

一

中国当代美学的发展，从二十世纪五六十年代的美学大讨论，到八十年代的美学热，逐步形成了当代中国美学的基本流派，而实践美学就产生于美学论争之中。可以说，新中国成立以来的两场美学论争奠定了之后中国当代美学发展的基本方向。众所周知，二十世纪五六十年代的美学大讨论，围绕美的本质问题形成了当代中国美学四大派，即以吕荧、高尔泰为代表的主观派美学，以蔡仪为代表的客观派美学，以朱光潜为代表的主客观统一派美学，以及以李泽厚为代表的客观社会派美学。在笔者看来，由于当时中国的特殊语境，这四大派性质上都属于马克思主义美学，只是在理解和运用马克思主义于美学上存在不同观点和主张。"文革"后，四大派或多或少都有发展，特别是通过学习、研讨马克思《1844年经济学哲学手稿》，除了客观派以外，各派原有观点都发生了一些相互接近的变化，而李泽厚的客观社会派美学则发展为实践美学（虽然李泽厚先生本人一直到2004年才接受"实践美学"的提法）。由于种种原因，到八十年代中后期，其他三派美学的影响有所减小，而实践美学则逐渐上升到主流派的地位。

作为中国马克思主义美学的主要学派之一，实践美学自产生以来，也一直处于与其他美学思想的论辩之中。尤其是九十年代以来，美学界部分学者对实践美学从理论基础、思维框架、逻辑结论等方面进行了反思，提出了"走向后实践美学""实践美学终结论"等诸多理论主张。其中，最早的可能是刘晓波80年代末对李泽厚先生的挑战①；1993年陈炎先生发表了《试论"积淀说"与"突破说"》②一文，从批评李泽厚的"积淀说"入手，对实践美学进行了反思；1994年，杨春时先生发表《走向"后实践美学"》③一文，对实践美学提出了十点批评；其后，张弘、潘知常等先生也都从不同角度对实践美学提出批评。杨春时等先生还先后提出了建构"超越美学""存在美学""生命美学"等主张。客观来看，这些批评的确注意到了传统实践美学自身的理论局限，所提出的不少观点也有其内在的合理性。而与此同时，一些仍然基本赞同和维护实践美学的学者也开始反思实践美学的缺陷和局限，尝试在新的基础上重新思考如何进一步发展实践美学，探索实践美学在当代可能的突破之途。笔者也属于其中之一。

笔者对实践美学总体上始终是肯定的。对实践美学的创立人和主要代表李泽厚先生始终是极为敬佩的。我认为，李泽厚先生是当代中国成就最高、贡献最大的哲学家、美学家之一，他为实践美学创立了整个哲学框架，建构了基本的理论思路，提出了一整套学术新范畴，并做了系统、深入、严密的逻辑论证和阐述。对李先生的学说我很长一段时间都是接受和赞同的，并曾在与后实践美学论争时为李先生的观点辩护过。至今我并不认为实践美学已经过时或应该被取代甚至被抛弃，而是认为实践美学还需要发展，并也有发展空间。不过，经过十多年的学习和思考，我也感到李先生的实践美学并非完美无缺、无懈可击，而是在理论上、学术上还存在着一些严重的缺陷和局限，它最主要的局限表现在以下三个方面：

---

① 刘晓波：《选择的批判——与李泽厚对话》，上海人民出版社1988年版。
② 陈炎：《试论"积淀说"与"突破说"》，《学术月刊》1993年第5期。
③ 杨春时：《走向"后实践美学"》，《学术月刊》1994年第5期。

第一，其哲学基础从一元论退到历史二元论的"两个本体论"。李先生从原先坚持的一元论"工具本体"的唯物史观，逐渐走向"工具本体"与"心理本体"或"情本体"并列，甚至"情本体"高于"工具本体"的"两个本体论"，从而实际上疏离了唯物史观。[①]李先生注意到笔者的批评，并做了回应：

> 前不久，好像是你们上海有人在《哲学研究》上发表了一篇文章，说我本来讲了工具本体，现在又讲了情本体，怎么有两个本体。责难我违反了马克思主义唯物论。也有人说，本体是最后的实在，你到底有几个本体？因我讲过，"心理本体"，"度"有本体性，这不又弄了两个本体出来？有四个本体了。其实，我讲得很清楚，归根到底，是历史本体，同时向两个方向发展，一个向外，就是自然的人化，是工具—社会本体；另一个是向内，即内在自然的人化，那就是心理—情感的本体了，在这个本体中突出了"情感"。所以文化—心理结构又叫"情理结"。至于"度"，人靠"度"才能生存……"度"具有人赖以生存生活的本体性。这三点其实说的是一个问题，也就是有关人类和个体生存延续的人类学历史本体论。[②]

然而，这个回应似乎并没有多少说服力。就李先生一再强调的本体作为"最终实在"这一含义而言，历史本体只能有一个，那就是"工具本体"，其他的诸如情感、心理等等都只是派生的，不能成

---

① 详见拙文《试析李泽厚实践美学的两个本体论》，《哲学研究》2010年第2期，此处不再展开。
② 李泽厚，刘绪源：《该中国哲学登场了》，上海译文出版社2011年版，第77页。

为本体，即使一定要命名为"本体"，也只能是第二、第三本体，而不能与"工具本体"平起平坐、等量齐观，不能像李先生所说的那样"向外""向内"分化成两个并列的本体。笔者并非有意要"责难"李先生违反了唯物史观，而只是客观地指出了一个事实而已。笔者愿意就此问题继续向李先生请教，希望能听到李先生进一步具体的阐述。

第二，没有完全超越西方近代以来主客二分的认识论思维框架，而这恰恰是中国美学要真正取得重大突破和发展的主要障碍之一。李泽厚先生早期在《论美感、美和艺术》（1956）中就明确说过："美学科学的哲学基本问题是认识论问题。美感是这一问题的中心环节。从美感开始，也就是从分析人类的美的认识的辩证法开始，就是从哲学认识论开始，也就是从分析解决客观与主观、存在与意识的关系问题——这一哲学基本问题开始。"[①] 不过，李先生对这个问题的认识似乎后来有所改变，但他始终没有明确放弃或否认把美和美感置于认识论框架内的基本思路。

众所周知，二十世纪五十年代中国美学四大派虽然观点各异，但对于美学研究的对象这个基本问题实际上是一致的，即都把对"美是什么"这一问题的追问当作美学研究的主要对象。换言之，四大派都把寻求美的本质作为研究美学的一种不言自明的预设的前提，而这个前提正是主客二分的单纯认识论的提问方式。李泽厚先生的实践美学也不例外，他当时在回答"美是什么"的问题时给出了"美在客观性与社会性统一"的答案，这个回答并没有否认或取消"美是什么"这种主客二分的提问方式，在根本上仍然是认识论

---

① 李泽厚：《美学论集》，上海文艺出版社1980年版，第2页。

的思维框架，只是把朱光潜先生作为主体的个人换成了社会性的主体。这个主体与作为对象的客体（美）之间仍然是一种认识论的实体性关系。实际上，只要承认"美是什么"的提问方式，也就肯定并预设了"美"是作为客体的实体存在，其回答实质上仍是一种实体化的现成论回答。这种认识论思路在把"美"实体化、现成化的同时，很容易推出美感是对于这种现成的实体化的美的认识、感受和体验的观点。这并未能根本突破对美和美感作主客二分的思考和探讨。二十世纪八十年代的《美学四讲》虽然有所发展，但是这种主客二分的认识论提问方式仍然存在。

第三，对实践的看法失之狭隘，无法真正成为实践美学的理论根基。在对实践概念的理解上，李先生认为实践就只是人的物质生产劳动。在他看来，马克思主义的实践范畴就只是指物质生产劳动，人的其他活动包括艺术和审美活动都不算实践。这就把实践理解得太狭隘了。据此，实践只是人作为工具性本体学会制造和使用工具，改变自然，然后在物质实践过程中创造美的同时也感受到美。虽然他也强调通过实践，在人与世界之间、人与人之间建立关系，但他所理解的世界是客观、现成的，人作为主体也是现成的。因此，人和世界的关系是现成主体对现成客体的认识关系、改造关系，人通过认识自然、改造自然获得自由，然后进一步再认识、再改造，如此循环往复。审美就产生于这一过程之中。但实际上，实践美学始终无法真正解决物质功利性的实践如何过渡到非功利性的审美的问题。李先生后来提出"心理本体"概念试图解决这一问题，但由此却又陷入"两个本体"的困境。

应当指出，李先生的实践美学并不是实践美学的全部，实践美学也并非铁板一块，其内部呈现出"派中有派"的复杂状况，不同学者在坚持实践概念的基础上，从不同角度丰富和发展了实践美学，形成了自己的一些观点。如刘纲纪、蒋孔阳等先生，就对实践美学形成了不同的理解。这些都构成了我对实践美学进行反思的起点。尤其是蒋孔阳先生以实践论为基础、以创造论为核心的审美关系理论对我产生了直接、重要的影响。尽管实践美学当前面临很多问题，但我相信实践美学远未终结。当然，如果坚持旧有的主客二分的认识论框架，那么实践美学要取得突破性的新发展恐怕也是有困难的。那么，如何在坚持现有实践美学的实践哲学基础的同时，对其局限有所突破、有所改造、有所发展，就成为我们长期以来思考的重大问题。

这时，海德格尔现象学的存在论思想给予我们以重要启示。海德格尔认为，人的存在并不是孤立地生存，而是"在世界中的存在"（In—der—Welz—sein），也就是说，"此在本质上就包括：存在在世界之中。因而这种属于此在的对存在的领会就同样源始地关涉到对诸如'世界'这样的东西的领会以及对在世界之内可通达的存在者的存在的领会了。"[①]"此在在世"、即此在（人）"在世界之中存在"（"在世"）是存在论的基本命题。海德格尔首先强调这一命题从其"复合名词的造词法就表示它意指着一个统一的现象。这一首要的存在实情必须作为整体来看"[②]，而非主客二分式的；其次，此在的"在之中"不是人（身体物）在"一个现成存在者'之中'现成存在"，而是"意指此在的一种存在建构，它是一种生存论性质"，是此在"把世界作为如此这般熟悉之所而依寓之、逗留之"。所以"此在"与"世界"绝非"现成共处""比肩并列"的两个现成的

[①] ［德］海德格尔：《存在与时间》，陈嘉映、王庆节译，三联书店1999年版，第16页。

[②] 同上，第62页。

"存在者"①。因此,此在的存在本身就具有"在世界之中"的存在论机制。海德格尔正是通过这种对此在的生存论分析,阐明了"此在在世界之中存在"这个命题的存在论意义,他所强调的是人与世界源初的不可分离性。人一产生,就离不开世界,人本身是世界的一部分;人与世界,不是先分,然后再寻求合,而先就是合,没有对立。同时,世界只对人而言才有意义,人只能在世界中存在,人就在世界中,世界只是对人存在,离开了人,世界就不再作为世界而存在。这就意味着不存在现成的孤零零的绝对主体,也不存在现成的、和人截然对立的绝对客体。人与世界在源初存在论上就不能分开,确定无疑的存在就是人在世界中存在,然后才能考虑其他问题。毫无疑问,海德格尔关于此在生存的存在论分析包含着超越主客二分认识论思维模式的重要思想。但是,真正引导我们走向实践存在论的,并不是海德格尔的此在存在论,而是马克思的与实践观紧密结合的存在论思想。海德格尔仅仅是我们走向实践存在论的一个中介或过渡。在受到海德格尔初步启示后,我们回过头来重新阅读、学习马克思著作,我们欣喜地发现,原来马克思的实践观本身就蕴含着存在论的维度,而从这一维度出发,有可能为实践美学的创新发展提供一个崭新的视域,这也就是我们提出实践存在论美学的马克思主义理论基础,而不像某些人所强加于我们的所谓直接将海德格尔的存在论充当哲学基础。

---

① [德]海德格尔:《存在与时间》,陈嘉映、王庆节译,三联书店1999年版,第63页。

二

"实践"是马克思唯物史观的核心范畴之一。在马克思著作中,有两点是十分清楚的:第一,马克思继承了从亚里士多德到德国古典哲学将"实践"与"理论"作为对应、对立概念的传统,在这一框架中,实践被视作与理论(认识)相对的人的"做"(制作)、行为、行动、生活、活动等,即认识(理论)的应用和实现,以及对现实世界的改变。第二,马克思从一开始就对实践作广义的理解和应用。他把物质生产劳动看成实践概念最基本、最基础的含义,但他从来没有将实践的含义仅仅局限于单纯的物质生产劳动,而是认为实践还包含了政治、伦理、宗教等人的现实活动,以及艺术、审美和科学研究等精神生产劳动。

马克思明确指出:"人不是抽象的蛰居于世界之外的存在物。人就是人的世界。"[①]就是说,在原初意义上,人与世界是一体的、不可分割的,人不能须臾离开世界,只能在世界中存在,没有世界就没有人;同样,世界也离不开人,世界只对人有意义,没有人也无所谓世界;世界从来不是与人无关的、离开人而独立自在的、永恒不变的现成存在物,人也从来不是离开世界和他人的、固定不变的现成存在者,二者都是在"现实的生活过程"中存在和发展的。正是人的"这个能动的生活过程"即实践,将人与世界建构成不可分割的一体,也构成了人在世界中的现实存在。所以,马克思的"人就是人的世界"的概括,典型地体现出现代的存在论思想。更重要

---

① 《马克思恩格斯选集》第1卷,人民出版社1995年版,第1页。

的在于，马克思的"人就是人的世界"的存在论思想乃是以实践论为基础、通过实践而实现的，它不仅包含着"人在世界之中存在"的存在论思想，而且进一步揭示出人最基本的在世方式是实践。马克思明确指出，"人们的存在就是他们的现实生活过程"，而人们的这种现实的"全部社会生活在本质上是实践的"。[①]在此，实践作为人的现实生活过程就是人存在的基本方式。

马克思实践观的存在论维度集中体现着以下思想：人存在着，但只是作为实践活动的主体而存在着；世界存在着，但只是作为实践的对象才有意义。抛开实践，所谓自在的存在就是没有意义的。存在的自明性被消解了，而实践作为存在的逻辑前提被确立起来，实践作为一切属人存在的现实前提也被确立起来。这一确立本质上是为存在论的诸问题进行奠基。在传统本体论中被视为自明的"存在"，从此建立在实践的基础之上，实践概念成为存在论的基本、核心的概念。这样，马克思的实践观和存在论就紧紧地结合为一体了。在这里，实践是观念的本源，也是存在论诸问题的逻辑前提。因此，存在论思想并不是海德格尔的专利，而是内在于马克思的思想之中。而且，由于马克思的存在论是以其实践观为基础的，从而从一开始就不仅早于，而且高于海德格尔的此在存在论。对马克思实践概念存在论维度的发掘与思考，成为我们提出实践存在论美学的基本依据。正是在此基础上，通过和我的几届学生的反复讨论，我们逐步形成了实践存在论美学的一些最基本的观点：

首先，实践是人的存在的基本方式。这时的实践是广义的人生实践，它不仅包括作为基础性实践的物质生产劳动，还包括各种精

[①]《马克思恩格斯选集》第1卷，人民出版社1995年版，第72、56页。

神生产活动,包括艺术和审美活动。

其次,审美也是人基本的存在方式和人生实践之一。审美活动是人走向全面、自由发展的非常重要的一个环节和因素,是人的一种高级的精神需要。它是人与世界的关系由物质层次向精神层次的深度拓展,也是见证人之所以为人、人超越于动物、最能体现人的本质特征的重要存在方式之一。

第三,美学以人与世界的审美关系及其现实展开即审美活动为研究对象。我们认为,不存在脱离具体审美关系、审美活动的、现成审美主体和现成的审美客体,审美主客体都是在具体的审美关系、审美活动中现实地生成的。这就是说,在审美活动中,审美客体(美)与审美主体(美感)才同时现实地生成。因此,实践存在论美学就把审美活动(审美关系的现实展开)而不是美和美的本质作为美学研究的主要对象和逻辑起点。这是我们试图在美学研究对象上超越主客二分思维模式的具体尝试。

第四,以生成论的美学思想取代现成论的美学思想。我们认为,用主客二分的现成论的思考方式是无法解决美学基本问题的,美只能在具体现实的审美活动中动态地生成。这时,美学的思考方式就不再是问"美是什么",而是问"美何以存在""美如何生成",从而展现出生成论的美学思想。

第五,审美是一种高级的人生境界。人在各种人生实践活动中、在与世界打交道的过程中,会形成各种与世界的统一关系,这些关系着重体现在人对自身生存实践的觉解与对宇宙人生意义的休悟的不同程度、层次和水平上,从而会形成不同层次的人生境界,而审美境界是其中一个比较高层次的境界。它能在较大程度上超越个体眼前的功利性和有限性,达到相对自由的状态。

实践存在论美学从存在论的角度理解实践概念,将广义的人生实践作为人的基本的存在方式,强调在实践活动中才具体地展开人及其整个世界。我们认为,这一思路对于突破现有实践美学的理论局限具有重要意义。

首先,这一思路能够帮助我们在美学研究中超越近代以来主客二分的认识论思维方式。认识论的思维方式以主客二元对立为中心,在主体方面设定感性与理性、灵与肉的二元对立,在客体方面设定本质与现象、普遍与特殊的二元对立,并以这一套二元对立模式去解释丰富多彩的审美现象,这就必然造成一种本质主义的美学思路,从而把审美活动(包括审美主客体)从生生不息的生成之流中拔离出来,切断主体之为审美主体、客体之为审美客体的"事先情况",即它们所处的人与现实世界的具体审美关系,同时也就切断了审美活动的存在论维度,即人生在世的生活活动或人生实践。这样,审美活动就被狭隘化为单纯的认识活动,即把美看作先在的、固定不变的审美客体,而美感则是现成的、同样固定不变的审美主体对美的反映和认识。针对这些问题,实践存在论美学试图立足于存在论的人生实践,全面超越上述主客二分的认识论思维方式,从而为当代美学的发展提供一个新的思路。

其次,我们强调美学研究应当打破"现成论"的旧框架,建立"生成论"的新格局。前面已经提到,认识论美学的一个基本立足点就是把"美"作为一个早已客观存在的对象来认识,预设了一个固定不变的"美"的现成存在;同样,它也预设了人作为一个固定不变的审美主体而现成存在,所以它把美学的主要任务确定为给"美"和"美感"下定义,从而总是追问"美"和"美感"是什么、"美的本质"是什么等问题。而从实践存在论出发,审美客体和审美主体、"美"和"美感"都不是现成存在、固定不变的,而是在人与世界的审美关系的形成和展开过程中、在具体的审美活动中现实地生成的。这种生成论思路将会带来美学学科的新变革，由此，美学的研究对象、逻辑起点、基本问题、范畴系统、框架结构等问题，都有进一步反思、变革的必要和可能。

第三，在实践存在论美学看来，实践是人类的基本在世方式，艺术和审美活动也是人生实践中不可缺少的重要组成部分，因而也是人的基本存在方式和在世方式之一。人通过实践成为人，也通过实践得到了发展，其中就包括艺术和审美实践的作用在内。人类社会就是建立在包括艺术和审美活动在内的无限丰富的人生实践基础上的。人类文明通过实践活动得到建构和提升，作为人类文明标志之一的艺术和审美活动也在人类的实践过程中得到发展。反过来，艺术和审美活动也推进了人类实践整体的发展，推进了人类文明的建设。而且，更重要的，实践存在论美学依据马克思主义关于人的现实存在就是他们的现实生活（即实践的过程）的观点，强调美学和审美活动必须回到人们的现实生活中，走向人们的日常生活实践，这对于改变美学局限于狭隘的理论和专家的学术圈子内的现状，与人们的现实生活、与大众文化更加紧密地结合起来，有着重要的意义。

可以说，马克思的存在论视域的引入，使得实践存在论美学在坚持实践概念的核心地位的基础上，体现出现代美学的思想品格，也进一步凸显出马克思美学思想的当代意义。

三

中国当代美学发展向何处去的问题，是学界一直在思考的问题，我们的实践存在论美学就产生于这一语境之中。应当说，实践存在论美学的提出，既受到海德格尔存在论思想的最初启发，更主要来自对马克思与实践观紧密结合的存在论思想的认真学习和重新理解。它是我们在此基础上对中国当代美学，尤其是实践美学进行长期思考、研究的结果。在研究过程中，很多理论观点都是在和我的多届多位学生共同学习、讨论中形成的。因此，实践存在论美学确确实实是"集体创作"的结晶。

立足于中国当代美学的独特语境，实践存在论美学在马克思的存在论这一新的理论视域中提出并思考了当前美学可能的突破之途，从而体现出马克思主义美学、中国美学、现代美学的多重学术上的追求。

首先，我们在研究中始终立足于马克思的经典文本，坚持通过严格细致的文本分析展开对马克思文本的解读，并自觉地将我们的解读放在整个西方思想传统和马克思主义美学根本的、伟大理论变革进程中，从马克思思想发展的整体性出发理解马克思的美学思想。因此，我们反对所谓"两个马克思"的神话，反对将《巴黎手稿》与马克思之后的著作对立起来的做法。在我们看来，《手稿》中已经体现出马克思实践论思想的存在论维度，而正是这一点不仅与马克思后来的思想发展相一致，更能成为今天美学建设的有力支撑。它使我们有可能突破长期以来对马克思的教条化、工具化、机械化的理解。正是在这一点上，实践存在论美学以马克思的实践概念为基础，从其存在论维度出发，提出并思考美学问题，体现出鲜明的马克思主义美学的理论追求。

其次，在当前发掘和研讨马克思实践观的存在论维度，无疑可以对中国当代美学的建设和发展提供极为重要的理论启示。前面提到，二十世纪九十年代以来，学界对实践美学提出了很多批评。平心而论，其中一些批评不乏合理之处，实际上也暴露出我们长期以来对马克思及其实践概念理解上的片面化、狭隘化倾向。实践存在论美学就产生在这一特定语境之中，它认真思考了马克思的实践概念，并充分重视后实践美学对实践美学提出的挑战，力图应对这些批评和质疑，在此基础上思考中国当代美学的突破之途。在这一过程中，我们充分重视实践美学已经取得的理论成果，也充分注意到了后实践美学对实践美学批判的合理内核，并试图在此基础上提出我们自己的理论思考。在这一点上，实践存在论美学体现出对这一独特的中国语境的尊重。在我们看来，这也是未来中国美学发展所必须面对和尊重的独特语境。

同时，在理论建构中，我们努力尝试将理论思考与中国传统美学相互参照、融通。如实践存在论美学关于审美是一种基本的人生实践的观点，关于审美境界是一种高级的人生境界的观点，尽管都是从实践概念出发进行论述，但这些思考都具有深层次的中国传统美学的思想背景。正是通过这些努力，我们希望凸显出实践存在论美学作为当代中国美学的独特的思想品格，也希望它能接续中国古典美学的传统，在审美中体现出中国独特的思维方式和审美追求，成为中国美学传统与现代对话的一个有益探索，从而为中西美学的交流、互动和融通以及美学理论的中国化提供某些新的可能。当然，这方面目前还只是初步探索，还有很多工作需要做。

在我们看来，未来中国美学的发展，应当立足于中国美学的整体发展之中，立足于马克思主义中国化的历史进程之中，体现出中国当代的特定语境，提出并思考中国独特的美学问题。实践存在论美学在这方面做了一些初步的尝试，当然还远远不够。

第三，实践存在论美学曾经受到海德格尔基础存在论思想的某些启发，对此我们并不否认。而恰恰是这一点，促使我们从存在论的视域出发，重新学习和解读了马克思的《巴黎手稿》及其他著作，使我们得以发现马克思的思想本身就蕴含着存在论的维度，只不过在我们文艺学、美学界之前的研究和阅读中并未受到足够重视。在这种重新学习中，我们也很高兴地发现，其实中国哲学界走在了我们前面，对马克思著作包括后期著作中客观地存在着存在论思想，哲学界的多数学者实际上有了某种程度的共识，而且他们把马克思的存在论思想看作马克思哲学革命主要标志。这对实践存在论美学客观上构成了极大的支持。而且，通过这一存在论的解读，恰恰能够把马克思放在整个西方思想传统的整体发展之中来审视，也能够进一步凸显马克思思想的现代意义，凸显西方传统哲学向现代转型过程中马克思哲学思想的开创性地位。在这样一个学术语境中，实践存在论美学的提出，就我们主观想法而言，也有追求现代美学的思想品格的意图。它关于审美生成论的思想、关于实践活动逻辑在先的思想，都体现出美学的某种现代指向。而这一切，又都是在马克思实践概念的存在论维度的基础上获得的。

毋庸讳言，目前实践存在论美学还远未成熟，更谈不上形成一个完整的体系，其中还存在许多不完善之处。一些基本思想在许多问题上还没有贯彻到底，还包含着很大的思考空间和可能，也还可能会有许多改进和变化。因此我们一直在强调，目前只是"走向实践存在论美学"，而且这个"走向"过程是漫长的甚至是无止境的。就此而言，实践存在论美学是开放的而不是封闭的，是进行中的、未完成的。所以，我们非常欢迎学界的批评和指正。如我们已经表明的，当前学界关于实践存在论美学的论争虽然并未完全立足于学术问题本身，有的有政治化批评的味道，但对于我们进一步深入学习和思考马克思美学思想和实践存在论美学毕竟不无促进之处。

在论争中，我们重新认真学习了马克思的经典著作，也更加坚定了对"实践存在论美学"的理论信心。我们相信，实践存在论美学所体现出的现代存在论基础及其超越二元对立的理论自觉，有可能成为促进中国当代美学发展和建设的有益尝试之一。李先生的实践美学在今天仍然具有进一步开掘的理论潜力。那种无视实践美学的自我突破与创新，简单宣告实践美学整体上已经"过时"或"终结"的观点是不合适的、武断的；同样，固守对马克思主义美学思想的教条化、僵化的理解，拒绝与当代学术思想进行沟通与对话的做法，看起来是在坚持马克思主义美学的基本原则，实际上只会使马克思主义美学脱离现实语境，并最终把马克思主义美学的发展引入死胡同。据此，笔者认为，那种对实践存在论美学的主要观点缺乏基本了解却加以粗暴的、有时是政治化的指责，是极其不负责任的，也无济于中国当代美学的建设和发展。

实际上，两年来的论争也充分表明，在当前中国美学界，坚执主客二分的思维方式仍然占有很大的市场，那种在学术论争中乱扣政治帽子的做法也屡见不鲜。当然，这些并不是学界的主流。对于中国美学未来向何处去的问题，国内许多学者也都做出了自己的尝试并取得了可喜的成果，比如高等教育出版社就出版了好几种不同思路、观点的美学理论教材；前不久，北京大学出版社推出了叶朗先生所著的《美学原理》。这种多元发展的态势对于中国美学建设来说实在是一种非常好的局面，就是实践美学自身也可以有、事实上也已经有多元发展的趋向，比如，邓晓芒先生、张玉能先生各自提出的"新实践美学"就体现了这一点。我相信中国美学未来的发展前景是非常广阔的，也是非常令人期待的。

[原载陕西师范大学学报（哲学社会科学版）2012年01期]

实践唯物主义视域下的"关系生成"论思想初探
——重读马克思《1844年经济学哲学手稿》札记之三

众所周知,"实践的唯物主义"即历史唯物主义,是马克思在《德意志意识形态》(写于1845年秋—1846年春)中首次提出的。[①]但是,在1845年夏的《关于费尔巴哈的提纲》(以下简称《提纲》)中马克思在批评费尔巴哈"直观的唯物主义"时实际上已经接近于把"新唯物主义"命名为"实践的唯物主义"了,其第九条说:"直观的唯物主义即不是把感性理解为实践活动的唯物主义至多也只能达到对单个人和市民社会的直观。"[②]显而易见,这里,正是对感性的理解区分了"直观的唯物主义"和"实践活动的唯物主义",换言之,"实践活动的唯物主义"正是与"直观的唯物主义"相反的"新唯物主义"。这种"实践活动的唯物主义"难道不就是不久以后同样针对费尔巴哈的"实践的唯物主义"吗?这难道还需要做什么证明吗?

---

① 《马克思恩格斯选集》第1卷,人民出版社1995年版,第75页。
② 同上,第60页。

笔者在讨论实践存在论美学的哲学基础时，曾多次强调，马克思实践的唯物主义即历史唯物主义是以实践作为存在论的根基的，或者说其存在论的核心是实践范畴，呈现为实践观与存在论的紧密结合。① 所以，本文标题说的"实践唯物主义视域"在一定意义上说的就是马克思的与实践观结合为一体的存在论视域。关于马克思有没有现代存在论思想的问题，学界虽然有不同意见，但是，笔者在多篇文章里② 直接引证了马克思《1844年经济学哲学手稿》③，以无可辩驳的白纸黑字证明了：马克思不但有自己的存在论思想，而且是以实践观为核心的、与实践观结合为一体的存在论，开辟了现代西方存在论思想的新思路。笔者提出的"实践存在论美学"其理论根据就在于此。

笔者最近在思考实践存在论美学的哲学基础时发现，我们的美学观点最核心的是审美关系（活动）论和审美主客体（历史和现实）的生成论，其哲学基础就是实践唯物主义视域（即马克思以实践观为核心的现代存在论视域）下的关系论和生成论，或者，可以命名为"关系生成论"。④ 本文将通过对马克思《1844年经济学哲学手稿》的相关论述的解读来谈谈自己的粗浅体会，以就教于学界同仁。

---

① 如《论马克思主义实践观的存在论维度》，《探索与争鸣》2009年第10期；《试论马克思实践唯物主义的存在论根基》，《复旦学报》2010年第1期等。

② 如《马克思的存在论思想不应轻易否定》，《文艺理论与批评》2010年第3期；《论马克思主义实践观的存在论维度》，《探索与争鸣》2009年第10期等。

③ 以下简称《手稿》，《手稿》中的相关文字均引自《手稿》中央编译局，人民出版社2000版，此处不再引证。

④ 参阅拙文《略论实践存在论美学的哲学基础》，近期将发表于《湖北大学学报》。

一

根据关系生成论,实践存在论美学的一个基本观点是:美学研究的对象,不是一般所认为的"美"或者"美的本质",而是人与世界(自然界、现实)的审美关系及其现实展开——审美活动。而审美关系说的理论前提是,只有人才有审美关系,即审美关系只适用于人(人类)。马克思明确指出,"凡是有某种关系存在的地方,这种关系都是为我(按:指'人')而存在的;动物不对什么东西发生'关系',而且根本没有'关系';对于动物来说,它对他物的关系不是作为关系存在的"。[①] 在此意义上我们可以说,人是"关系"的动物,人高于其他动物的最重要标志之一,是人与世界发生了动物所没有的"关系"。毫无疑问,作为人与世界的基本关系之一的审美关系也只有人才有。

《手稿》对这一点有清楚的论述。在讨论"美的规律"之前,马克思首先从存在论、人类学、实践论三者的结合上揭示出人类与动物的根本区别,一是"有意识的生命活动把人同动物的生命活动直接区别开来……仅仅由于这一点,他的活动才是自由的活动"[②];二是通过将动物的生产与人的生产实践作多方面的对比后进一步揭示出"创造对象世界"的实践活动,是人类与动物的基本分界线。[③] 在此之后,马克思才提出"人也按照美的规律来构造"的重要美学

---

① 《马克思恩格斯选集》第1卷,人民出版社1995年版,第81页。
② 马克思:《1844年经济学哲学手稿》中央编译局译本,人民出版社2000年版,第57页。
③ 同上,第57—58页。

命题。由此可见，只有人才在与自然界（对象世界）的实践关系即"创造对象世界"的实践活动中生成美和美的规律，审美关系和美的规律只适用于人、人类社会，而不适用于动物。所以，审美关系的生成和发展，无论从历史还是从现实来说，其理论前提应是在人与自然界的实践关系中，实现人与自然界双向的历史生成。

《手稿》是在异化劳动（人的自我异化）和异化的扬弃这个辩证法的大框架下展开人与自然界双向历史生成的论述的。具体说来，《手稿》在批判资本主义私有制下的异化劳动，论证"共产主义是对私有财产即人的自我异化的积极扬弃"，"是人和自然界之间、人和人之间的矛盾的真正解决"[①]这一宏观的历史阐述的基础上，深刻地指出作为"异化了的人的生命的物质的感性的表现"的"私有财产的运动——生产和消费——是迄今为止全部生产的运动的感性展现"，"是人的实现或人的现实"，[②]就是说，人类历史的全部生产活动（在异化状态下）本质上是人的本质力量在自然界的实现，即"人的实现"。紧接着这句话，马克思推出了包含着唯物史观萌芽的观点："宗教、家庭、国家、法、道德、科学、艺术等等，都不过是生产的一些特殊的方式，并且受生产的普遍规律的支配。"[③]这一点很重要。对于上述历史观点，马克思还从存在论与认识论的结合上作了另一种表述："历史的全部运动，既是它的现实的产生活动——它的经验存在的诞生活动——同时，对它的思维着的意识

---

① 马克思：《1844年经济学哲学手稿》中央编译局译本，人民出版社2000年版，第81页。

② 同上，第82页。

③ 同上。

来说，又是它的被理解和被认识到的生成运动。"①以上引证非常清楚地告诉我们，马克思是在人和自然的社会实践关系（虽然是以异化的形式）的批判性考察中提出其历史生成论的。

需要指出，《手稿》是集中用"工业"范畴来论述人与自然在劳动实践中的双向生成的。工业（Industry），西文中同时有勤劳、勤奋的意思，主要描述人努力从事劳动活动。马克思站在人类历史发展的高度上强调指出，"全部人的活动迄今为止都是劳动，也就是工业，就是同自身相异化的活动。"②在这个宏阔视野中，他用工业这个概念来论述通过劳动实践，人与自然界双向的历史生成。他说，"工业是自然界对人，因而也是自然科学对人的现实的历史关系。因此，如果把工业看成人的本质力量的公开的展示，那么自然界的人的本质，或者人的自然本质，也就可以理解了"；这个理解集中表现为人与自然界在工业中双向生成、互为本质，即自然界在人的本质力量的对象化过程中人化；人在人化自然界生成中自然化。它的具体过程就体现为，"在人类历史中，即在人类社会的生成过程中生成的自然界，是人的现实的自然界；因此，通过工业——尽管以异化的形式——形成的自然界，是真正的、人本学的自然界"。③这里，马克思明确告诉我们，自然界不是游离于人、人类社会以前、以外的纯客观的外部世界，而是与人既相对又相成的，是人的社会劳动、人的对象化活动的产物，是人化的自然，即"人本学的自然界"，是"在人类历史中，即在人类社会的生成过程中生成的自然界"。换言之，这个自然界生成于人类社

---

① 马克思：《1844年经济学哲学手稿》中央编译局译本，人民出版社2000年版，第81页。

② 同上，第88页。

③ 同上，第89页。

会、人类历史中，成为人类社会、人类历史最基本的组成部分；反过来，人、人类社会同样是在人化的自然界生成过程中生成和发展起来的。正是在这个意义上，马克思首创了"历史本身是自然史的即自然界生成为人这一过程的一个现实部分"①与这一"关系生成论"的著名论点密切相关，马克思还将人类历史与自然史看成是同一过程，他深刻指出，"正像一切自然物必须形成一样，人也有自己的形成过程即历史，但历史对人来说是被认识到的历史，因而它作为形成过程，一种有意识地扬弃自身的形成过程。历史是人的真正的自然史"。②就是说，历史在特定意义上乃是人与自然界双向生成的过程。

在此，劳动实践、工业，是自然界对人的最基本的"现实的历史关系"，是"自然界生成为人"的双向生成（自然的人化和人的自然化）过程的根本动力。马克思进而对这一"关系生成论"作了如下概括，"对社会主义的人来说，整个所谓世界历史不外是通过人的劳动而诞生的过程，是自然界对人来说的生成过程，所以关于他通过自身而诞生、关于他的形成过程，他有直观的、无可辩驳的证明。因为人和自然界的实在性，即人对人来说作为自然界的存在以及自然界对人来说作为人的存在，已经成为实际的、可以通过感觉直观的。"③这个概括极为深刻、极为精辟。笔者认为，这明显是从实践论与存在论的有机结合上令人信服地论证了他的"关系生成论"，即整个世界历史的基础就是人与自然界在工业（劳动实践）中的双向生成。而这一点，构成了审美关系和审美活动历史生成的理论前提。

---

① 马克思：《1844年经济学哲学手稿》中央编译局译本，人民出版社2000年版，第90页。

② 同上，第107页。

③ 同上，第92页。

二

《手稿》虽然没有专门论述人与世界（自然界）的审美关系的生成问题，但是，在上述关于人与自然界双向历史生成的论述展开中，马克思还是直接或间接地论及了审美主客体在实践中的双向生成。

在人与自然界、主体与客体通过实践的双向生成中，人的感官、感觉是一个关键的连接点。所以，《手稿》着重论述了人的感官、感觉（包括审美感觉在内），是在人的对象化活动即实践活动中历史地生成的这一具有重大意义的观点。

首先，马克思全面论述了人通过自己的所有器官和世界发生对象化的实践关系，他说："人对世界的任何一种人的关系——视觉、听觉、嗅觉、味觉、触觉、思维、直观、情感、愿望、活动、爱，——总之，他的个体的一切器官，正像在形式上直接是社会的器官的那些器官一样，是通过自己的对象性关系，即通过自己同对象的关系而对对象的占有，对人的现实的占有；这些器官同对象的关系，是人的现实的实现。"[1]注意这句话里，第一，马克思不但把肉体的感觉，而且把"思维、直观、情感、愿望、活动、爱"等等"精神的感觉"一起都称为"个体的一切器官"，这里的"器官"和后面"社会的器官"应该是在比喻意义上使用的，主要强调它们在人与世界建立"对象性关系"中的连接、沟通作用；第二，所谓人与世界的"对象性关系"，实质上就是实践关系，就是人的各种本

---

[1] 马克思：《1844年经济学哲学手稿》中央编译局译本，人民出版社2000年版，第85页。

质力量的对象化和在外在世界的实现（现实化）的关系。马克思在接下来括号里的这句话"正像人的本质规定和活动是多种多样的一样，人的现实也是多种多样的"，就是明证，它是说人的本质对象化的"规定和活动"的多样性，造成了这种对象化的实现——成为对象的"人的现实"的多样性；第三，正是在这个意义上，马克思进而强调，"随着对象性的现实在社会中对人来说到处成为人的本质力量的现实，成为人的现实，因而成为人自己的本质力量的现实，一切对象对他来说也就成为他自身的对象化，成为确证和实现他的个性的对象，成为他的对象，这就是说，对象成为他自身。"① 这样一种人与世界的对象化实践关系，是通过人的各种器官特别是感觉器官建立起来的。而这正是审美关系得以形成的关键，因为审美主要是一种借助于感官、通过感性方式展开和实现的活动。

其次，《手稿》特别从作为人的本质力量的一个主要方面的感官入手，来探讨人与世界对象性关系生成和建立的特殊性和条件性，揭示感官在人的本质对象化方面的极端重要性。马克思是分别从客体和主体两个方面来展开这一探讨的，而无论从哪一方面切入，他又都注意同时考察（主客体）对立面双方之间的关系，从关系中把握意义，而不是只考虑对立中的某一侧面。

《手稿》论述这个问题的具体思路是：一方面从客体（对象）方面考量，而在对对象考量时则是从与主体的本质力量的特殊关系入手的，马克思指出，"对象如何对他来说成为他的对象，这取决于对象性质以及与之相适应的本质力量的性质；因为正是这种关系规

---

① 马克思：《1844年经济学哲学手稿》中央编译局译本，人民出版社2000年版，第86页。

定性形成一种特殊的、现实的肯定方式。眼睛对对象的感觉不同于耳朵，眼睛的对象是不同于耳朵的对象的。每一种本质力量的独特性，恰好就是这种本质力量的独特的本质，因而也是它的对象化的独特方式，它的对象性的、现实的、活生生的存的独特方式。"① 比起上面一般地探讨人的本质的对象化，这里更加具体、深入了；而且明明讲对象，却抓住人（主体）的各种感官、感觉的特殊性来讲，抓住对象与不同感官之间的不同关系来论述。比如从审美关系角度说，眼睛的对象只能是大自然的美景，或者造型艺术等等（文学也需要通过眼睛阅读语言文本才能间接进入审美关系）；耳朵的对象只能是音乐艺术等。更重要的，马克思还特别强调了感官、感觉在人与世界对象化关系中不可替代的独特地位和作用，指出"人不仅通过思维，而且以全部感觉在对象世界中肯定自己"②。笔者以为，这是人与世界审美关系得以形成的主体必须具备的条件和能力。

《手稿》另一方面是"从主体方面来看"，却相反从对象和对象对主体感官、感觉的关系角度切入，而且直接讲到了审美关系："只有音乐才激起人的音乐感；对于没有音乐感的耳朵来说，最美的音乐毫无意义，不是对象，因为我的对象只能是我的一种本质力量的确证，就是说，它只能像我的本质力量作为一种主体能力自为地存在着那样才对我而存在，因为任何一个对象对我的意义（它只是对那个与它相应的感觉来说才有意义）恰好都以我的感觉所及的程度为限……只是由于人的本质客观地展开的丰富性，主体的、人的感性的丰富性，如有音乐感的耳朵、能感受形式美的眼睛，总之，那

---

① 马克思：《1844年经济学哲学手稿》中央编译局译本，人民出版社2000年版，第86—87页。

② 同上，第87页。

些能成为人的享受的感觉,即确证自己是人的本质力量的感觉,才一部分发展起来,一部分产生出来。因为,不仅五官感觉,而且连所谓精神感觉、实践感觉(意志、爱等等),一句话,人的感觉、感觉的人性,都是由于它的对象的存在,由于人化的自然界,才产生出来的。"① 这段话内容极为丰富,笔者认为主要有以下几个要点:第一,人与世界的审美关系生成需要主客体双方的条件。对象方面,如果不具备潜在的审美素质,并有可能转化为现实的审美对象的话,它就不可能激起主体感官相应的审美情感、感觉;主体能力方面,某种艺术或者具备某种特定审美特质的对象只能与与之相应的特定感官、感觉才能发生审美关系,激起审美情感、感觉,而不可能与不相应的其他特殊的感官形成审美关系。因为人的本质力量(这里主要是感性、感觉)是丰富多样的,每一种都有其特定的相应的感觉对象和范围,正如马克思所说,"任何一个对象对我的意义(它只是对那个与它相应的感觉来说才有意义)恰好都以我的感觉所及的程度为限",超出其限度,无法与对象形成审美关系。第二,从主体能力角度审视对象,"对于没有音乐感的耳朵来说,最美的音乐毫无意义,不是对象",这一点极为重要,因为就个体现实的审美活动而言,如果没有特定的审美感觉的能力,那么即使公认的具有审美价值的对象,对该个体来说也没有审美意义,不成为他的审美对象,不会形成审美关系。第三,基于同样道理,"忧心忡忡的、贫穷的人对最美的景色都没有什么感觉;经营矿物的商人只看到矿物的商业价值,而看不到矿物的美和独特性",美景对于穷人的

---

① 马克思:《1844年经济学哲学手稿》中央编译局译本,人民出版社2000年版,第87页。

感觉、矿物的美对于商人的感觉,都不成为、不是审美对象,两者之间形不成审美关系。值得注意的是,马克思是在提出"囿于粗陋的实际需要的感觉,也只具有有限的意义"的观点时举这两个例子的。这实际上暗示我们,审美关系生成,需要有对"粗陋的实际需要"和功利的某种超越性。感觉对实际需要和功利的某种程度的超越,应该是形成人与世界审美关系的必要的主体条件。这一点是对康德到黑格尔的德国古典美学的继承和发展。第四,主体的感觉极为丰富多样,不仅包括五官感觉,即感官的感觉,而且包括"精神感觉""实践感觉"(意志、爱等等)。这应该是广义的"感觉",后面两种感觉需要专门讨论,此处从略。审美感觉和能力,笔者认为应该从广义上理解。第五,人的审美感觉和能力,"如有音乐感的耳朵、能感受形式美的眼睛"等,属于"能成为人的享受的感觉,即确证自己是人的本质力量的感觉",这里揭示出审美感觉的精神性和享受性。第六,人的审美感觉与人的一切其他感觉,都不是天生的或者纯粹生物性的,而"只是由于人的本质客观地展开的丰富性",即在人的丰富多样的本质力量对象化(客体化)的社会实践活动中逐步形成的,换言之,是"由于人化的自然界,才产生出来的"。

对此,马克思总结道"五官感觉的形成是迄今为止全部世界历史的产物",这无疑是对人的感觉(包括审美感觉)的历史生成性的经典概括,对于美学研究有直接的、重大的理论和实践意义。

三

美和美的本质问题,是中国当代美学界普遍关注而意见也最为分歧的一个问题。美学研究的对象到底是不是美和美的本质?美有没有一个适合于一切美的事物、对象的共同、普遍的本质即美的本质？能不能为美下一个放之四海而皆准的永恒不变的定义？进而，对美和美的本质的探讨到底有没有意义、有没有合理性和价值……诸如此类的敏感问题我们不能也不应该回避。实践存在论美学在这个问题上的基本态度是：美学探讨、研究美和美的本质问题，是理所当然的，是有价值、有意义的。但是，我们不同意美存在一个单一、固定、普遍的美的本质的看法，因而不同意为美下一个放之四海而皆准的永恒不变的定义，因为美学史已经充分证明这是不可能的；进而认为美学的研究对象，不应该只是美和美的本质，不应该重点探寻美的单一（唯一）、固定不变的本质，试图为它下一个普遍、不变的定义，而应该是人与世界的审美关系及其现实展开即审美活动。当然，这并不意味着美的本质问题不能够探讨，而是主张持合理的反本质主义态度，也就是"关系生成论"的态度，在关系生成中动态地思考和探讨美的本质问题。这方面《手稿》为我们提供了研究"本质"问题的辩证思维的范例。

《手稿》虽然没有直接探讨美的本质问题，但是论及了与美的本质处于同一层次的"美的规律"问题，对我们有直接启发。马克思的论证思路大致是：

第一，在"异化劳动和私有财产"这个哲学—经济学大问题、大框架下，首先"从当前的经济事实出发"，即从工人劳动被异化的现实出发："工人生产的财富越多，他的产品的力量和数量越大，他就越贫穷。工人创造的商品越多，他就越变成廉价的商品。物的世界的增值同人的世界的贬值成正比"[①]。

[①] 马克思：《1844年经济学哲学手稿》中央编译局译本，人民出版社2000年版，第51页。

第二，对这种异化现实，按照人本主义和现实社会的阶级分析相结合的逻辑，在诸种现实关系中展开批判性考察，步步深入地分析资本主义私有制条件下异化劳动的基本规定。首先从人的劳动与其劳动产品（对象）的异化关系切入，指出"劳动所生产的对象，即劳动的产品，作为一种异己的存在物，作为不依赖于生产者的力量，同劳动相对立。劳动的产品是固定在某个对象中的、物化的劳动，这就是劳动的对象化。劳动的现实化就是劳动的对象化"，但是在资本主义私有制条件下，"劳动的这种现实化表现为工人的非现实化，对象化表现为对象的丧失和被对象奴役，占有表现为异化、外化"；"对对象的占有竟如此表现为异化，以致工人生产的对象越多，他能够占有的对象就越少，而且越受自己的产品即资本的统治"。《手稿》由此概括出异化劳动的第一个规定："工人对自己的劳动产品的关系就是对一个异己的对象的关系。因为根据这个前提，很明显，工人在劳动中耗费的力量越多，他亲手创造出来反对自身的、异己的对象世界的力量就越强大，他自身、他的内部世界就越贫乏，归他所有的东西就越少。"[①]马克思并明确指出，这一点所规定的是"劳动对它的产品的直接关系，是工人对他的生产的对象的关系"，是针对资产阶级国民经济学"不考察工人（劳动）同产品的直接关系而掩盖劳动本质的异化"而言的。

第三，接着考察工人的生产（劳动）活动本身产生的异化关系，指出这种关系是"在劳动过程中劳动对生产行为的关系。这种关系是工人对他自己的活动——一种异己的、不属于他的活动——

[①] 马克思：《1844年经济学哲学手稿》中央编译局译本，人民出版社2000年版，第52页。

的关系",在此关系中,"工人自己的体力和智力,他个人的生命"活动"是不依赖他、不属于他、转过来反对他自身的活动",是"自我异化"。①这是异化劳动的第二个规定,其劳动的异己性表现在,"劳动对工人来说是外在的东西,也就是说,不属于他的本质;因此,他在自己的劳动中不是肯定自己,而是否定自己,不是感到幸福,而是感到不幸,不是自由地发挥自己的体力和智力,而是使自己的肉体受折磨、精神遭摧残";"他的劳动不是自愿的劳动,而是被迫的强制劳动……只要肉体的强制或其他强制一停止,人们会像逃瘟疫那样逃避劳动";这种"外在的劳动,人在其中使自己外化的劳动,是一种自我牺牲、自我折磨的劳动",这里,"工人的活动也不是他的自主活动。他的活动属于别人,这种活动是他自身的丧失"。这第二个规定产生的结果是,"人(工人)只有在运用自己的动物机能——吃、喝、生殖,至多还有居住、修饰等等——的时候,才觉得自己在自由活动,而在运用人的机能时,觉得自己只不过是动物。动物的东西成为人的东西,而人的东西成为动物的东西"。②这个批判极其尖锐、极其深刻!

第四,在考察异化劳动一、二两个规定的基础上,《手稿》进一步推出第三个规定人同人的(类)本质相异化和第四个规定"人同人相异化"。这里重点解读第三个规定,因为这也是马克思着力剖析的,同时关于"美的规律"就是在这一部分论及的。《手稿》遵循人本主义逻辑,借用了费尔巴哈关于人的"类本质""类特性""类生活""类存在物""类意识"等术语,阐述了资本主义异化

---

① 马克思:《1844年经济学哲学手稿》中央编译局译本,人民出版社2000年版,第55—56页。

② 同上,第55页。

劳动导致了人与他自己的类本质（即人的本质）相异化。

马克思首先指出，"人是类存在物，不仅因为人在实践上和理论上都把类——自身的类以及其他物的类——当作自己的对象；而且因为——这只是同一种事物的另一种说法——人把自身当作现有的、有生命的类来对待，因为人把自身当作普遍的因而也是自由存在物来对待"①；他又说，"一个种的整体特性、种的类特性就在于生命活动的性质，而自由的有意识的活动恰就是人的类特性"②。这实际上初步揭示了人作为"一个种"——"类存在物"即"社会存在物"③——所具有的普遍的整体的"类特性""类本质"，那就是自由的有意识的生命活动。要注意，马克思讲人的自由和有意识，不是仅仅讲精神、心理和意识层面的，而是主要讲人的生命活动，讲人的"劳动这种生命活动、这种生产生活"即人的"类生活"的。也就是说，人的类本质不仅仅如我们过去所认为的是自由、有意识，而主要是自由、有意识的生命活动，即实践活动。

这一点，马克思是站在实践论、存在论和人类学三结合的理论高度，将人作为一个族类共同体与整个动物族类作整体比较时提出来的。他说："动物和自己的生命活动是直接同一的。动物不把自己同自己的生命活动区别开来。它就是自己的生命活动。人则使自己生命活动本身变成自己意志的和自己意识的对象。他具有有意识的生命活动……有意识的生命活动把人同动物的生命活动直接区别开来。正是由于这一点，人才是类存在物。或者说，正因为人是类存

---

① 马克思：《1844年经济学哲学手稿》中央编译局译本，人民出版社2000年版，第56页。

② 同上，第57页。

③ 同上，第84页。

在物,才是有意识的存在物,就是说,他自己的生活对他来说是对象。仅仅由于这一点,他的活动才是自由的活动。"①在人的活动与动物活动的对比中,作为人与动物的根本区别的人的一般本质(类本质)——自由的活动即劳动实践活动——就凸显出来了。劳动实践,在马克思的论述中,既是存在论的,又是人类学的。这也是实践存在论美学的一个理论依据。在此基础上,《手稿》进一步对动物的生产(特定意义上)与人的劳动生产实践作了多方面的对比:

> 通过实践创造对象世界,即改造无机界,证明了人是有意识的类存在物,也就是这样一种存在物,它把类看作自己的本质,或者说把自身看作类存在物。诚然,动物也生产。它也为自己营造巢穴或住所,如蜜蜂、海狸、蚂蚁等。但是动物只生产它自己或它幼仔所直接需要的东西;动物的生产是片面的,而人的生产是全面的;动物只是在直接的肉体需要的支配下生产,而人甚至不受肉体需要的支配也进行生产,并且只有不受这种需要的支配时才进行真正的生产;动物只生产自身,而人再生产整个自然界;动物的产品直接同它的肉体相联系,而人则自由地对待自己的产品。②

这个对比,突出了人的生产实践(创造对象世界)相对于动物生产的四大特点:(1)全面性(动物是片面性);(2)超越(直接肉体需要)性(动物受直接肉体需要的支配);(3)创造(再生产整个

---

① 马克思:《1844年经济学哲学手稿》中央编译局译本,人民出版社2000年版,第57页。

② 同上,第57—58页。

自然界）性（动物只生产自身）；（4）（对待自己产品的）自由性（动物产品的直接肉体性）。其中核心是人的劳动生产实践的自觉（有意识）性与自由性，体现了人的自觉的目的性通过对象化的活动在对象世界中的实现，体现了人对自然界的能动性。显而易见，当马克思把人与动物的生产活动作全面对比时，马克思实际上揭示出在非异化劳动条件下，人区别于动物的作为族类共同本质（类本质）的一般本质。

但是，马克思并没有将这一特殊角度下揭示的人的一般本质普遍化、非历史化，看作人的永恒不变的普遍本质。我们不应忘记，上述这些论述，是在阐述异化劳动第三个规定时展开的，其目的恰恰是要阐明在异化劳动条件下，人的自由、自觉的生命活动的异化、外化、非人化，人的劳动实践呈现为不自由性（或自由的丧失）和被强制性，人的一般本质因此异化了。《手稿》指出，异化劳动"使他的生命活动同人相异化，也就使类同人相异化；对人来说，它把类生活变成维持个人生活的手段。第一，它使类生活和个人生活异化；第二，把抽象形式的个人生活变成同样是抽象形式和异化形式的类生活的目的"[①]；"异化劳动把自主活动、自由活动贬低为手段，也就把人的类生活变成维持人的肉体生存的手段。因此，人具有的关于自己的类的意识，由于异化而改变，以致类生活对他来说竟成了手段"[②]，而这乃是人（工人）生产生活的真正现实。马克思由此推导出异化劳动的第三个规定"人的类本质——无论是自然界，还是人的精神的类能力——变成对人来说是异己的本质"，

[①] 马克思：《1844年经济学哲学手稿》中央编译局译本，人民出版社2000年版，第57页。

[②] 同上，第58页。

使"他的人的本质同人相异化"①；同时由第三个规定进一步推导出第四个规定：人和自己的类本质相异化的"直接结果就是人同人相异化"②。

值得注意的是，在论述第三、第四规定时，马克思高屋建瓴地将异化劳动归结为人与人的社会关系，他说："人的异化，一般地说，人对自身的任何关系，只有通过人对人的关系才得到实现和表现。"③这一点马克思稍后又加以重申："必须注意上面提到的这个命题：人对自身的关系只有通他对他人的关系，才成为对他来说是对象性的、现实的关系。"④这一点往往容易被人们忽视，其实是极为重要的。因为，"实践的、现实的世界中，自我异化只有通过对他人的实践的、现实的关系才表现出来。异化借以实现的手段本身就是实践的。因此，通过异化劳动，人不仅生产出他对作为异己的、敌对的力量的生产对象和生产行为的关系，而且还生产出他人对他的生产和他的产品的关系，以及他对这些他人的关系……也生产出不生产的人对生产和产品的支配。正像他使他自己的活动同自身相异化一样，他也使与他相异的人占有非自身的活动"⑤。换言之，异化劳动生成了人（工人）的异己的、对立的力量——资本家，生成了工人与资本家对立的现实关系。在这样一种异化的、阶级关系分化的现实条件下，上面所说的人的自由劳动的一般本质，就会改变甚

---

① 马克思：《1844年经济学哲学手稿》中央编译局译本，人民出版社2000年版，第58页。
② 同上，第59页。
③ 同上。
④ 同上，第60页。
⑤ 同上，第60-61页。

至丧失。由此出发，我们对于稍晚于《手稿》的《关于费尔巴哈的提纲》所提出的"人的本质不是单个人所固有的抽象物，在其现实性上，它是一切社会关系的总和"①的经典命题，就会有比较准确的理解。它根本不像有的人所认为的是人的本质的普遍、不变的"定义"，而是相反，指出了探讨人的本质，不能停留于人与动物相区分的一般本质层次上，而要立足于"关系生成论"的思维方式，从不断变动的、复杂的社会关系的总和中去考察和分析处于这种现实关系中的现实的人的动态本质。

  这里，马克思给予我们方法论上的重要启示是，第一，对于包括人的本质、美的本质在内的任何事物的本质，是可以而且应该探讨的，这不等于本质主义，《手稿》中"本质"范畴大量出现，频率极高，就是明证。相反，那种认为本质问题不能探讨、无法探讨，应该彻底"取消"或者根本"悬置"的观点是不对的，是反本质主义过"度"、极端而走向虚无主义的表现。第二，《手稿》虽然大量论及本质问题，却基本上不采用下定义式的、把定义对象的本质一般化、普遍化、恒定化的方式，而是采取了辩证的"关系生成论"的阐述策略，上述对于人的本质的论述就是经典例证。笔者认为，这正是合理的反本质主义思维方式。第三，《手稿》把人的自由、有意识的生命活动即劳动实践看成人区别于动物的一般（类）本质，仍然是有重大意义的，一方面，它成为马克思批判私有制下异化劳动的重要理论依据和逻辑出发点；另一方面，正是在论述人的这个一般本质的基础上马克思直接引出了关于"美的规律"的论述：

---

①《马克思恩格斯选集》第1卷，人民出版社1995年版，第60页。

动物只是按照它所属的那个种的尺度和需要来构造，而人懂得按照任何一个种的尺度来进行生产，并且懂得处处都把内在的尺度运用于对象；因此，人也按照美的规律来构造。①

对于"美的规律"的理解，笔者另有专文论述（《理解〈手稿〉关于"美的规律"论述的三个关键词——重读〈巴黎手稿〉札记之二》，《马克思主义美学研究》第15卷第2期，2013.4），此处不赘。只是想指出两点：一、马克思是将美的规律（同样，美的本质）与人的本质联系起来思考和论述的，离开了人的本质，美的本质、美的规律就无从谈起。中国当代实践美学通过人的本质来探讨美的本质、美的规律的大方向、大思路是正确的，应该坚持；但是，笼统地界定"美（的本质）是人的本质力量的对象化或自然的人化"，就失之于简单化了，就容易掉进本质主义的窠臼。二、马克思是在非异化的理想状态下讨论美的规律问题的，在异化条件下，美的规律是不是仍然不受任何影响地发生作用，或者在多大程度上、以何种方式继续发生作用？它的逻辑依据和机理是什么……这一系列问题远远没有解决，需要我们进行深入的研讨。我们不能脱离开异化劳动的现实语境把美的规律、美的本质问题普泛化、一般化、非历史化，这样做，不但不符合《手稿》的理论思路，不符合马克思"关系生成论"的辩证思维逻辑，而且会不自觉地走向本质主义的死胡同。

［原载云南师范大学学报（哲学社会科学版）2014年04期］

---

① 马克思：《1844年经济学哲学手稿》中央编译局译本，人民出版社2000年版，第58页。

略论实践存在论美学的哲学基础

与其他人文学科一样,美学也应当有自己的哲学基础。现在有些标榜"XX美学"的论著或者通俗书籍虽然也涉及一些实用的美学问题,但严格说来算不上真正的美学理论,最主要的原因就在于它们缺乏美学应有的哲学基础。美学本是哲学的一个分支学科,鲍姆加登创立美学,就是为弥补理性派哲学缺少感性认识部分这一缺憾,美学作为"感性学"就是整个哲学的一个新的组成部分。在美学史上,从来没有脱离一定哲学基础和背景的美学理论,哪怕到了二十世纪后期西方美学流派多元纷争之际,凡称得上独立的"美学"理论或学说的,也都有自己的哲学立场和主张。所以,笔者早在上世纪九十年代初期就明确反对"泛美学"倾向,强调美学不能丧失自身的哲学品格。这一观点至今没有改变。

所谓美学的哲学基础,在我看来,就是指美学为了深刻掌握自己的研究对象,顺利实现自身的研究目的,有效地选择自己的研究方法,所必须持有的一种哲学的宏阔视野、哲学的终极目标、哲学的思维方式和哲学的理论根基。这是使美学理论具备哲学品格和深广度的保证。

近些年来,为了推动实践美学的革新和发展、促进我国当代美学建设,一部分美学工作者开始了建构新的美学理论的尝试。笔者提出走向实践存在论美学的主张，就是这种尝试之一。这自然也涉及一个哲学基础的问题。前几年，同批评实践存在论美学的学者的争论，实际上主要分歧就在哲学基础问题上。本文不打算与不同意见争鸣，只想就实践存在论美学的哲学基础问题正面阐述一下自己的看法。不当之处，欢迎批评。

一

笔者现在设想的实践存在论美学，主观上力图以马克思实践的唯物主义为哲学基础，突破和超越导致当代美学陷于主客二分的单纯认识论的哲学思路。至于是否做到了，还有待检验。需要说明的是，我们并不认为以李泽厚先生为代表的实践美学已经过时、需要推倒重来，而是仍然坚持实践美学的大方向，但在哲学基础上却与李泽厚先生的"主体性实践"哲学有重要区别。

在笔者看来，马克思主义现代美学的哲学基础就是马克思实践的唯物主义即唯物史观。遵循马克思实践的唯物主义，就应从存在论根基处着眼，运用关系论和生成论的思维方式，重新考察和审视一系列美学基本问题。就是说，其根本特征在于将美学的哲学基础从近代以来单纯的认识论转移到马克思以实践为中心的现代存在论根基上，在思维方式上，由主客二分和现成论转换为关系论和生成论，这是笔者思考实践存在论美学的哲学基础的基本出发点和思路。

首先，也是最根本的，马克思实践的唯物主义即唯物史观，不能局限于仅仅从近代认识论角度加以把握，而首先或者主要应当从存在论（Ontology，亦译本体论）视角来理解。实践的唯物主义的哲学根基主要不是认识论，而是存在论。当然，存在论无疑天然地包含着认识论在内。

马克思的现代存在论思想是对近代西方由笛卡儿开启的主客二分的认识论形而上学传统的批判和超越。众所周知，笛卡儿提出的"我思故我在"的著名命题，在确立人的主体性的独立地位的同时，也确立了人与世界各自的现成存在和两者的二元对立：世界被分为现成存在的主体与现成存在的客体两部分，同时，具有独立性的主体自身也被分成感性与理性的对立二元。如此一来，人与世界之间的无限复杂多样的存在关系就被简化为现成主体对现成客体的单纯认识关系，全部哲学则围绕"我是怎样思维和认识世界"这样一个单纯认识论问题来展开思考。在这种主客二分的单纯认识论思维模式下，真正的存在论问题却被有意无意地遮蔽甚至取消了。这正是近代理性主义和经验主义哲学的失足之处，也是包括费尔巴哈在内的一切旧唯物主义的失足之处。

马克思实践的唯物主义恰恰以独特的方式在存在论维度上突破和超越了这个将主、客体现成两分的单纯认识论的思维模式，而将之转移到以实践为核心的存在论（本体论）的根基之上。在马克思看来，人和世界、自然本来就是同为一体、不可分割的。马克思明确指出："人不是抽象的蛰居于世界之外的存在物。人就是人的世界。"[①]他还说："自然界，就它本身不是人的身体而言，是人的无机的身体。人靠自然界生活。这就是说，自然界是人为了不致死亡而必须与之不断交往的、人的身体。所谓人的肉体生活和精神生活同自然界相联系，也就等于说自然界同自身相联系，因为人是自然界的一部分。"[②]就是说，在原初意义上，人与世界是一体的、不可分割的，人只能在世界

[①]《马克思恩格斯选集》第1卷，人民出版社1995年版，第1页。
[②]《马克思恩格斯全集》第四十二卷，人民出版社1979年版，第95页。

中存在,没有世界就没有人;同样,世界也离不开人,世界是人的世界,世界只对人有意义,没有人也无所谓世界。所以,马克思的"人就是人的世界"的概括,典型地体现了现代存在论思想。

后来海德格尔对存在的意义的追问,也是从存在论(本体论)的高度对西方形而上学传统中主客二分的单纯认识论进行了深刻的批判。他指出,笛卡儿把未加证明的"我思故我在"这个命题当作自己哲学的出发点,并进而推出思维的理性(主体)能够认识世界(客体),发现可靠、正确的知识。可是这一命题及其认识论推演,已内在地包含着思维/存在、主体/客体、精神/物质等的二元对立;而且,在这种对立中,体现出笛卡儿对对立的一方(一元)的优先或绝对地位的潜在肯定,如上述诸二元对立中对思维、主体、精神等决定作用的肯定。这样就造成了思维方式上的二元对峙、一元优势的僵化程式。海德格尔一针见血地批评笛卡儿开启的这种"知识形而上学"是建立在一种"不证自明"的现成的主客对立的关系上的,指出笛卡儿以为发现了"我思故我在","就认为已为哲学找到了一个新的可靠的基地,但是他在这个'激进的'开端处没有规定清楚的就是这个能思之物的存在方式,说得再准确些,就是'我在'的存在的意义",因而"在存在论上陷入全无规定之境"[①]。也就是说,这个命题在存在论上是缺乏根据而难以成立的。海氏认为,对一切存在问题的探寻,必须从"此在"(Dasein)(人)的生存领会中获得,"一切存在论所源出的基础存在论必须在对此在的生存论分析中来寻找"[②]。海德格

[①] [德]海德格尔:《存在与时间》,陈嘉映,王庆节译,三联书店1987年版,第31页。

[②] [德]海德格尔:《存在与时间》,陈嘉映,王庆节译,三联书店2012年版,第16页。

尔将"此在在世"看作人的存在、看作此在的基本结构，世界因人而有意义，世界在人之中；人是世界的一部分，人在世界中存在，人与世界在原初意义上是合为一体的。海德格尔就是在"此在"的生存论的探讨中，奠定了此在的基础本体论（存在论）的地位。可见，海氏的基础存在论思想并没有超过马克思存在论的基本理路。

这里需要强调的是，马克思不但早在海德格尔之前就已经提出了现代存在论的思想，而且不同于、远高于海氏的基础存在论。因为，马克思的现代存在论思想是建立在"实践"的基础上，通过"实践"来实现的，而非海氏对此在的"生存论的分析"。"实践"是唯物史观的核心和理论基石。在《关于费尔巴哈的提纲》中，马克思将"实践"界定为"现实的""感性的人的活动"[1]，而对"对象、现实、感性"等一切人、社会、历史和自然界，必须从人的"实践"出发去理解。人的"实践"活动是在人与世界的一种对象性关系中展开的，也就是说在实践中，人实现了本质力量的对象化和自然的人化，从而真正占有了对象；同时人在与事物的对象性（实践）关系中也生成并确立了自身的存在。显而易见，马克思的存在论是以实践为中心、为基础的。因此，实践存在论美学不是像有的学者所说的那样以海德格尔的现象学存在论为哲学基础，而是自觉地建立在马克思以实践为核心的现代存在论的哲学根基上，努力超越主客二分的单纯认识论的思路。

当代中国美学各派，在笔者看来，也存在着类似近代单纯认识论的某些失误。不但是客观派，而且李泽厚的实践美学也把美学的基本问题归结到单纯认识论的框架里，而忽视了其存在论的根基。

---

[1]《马克思恩格斯选集》第1卷，人民出版社1995年版，第54页。

李泽厚早期在《论美感、美和艺术》（1956）中就说过："美学科学的哲学基本问题是认识论问题。美感是这一问题的中心环节。从美感开始，也就是从分析人类的美的认识的辩证法开始，就是从哲学认识论开始，也就是从分析解决客观与主观、存在与意识的关系问题——这一哲学基本问题开始。"[①] 后来，李泽厚对这个问题的看法似乎有所改变，但一直到上世纪八十年代末的《美学四讲》中仍然没有放弃或否认把美和美感作为主客关系置于认识论框架内的基本思路。这样就有意无意地将美学的存在论维度忽视或者遮蔽了。这必然会对美学理论造成一系列内在的缺陷和问题。我们提出实践存在论美学的主要目的就是想要弥补和克服这种存在论维度缺位的问题。

也许有人会提出，你们说马克思已有以实践为中心的存在论思想，有没有直接的根据？笔者的回答是肯定的。的确，我们已经指出，在马克思的著作中，很少看到存在论（本体论）字眼，但是只要认真阅读，我们就能够发现。在《1844年经济学哲学手稿》中，马克思就有一段直接谈论和表达他对存在问题看法的话：

> 如果人的感觉、情欲等等不仅是［狭］义的人类学的规定，而且是对本质（自然界）的真正本体论的（ontologisch）肯定；如果感觉、情欲等等仅仅通过它们的对象对它们来说是感性的这一点而现实地肯定自己，那么，不言而喻：（1）它们的肯定方式绝不是同样的，毋宁说，不同的肯定方式构成它们的此在（Dasein）、它们的生命的特点；对象对于它们是什么方式，这也就是它们的享受的独特方式；（2）凡是当感性的肯

[①] 李泽厚：《美学论集》，上海文艺出版社1980年版，第2页。

定是对独立形式的对象的直接扬弃时（如吃、喝、加工对象等），这也就是对于对象的肯定；（3）只要人是人性的，因而他的感觉等等也是人性的，则别人对对象的肯定同样也是他自己的享受；（4）只有通过发达的工业，即通过私有财产的媒介，人的情欲的本体论的（ontologisch）本质才既在其总体性中又在其人性中形成起来；所以，关于人的科学本身是人的实践上的自我实现的产物；（5）私有财产——如果从它的异化中摆脱出来——其意义就是对人来说既作为享受的对象又作为活动的对象的本质性对象的此在（Dasein）。①

这段话内容极为丰富和深刻，限于篇幅，这里只着重说明两点：第一，马克思在这里两次提到了ontologisch（本体论的或存在论的），也两次使用了被某些学者误以为是海德格尔最初使用的Dasein（"此在"，或译"定在""亲在"等）这个现代存在论的重要概念，这不仅有力证明了马克思存在论思想的客观存在，而且也表明了马克思绝不是按照传统本体论学说的实体主义思路和方法来讨论存在问题的，而是在现代存在论的视域，即回归现实生活的新境域中展开对存在问题的阐述的；当然，马克思的Dasein含义也不同于海德格尔的"此在"概念。第二，马克思在这里把"存在论的"与"人类学的"对比起来谈，把对自然的"存在论的"肯定看得高于"人类学的"肯定。他认为仅仅从人类学角度谈论人的感觉、情欲等等是不够的，必须从"存在论的"视角把人的感觉、情欲等看成是对本

---

① 译文据邓晓芒：《马克思论存在与时间》，见邓晓芒：《实践唯物论新解：开出现象学之维》，武汉大学出版社2007年版，第305—306页。

质（自然界）的真正肯定，即"感觉、情欲等等仅仅通过它们的对象对它们来说是感性的这一点而现实地肯定自己"，也就是说，人是通过他对自然对象的"感性的肯定"——对象化的感性活动（实践活动）来达到"人的实践上的自我实现"的，而这在马克思看来，乃是"真正本体论的"（即存在论的）。

这清楚地说明：其一，马克思的的确确表明有自己的存在论思想，而不仅仅是认识论思想，这一点是客观存在的，任何人都不能轻易否定的；其二，马克思的存在论思想完全不同于基于实体思维的西方传统本体论学说，它是在人与对象世界（自然界）的关系中展开，这一点开启了现代存在论的新思路，这完全不同于有的学者硬把马克思的本体论思想说成是实体性的物质本体论；其三，马克思的存在论思想也不同于现代西方其他存在论学说（包括海德格尔的现象学基础存在论），它是与人的实践活动紧密结合在一起的，这正是马克思存在论思想最独特和高于其他存在论学说之处，这一实践观与存在论结合一体的思路不仅贯彻于《巴黎手稿》全文，而且也贯彻到马克思以后的全部著作中。这就是马克思正面、直接阐述其以实践为中心的存在论思想的证据，也正是我们提出"实践存在论美学"最直接的理论依据。

概而言之，马克思的存在论是以实践论为基础的，而马克思的实践论则内在地涵摄着存在论维度，两者是紧密结合的。马克思的实践概念与存在概念是内在融通的，是用实践范畴来揭示人在世界中存在的基本方式。实践的根本内涵就是指人的最基本的存在方式。人的历史、现实的存在，以及环绕在人类周围的感性世界（包括人化和未人化的自然界、物质生产和生活的各种条件、社会机构、政治制度、文化设施、人伦体制等等）的存在，都是在漫长的历史实践中不断生成、建构出来的。人是实践的存在者。人的存在过程，就是人通过实践开显自身的存在意义和周围世界的存在意义的历史过程。人的理想存在状态，也只能通过实践才能达到。

这里不能不指出，人类理想状态的达到，绝不是一帆风顺的，人的实践活动总是、或者说绝大多数情况下是在非理想状态下进行的。在某种意义上，理想作为人的目标（目的）总是引导实践的内在动力，实践总是不断克服和超越非理想状态的活动过程。在马克思提出其以实践为中心的存在论的《巴黎手稿》中，着重批判的就是当时社会的非理想状态——资本主义私有制下人的全面异化的现实。马克思指出，要通过工人阶级的社会革命，来彻底地消除异化，实现人类解放的伟大理想。所以，马克思的存在论是实践的、革命的存在论。在哲学上，它是对本质上为异化状态辩护的整个西方传统形而上学的批判和解构。海德格尔在这一点上可能受到马克思的直接启示。他的现象学存在论把西方形而上学的历史归结为存在遗忘或遮蔽的历史，而形而上学对存在遗忘或遮蔽，在海氏那里，就是被形而上学掩盖、巩固起来的世界的"无家可归的状态"。他认为，这种"无家可归的状态"在马克思视域中，集中表现为人的异化状态。海氏从马克思对资本主义条件下异化状态的无比犀利、深刻的批判，看到了这种批判对整个传统形而上学颠覆和解构的伟大意义，从而给予了极高的评价，他说："无家可归状态变成了世界命运。因此有必要从存在的历史的意义思此天命。马克思在基本而重要的意义上从黑格尔那里作为人的异化所认识到的东西，和它的根子一起又复归为新时代的人的无家可归状态了。这种无家可归是从存在的天命中在形而上学的形态中产生，靠形而上学巩固起来，同时又被形而上学作为无家可归状态掩盖起来。因为马克思在体会到异化的时候深入到历史的本质性的一度去了，所以马克思主义关于历史的观点比其余的历史学优越。"①海氏的这一评价,最后落到对马克思唯物主义历史观的肯定上,认为唯物史观优于其他各种历史观。这是相当中肯的。

综上所述,马克思以实践论为中心的现代存在论思想为实践存在论美学奠定了哲学根基。实践存在论美学就是要由这个哲学基础出发,深入到人与世界的关系中,深入到人的生存实践即人生实践中,开启美学研究的新视野。这也就提出了实践存在论美学哲学基础的另一个重要方面——关系论和生成论。

二

所谓关系论,在哲学层面上主要归结为人和世界的关系问题。从上面所述可知,现代存在论的核心是探讨人与世界的存在关系问题。海德格尔的"此在在世"、马克思的"人就是人的世界",都是如此。在笔者看来,存在论内在地涵摄着关系论,在特定意义上甚至可以说存在论也就是关系论。

根据马克思主义的观点,在某种意义上可以说,人是"关系"的动物,人高于其他动物的最重要标志之一,是人与世界发生了动物所没有的"关系"。马克思、恩格斯在《德意志意识形态》中论述人类历史的发生、发展时,就是从对人的各种交往关系(包括人与自然、社会等的关系)的历史生成和发展的考察入手的。他们明确指出:"凡是有某种关系存在的地方,这种关系都是为我(按:指'人')而存在的;动物不对什么东西发生'关系',而且根本

---

① 孙周兴:《海德格尔选集》上卷,三联书店1996年版,第383页。

没有'关系';对于动物来说,它对他物的关系不是作为关系存在的。"①很清楚,第一,"关系"只是对人而言的,只有人才有的,动物是不存在任何关系的;因此,第二,人与世界(包括自然界、其他事物和他人)的一切关系都只能是属人的关系;第三,人与世界的所有关系,全部是社会的关系,包括人与自然的关系亦然。马克思、恩格斯指出,人的"意识一开始就是社会的产物,而且只要人们存在着,它就仍然是这种产物"②。可见,人一开始就是,而且永远是生活在各种各样的社会关系中间的。马克思的现代存在论依托于对人的各种关系的论述,关系论是其存在论的必然延伸和展开。

需要强调的是,马克思在论证其实践的唯物主义即唯物史观时,就是从其以实践为中心的存在论出发,通过"交往关系论"来展开的。马克思、恩格斯指出:"全部人类历史的第一个前提无疑是有生命的个人的存在。因此,第一个需要确认的事实就是这些个人的肉体组织以及由此产生的个人对其他自然的关系……任何历史记载都应当从这些自然基础以及它们在历史进程中由于人们的活动而发生的变更出发。"③就是说,这个唯物主义的新历史观是从个人的存在、从他们(本身是自然的一部分)对其他自然的关系(只有人才有"关系")及他们的实践活动即生产活动出发的,"而生产本身又是以个人彼此之间的交往(Verkehr)为前提的。这种交往的形式又是由生产决定的"④。"由此可见,事情是这样的:以一定的方式进行生产活动的一定的个人(手稿的最初方案:'在一定的生产

---

① 《马克思恩格斯选集》第1卷,人民出版社1995年版,第81页。
② 同上。
③ 同上,第67页。
④ 同上,第68页。

关系下的一定的个人'。——编者注）发生一定的社会关系和政治关系"①。这样，在马克思、恩格斯那里，以实践为中心的存在论就派生出，或者更确切地说是内在地包含着社会关系论的。他们进而论述人们的交往关系是由物质交往关系产生并最终决定"精神交往"（包括想象、思维等）关系的："思想、观念、意识的生产最初是直接与人们的物质活动，与人们的物质交往，与现实生活的语言交织在一起的。人们的想象、思维、精神交往在这里还是人们物质行动的直接产物……这里所说的人们是现实的、从事活动的人们，他们受自己的生产力和与之相适应的交往的一定发展——直到交往的最遥远的形态——所制约。"②在此基础上，马克思、恩格斯将下述新唯物史观的著名表述最终落实到实践的存在论根基处："意识（das Bewuβtsein）在任何时候都只能是被意识到了的存在（das bewuβte Sein），而人们的存在就是他们的现实生活过程。"③此处，"存在"概念没有使用静态的die Existenz（existence）而是动态的sein（being）来表达，清楚地表明他们是在现代存在论视野中表述唯物史观的；而且，还直接用人们的"现实生活过程"即实践活动过程来阐述他们的"存在"方式。由此可见，马克思实践的唯物主义即唯物史观，本质上就是以实践为中心的现代存在论；这种现代存在论内在地包含着"交往关系论"，同时，又依托着"交往关系论"的展开而得到论证。两者是互动互生、一体两面的。

以上述"交往关系论"为出发点，人与世界的关系，根本上是一种生存关系。生存关系包括人与自然、人与社会、人与人、人与自我

---

① 《马克思恩格斯选集》第1卷，人民出版社1995年版，第71页。
② 同上，第72页。
③ 同上。

的关系等,其中人与自然的关系是最基础的,人与社会、人与人、人与自我等关系乃是在人与自然关系的基础上形成和发展的,是人与自然关系的社会折射;当然,反过来说,人与自然关系本质上也是人的社会关系,并受到社会关系的制约。

这里先着重看一看人与自然的关系。马克思在谈及人类童年时期与自然界的关系时曾深刻指出:"自然界起初是作为一种完全异己的、有无限威力的和不可制服的力量与人们对立的,人们同自然界的关系完全像动物同自然界的关系一样,人们就像牲畜一样慑服于自然界,因而,这是对自然界的一种纯粹动物式的意识(自然宗教)。但是,另一方面,意识到必须和周围的个人来往,也就是开始意识到人总是生活在社会中的。"①马克思在此加了边注,明确指出:"自然界和人的同一性也表现在:人们对自然界的狭隘的关系决定着他们之间的狭隘关系,而他们之间的狭隘关系又决定着他们对自然界的狭隘的关系,这正是因为自然界几乎还没有被历史的进程所改变。"②据笔者的理解,马克思这段话至少有以下几层意思:第一,这是对人刚刚开始脱离动物界之际人与自然(世界)最初关系的一种描述。第二,这种关系是对立关系和同一关系的辩证统一:一方面,自然界作为异己的、不可制服的力量统治着人们,与人相对立;而另一方面,人与世界的同一表现在人无条件服从自然力量,人作为社会主体还没有完全超越动物,与自然形成独立、能动的对峙关系。这就是"人们对自然界的狭隘的关系"。第三,这种原初的人对自然界的狭隘关系决定着人与人之间狭隘的社会关系,

---

① 《马克思恩格斯选集》第1卷,人民出版社1995年版,第81页。
② 同上。

反过来，人们之间的狭隘社会关系也决定着他们与自然界的狭隘关系，两者之间是互生互动、相互决定的。第四，人与自然的这种狭隘关系的突破需要依靠人通过物质实践活动这一"历史的进程"来改变自然界，使自然界逐步按照人的目的、意志发生改变。第五，正是实践活动最初创造、生成了人自身，也同时生成了与人对立的自然界，生成了人与自然界的主客对峙关系。换言之，人与自然界的主客分立关系不是从来就有、永恒不变的，而是在实践中、通过实践活动历史地生成的。这就是发生学上人与自然（世界）之间相互依存、双向建构、生成发展的存在论关系。第六，人与自然关系的历史生成同时也生成和改变着人与社会、人与人、人与自我等社会性关系。换言之，人与自然（世界）的关系，一开始就是受到社会形态制约的，本质上也是一种社会关系；同样，不同的社会形态也受到人与自然关系的制约，反映着人与自然关系的历史变化。这六点，也可以概括为"关系生成论"。它就是马克思运用唯物史观的"关系生成论"来分析史前时期人与世界（自然界）特定关系的范例，同时，也适合于对全部人类历史中人与世界关系的考察和分析，因而具有普遍意义。

在上述最初人与自然界的主客分立关系（以及人与社会、人与人、人与自我等关系）历史地形成之后，在漫长的历史进程中，由于人对世界的不同认识、不同态度、不同处置方式，这些关系便呈现出多种多样的模式，而且各种各样的关系不是固定不变的，而总是处在不断发展变化的过程中。如人与自然之间至少存在两种互相对立的关系模式，一种是人对自然的斗争和征服，发展到工业社会以后，更出现了某些对自然的无节制的宰割、掠夺、滥用和破坏的情况；另一种是人顺应自然，与天地万物融为一体、和谐共存，但也有可能使生产力发展相对迟缓、滞后，人更多受自然力、自然灾害的支配，贫困艰苦的生存状态长期得不到改变。再如就人与人、人与社会的关系来看，中国原始儒家强调个体对社会历史的责任感，把仁、忠、孝以及"己所不欲，勿施于人"等等作为处理人与人、人与社会关系的规范和指导原则，而中国原始道家却追求另一种关系模式，人与人之间始终保持为一种虚静、自然、素朴的状态；西方基督教强调"爱你的邻人"，讲求人与人的和睦相处；马克思通过对资本主义社会赤裸裸的金钱关系的分析，揭示出它在本质上是一种异化了的社会关系；萨特以"他人就是地狱"的名言，表达了他对现代资本主义世界人与社会异化关系的一种特殊体认；如此等等。再就人和自我的关系来看，在西方中世纪，神学一再告诫人们，身体是恶的，是原罪，人必须折磨自己的身体才能使灵魂升入天堂；文艺复兴以后，解剖学产生，人们又把自己的身体视为机械；十九世纪末至二十世纪初，弗洛伊德等心理分析学家揭示了人的潜在生命欲望，使人与自我的关系骤然变得复杂起来；在今天，身体似乎已与灵魂紧密结为一体，不再是自我的耻辱，许多艺术家甚至试图调动身体诸种感觉，重新体认、揭示和阐发身体与世界的关系和人自身的存在状态；如此等等。以上种种人与世界的关系不但错综复杂、极为多样，而且都处在历史的生成、变化过程中。没有一种关系是恒定不变的。可以说，生成性、变动性、历史性是人与世界关系的根本特征。

必须强调指出，马克思是通过实践来展开其关于人与世界的动态生成的同一（一体）关系的。在马克思看来，既不存在永恒不变的"抽象的人"，也不存在亘古如一的"抽象的世界"。把人与世界结合为一体的是实践。在《关于费尔巴哈的提纲》中，马克思在批评唯心主义不懂得"真正现实的、感性的活动本身"（即实践）的同时，又着重批评了以费尔巴哈为代表的旧唯物主义，指出它们的主要缺点是"对对象、现实、感性,只是从客体的或者直观的形式去理解,而不是把它们当作人的感性活动,当作实践去理解,不是从主体方面去理解"①。费尔巴哈以激烈的姿态反叛唯心主义哲学,却不料在对"人"所作的自然的、肉体的、生理的人的本质的界定中不自觉地走向了形而上学。原因在于,费尔巴哈同唯心主义一样,犯了主客二分的错误,他虽然正确地批评了唯心主义对世界客观性的否定,却同时否定了人的活动的主体性,即否定了人正是通过实践活动建构起人与世界不可分割、相互交织的一体关系的,因此,他虽然一再强调人的感性本质,却不懂得作为真正感性活动的实践,不懂得正是实践"这种活动、这种连续不断的感性劳动和创造、这种生产,是整个现存感性世界的基础"②。正是人的"这个能动的生活过程"即实践,将人与世界建构成不可分割的一体,也构成人在世界中的现实存在。更重要的,马克思认为,人与世界的统一是通过不断的实践活动达到的,人是在世界中从事实际活动的人,而人"周围的感性世界绝不是某种开天辟地以来就已存在的、始终如一的东西,而是工业和社会状况的产物,是历史的产物,是世世代代的结果"③。人正是在这种实践活动中诞生、发展、获得自己现实的社会存在的,而世界也是在实践活动不断得到改变,愈益成为人的世界。人的生活世界,即人与世界统一的"人的世界"本就生成于实践、奠基于实践、统一于实践。因此,马克思"人就是人的世界"的命题必须在上述"关系生成论"的意义上加以理解。

还要看到,从"关系生成论"出发,人与世界在实践中的统一

---

① 《马克思恩格斯选集》第1卷,人民出版社1995年版,第54页。

② 同上,第77页。

③ 马克思,恩格斯:《关于费尔巴哈的提纲》,人民出版社1988年版,第20页。

是一个不断创造的、生成的过程,而非静止的现成的、一蹴而就完成的;在此过程中人与世界相互牵引、相互改变,在自然与社会的互动中推动着文明的进程。正如马克思所说,通过劳动,"人就使他身上的自然力——臂和腿、头和手运动起来。当他通过这种运动作用于他身外的自然并改变自然时,也就同时改变了他自身的自然,使他自身的自然的沉睡着的潜力发挥出来,并且使这种力的活动受他自己的控制"①。就人与自然的关系而言,一方面人通过实践活动不断改造自然、创造新的自然,创造着人类生存的新环境;另一方面,人本身就是在实践中并通过这种实践活动而逐步脱离自然界(动物界)成其为人的,而且通过进一步的实践不断改造人自身("自我改变"),改变人自身的"自然"和心灵,使人一步步摆脱原始状态而走向现代。人的生存环境与人自身的双重改变乃是在历史性的、社会性的实践中不断实现的。从实践出发,不仅可以寻找到人类自我创生的证明,而且可以寻找到属人的自然界产生的证明。同时,马克思指出,人的存在与世界的存在又是在实践中双向建构、同步发展的,"只是由于人的本质的客观地展开的丰富性,主体的、人的感性的丰富性,如有音乐感的耳朵、能感受形式美的眼睛,总之,那些能成为人的享受的感觉,即确证自己是人的本质力量的感觉,才一部分发展起来,一部分产生出来"②。正是在这个意义上,马克思才得出"整个世界历史不外是人通过人的劳动而诞生的过程,是自然界对人说来的生成过程"③这样一个"关系生成论"

---

① 《马克思恩格斯选集》第1卷,人民出版社1995年版,第55页。
② 马克思:《1844年经济学哲学手稿》中央编译局译本,人民出版社2000年版,第87页。
③ 同上,第92页。

的伟大结论。

　　同样，在人的本质问题探讨上，马克思也应用了"关系生成论"。他精辟地指出："人的本质不是单个人所固有的抽象物，在其现实性上，它是一切社会关系的总和。"[①]一般认为这是马克思关于人的本质的一般的、普遍的定义。笔者认为不妥。因为，一旦肯定这是人的本质的定义，实际上就把人的本质固化、抽象化、实体化了。而马克思这里前一句话就是反对将人的本质固化、抽象化的。他强调的是每一个现实的人的现实的本质是"一切社会关系的总和"。由于"一切社会关系"实际上就是人与世界的全部关系，因为任何社会关系都是处在不断变动中的，"一切"社会关系及其总和更是永恒变动着的，人就是生存于、存在于这种社会关系的不断变动中，每个个体人的本质也就是在这种种社会关系的复杂变动中不断生成和发展的，所以，每个个体人的本质，都不是也不可能是先天就有的、现成固定的，而是不断生成和变动的。这里，马克思正是通过社会关系的生成论来论述其人的本质观，同时也就论述了他的人的存在观。笔者前面所说"人是关系的动物"也正是在"关系生成论"这个意义上讲的。

　　笔者认为，实践存在论美学就是从上述实践的"关系生成论"出发，来考察人和世界的一体（而不是二分、对立）关系。这种人和世界的一体关系，最核心、最集中地体现为"人生在世"（此处借用张世英教授概括海德格尔"此在在世"的存在论命题的说法）的状态。所谓人生在世，简言之，即人在世界中存在或人生存在世界中；展开说，即人与世界在相互依存、融为一体的关系中双向建

[①]《马克思恩格斯选集》第1卷，人民出版社1995年版，第60页。

构、生成发展的关系。按照"人生在世"的关系论观点，人跟世界是不能分离的。如前所述，一方面，人生存在世界之中，世界源初就包括了人在里面，人是世界的一部分；另一方面，世界只对于人才有意义，如果没有人，这个世界也就毫无意义，而且根本就无所谓"世界"。而"在世"就是人与世界打交道，人一直处于跟世界不断打交道的关系中，在打交道的过程中，人就现实地生成了，在继续打交道的过程中，人（社会）又不断地获得发展；而在人生成、发展的同时，也不断带动世界发生变化。这种打交道的过程乃是人与世界双向建构的过程；实际上也就是人通过有意识的活动与世界发生、建立各种各样关系的过程，按照马克思主义的观点，这其实就是社会实践。我们用马克思以实践为核心的存在论和关系生成论来阐释"人生在世"的观点，就消解了主客二分的现成论思维方式，使人与世界的一体关系建立在实践活动基础上的不断生成过程中；实践显然就是人的在世方式，或者更准确地说，人生在世的基本方式就是实践。于是，"关系生成论"构成了实践存在论美学哲学基础的又一重要方面。

　　由此可见，从根本上说，美学所遭遇到的一切哲学问题都导源于人生在世这一人与世界存在关系的总问题。因而美学的哲学基础应当从马克思以实践为中心的存在论及关系生成论出发，突破主客二分的现成论思维方式，深入到人与世界一体的本真关系中，深入到人的生存实践即人生实践中，深入到人与世界双向生成的境域中，体悟、反思和探讨人类无限丰富和永恒变动的审美关系和审美现象。这就是人生在世的关系论所展示出来的美学研究的哲学视野，这也就是实践存在论美学所依托的哲学基础。

三

以上我们论述了实践存在论美学的哲学基础。接下来就需要讨论这一哲学基础在美学上的体现和展开。我以为,其中一个核心问题,就是在肯定人生实践是人存在的基本方式或在世方式的基础上,进一步肯定审美活动是人生实践中一个基本的、必不可少的组成部分,从而肯定审美活动也是人的基本活动和基本存在方式之一。

我们讲审美活动是人类的基本活动和基本存在方式之一,实际上是讲审美活动在人类所有活动中的地位问题。人生存于这个世界之上,处于不断的生活实践之中。前面已经说过,人的基本的存在方式或在世方式就是实践活动,物质生产活动是最基础性的实践活动,但不是全部,而审美乃是这种人生实践活动的一种较高层次的精神活动形态、一个极为重要的组成部分。

人类的产生证明了这一点。人的族类的形成和诞生是实践活动的产物,但这种实践不能仅仅理解为单纯的物质生产,不仅仅是狩猎或采集,也有原始的宗教活动、巫术活动,人与人之间的交往活动,部落与部落之间交往(包括战争)的活动,它们都不能简单地归结为物质实践。还有原始的审美活动,比如被称为"史前的西斯廷教堂"的西班牙阿尔塔米拉洞窟壁画和被称为"史前的卢浮宫"的法国拉斯科洞窟壁画,这些画的产生在原始社会里主要不是今天意义上的艺术和审美活动的成果,它们本身可能主要是作为原始巫术活动的一种方式、一种展示,同时也包含生产活动的目的和因素(比如交感巫术的实用目的),但它们也能说明人开始具有某种形式感,它是审美活动的基础,就是说它们已经具有了今天所说的审美的萌芽和因素。所以人类实践活动一开始就是综合性的,就包含着多方面的因素,其中也包括审美因素。很明显,审美活动就萌发于人类的生存实践。随着考古发掘的不断深入,大量的出土文物都无可辩驳地说明,审美起源于人类的生存与发展的实践活动之中。后来,审美活动逐渐从人类其他实践活动中独立出来,但它仍然是人的整个实践活动(或者说人生实践)的一个有机组成部分。换一个角度说,审美本身就是一种人生实践。审美活动跟其他实践活动一起构成了人类实践的整体。

审美活动之所以产生和发展,是有其必然性的,是由于人的生存与发展的实践需要审美。鲁迅先生曾经说过,人们"一要生存,二要温饱,三要发展"①,人仅仅维持生存即活着是远远不够的;温饱无非使人在物质上生存得好一点,但仍然是不够的,因为人的生存还有精神上的需要,所以我们还要发展。而审美正是满足人的精神需要和享受的重要方式之一。从大的方面看,审美活动极大地推动着人类社会的发展和文明的进化。我们假设社会的物质生产取得了很大进展,但如果没有审美活动,人类的文明就存在极大缺憾,就成为"跛脚"的文明,实际上也不可能促进物质生产的发展,更不可能促使文明向更高的层次前进。从小的方面看,审美活动有助于个人超越现实的有限性、功利性,获得更大的精神自由。不管什么人,在现实生活中都有可能会遇到各自的烦恼,不会一直一帆风顺。每个人都是有局限性的,在整个社会生活中我们没有办法超越自身有限的生存,往往是不自由的,甚至可以说不自由是人生的常态。在这种情况下,人们就需要审美活动,需要借审美活动来帮助

---

① 鲁迅:《鲁迅杂文全编》上编,浙江文艺出版社1993年版,第193页。

我们摆脱有限性，获得现实中得不到的精神自由和享受。所以古人说"宁可食无鱼，不可居无竹"。

随着社会的发展，人们对文明的要求程度越来越高，人们的文化素养也越来越高，这时候，人们对审美的需求也就越来越强烈。进入现代社会，现代人对审美的要求，比起古人，实际上是更加强烈了。在现代西方，科技越来越发达，人们的物质生活越来越丰富，但物质生活的片面发展对人们精神的压抑却越来越强烈，科技主义对人文精神的挤压也越来越强烈，异化现象越来越严重、越来越全面，极大地扭曲了人的生命、人的精神，使人性和人格分裂，使人成为马尔库塞所说的"单面人"。这种现状也就越需要精神生活尤其是审美活动的补偿和调节。从某种意义上说，审美对于现代人的发展而言更加重要。没有审美，人就会缺乏健全、充实的精神生活，人性和人格就会被扭曲、分裂、异化。黑格尔曾经批判物质主义，强调人的精神对于物质而言的重要性，认为精神的贫乏比物质的贫乏更可怕。马克思提出人要全面地占有自己的本质力量，强调自然的彻底的人道主义和人的彻底的自然主义，就是要塑造健全的人、充实的人、全面发展的人。而审美活动在这个过程中有着不可替代的巨大作用。正因为人的生存和发展需要审美，所以审美活动必然要进入人生实践，成为人生实践必不可少的重要组成部分。

审美实践一方面是人的生存与发展的需要，另一方面它也以人生实践为源泉。审美的创造与欣赏都离不开人生实践。审美活动需要在实践中不断汲取营养，才能丰富和发展起来。就艺术创造这种审美活动来讲，要取得真正的成功，总要扎根于现实生活，只有从现实生活中激发灵感、获得素材，创造才能成功，才会有比较长远的生命。比如法国艺术家罗丹的雕塑《思想者》之所以取得巨大成功，就是因为他截取了生活的一个瞬间，生动地刻画了那位陷入深深沉思的哲人的神情体态。如果离开了对现实的深入的观察与摹刻，离开了具体的人生实践，就不可能创造出如此成功的艺术品。又如齐白石老人的绘画作品，水、莲花、蝌蚪、鱼这些东西在寥寥数笔中被栩栩如生地刻画出来，这已经超越了对具体事物的描摹，而成为一种对人生、对生命的体验，成为人生实践的升华。这两个例子都说明，艺术活动是和人生实践紧密结合在一起的，审美活动是扎根于人生实践之中的，是我们人的基本的生存方式之一。整个人类要想健全发展，审美活动这种人生实践就是不可或缺的。

总之，审美活动是众多人生实践活动中的一种，是人的一种高级的精神需要，而且是见证人之所以为人的最基本的方式之一；它是人与世界的关系由物质层次向精神层次的深度拓展，也是人超越于动物、最能体现人的本质特征的基本存在方式之一和基本的人生实践活动之一。

实践存在论哲学基础在美学上的另一个重要体现是美学研究的对象发生了重要变化，从把探究美和美的本质当作美学的主要对象和出发点的现成论思路，转换成把探讨人对世界的审美关系及其现实展开——审美活动、审美实践——作为美学研究主要对象的生成论思考方式。

目前多数美学原理的教材都把主要研究对象确定为美和美的本质问题，它们往往把追问"美（的本质）是什么"作为美学研究最核心的问题，把美论即为美下定义作为整个美学的理路出发点即逻辑起点；其次是由美论推出美感论，把美感作为对美的一种特殊认识和感受。殊不知这种提问方式和思考理路本身就陷入了主客二分的单纯认识论和现成论的思维框架，从而有走向本质主义的危险。因为当我们这样提问时，实际上就是把"美"作为一个早已客观存在的对象来认识，预设了一个固定不变的"美"的先验存在，即预设了美已经是一种现成的存在物或实体了,这就把美作为一个现成事物固定下来,把它从它的运动发展之流和所处关系中截取下来,让它以静止、孤立的面貌面对我们,让我们对其进行确定性的考量、进行本质主义的追问,进而对美下一个普遍适用、固定不变、放之四海而皆准的定义。这种对美的现成论的本质主义追问方式就是一种二元对立的思维方式。

而实践存在论美学的"关系生成论"思路则相反,认为美是生成的,而不是现成的。美学研究当然不能回避美和美的本质的问题。笔者并不认为不能讨论美的本质问题,但是不应该把美的本质实体化、固定化、抽象化。过去对美的本质的讨论,对美学研究也起了一定的作用,但是,由于脱离了美不断生成的动态关系,因而很难得到为美学界普遍认同的共识,最终只能落入柏拉图预言的"美是难的"的困境。如果思路不变,一心一意要为美下一个永恒不变、普遍适用的定义,或者说要找到这样一个现成的美的本质,恐怕是不可能的。所以我们应该突破主客二分的单纯认识论思维框架和本质主义的思考方式,立足于"关系生成论"的思考理路,换一个提问方式,即可以问"美是怎样生成并呈现出来的"。而要回答美的生成问题,必须从人的审美活动(即人与对象世界之间审美关系的现实展开)入手。因为任何美作为审美对象都不是现成的,而是在审美活动、审美关系的展开中现实地生成的。这样一种提问方式的转换,实际上也就是美学研究对象的转换,即由把追寻现成的美和美的本质作为主要研究对象,进行本质主义的静态研究,转换成把不断生成的人与世界的审美关系即审美活动作为美学研究的主要对象,进行"关系生成论"的动态研究。这样一种美学研究对象的转换,会带来整个美学理论的思路、框架、结构和一系列范畴、概念的变化。笔者主编的《美学》教材(高等教育出版社出版)就力图体现这个重大变化。

　　关于实践存在论美学的哲学基础,还涉及许多其他问题,限于篇幅,只能留待以后了。

〔原载湖北大学学报(哲学社会科学版)2014年05期〕

第三辑

关于实践存在论美学的论争与再思考

全面准确地理解马克思主义的实践概念
——与董学文、陈诚先生商榷

最近,拜读了董学文、陈诚先生全面批评本人的长文《"实践存在论"美学、文艺学本体观辨析——以"实践"与"存在论"关系为中心》一文,①首先表示欢迎,因为文章确实提出了一系列值得我们进一步思考的理论问题,有些问题我们以前至少还没有论述清楚。但同时觉得该文的批评难以令人信服,其中对我们一些重要的观点存在着极大的误解和曲解,甚至做出了与我们立意恰恰相反的解释。由于董文涉及的内容太多,我们拟写两三篇文章来加以应答和商榷,本文打算着重讨论如何全面、准确地理解马克思主义的实践概念。

一、应当以马克思主义的态度和学风来讨论学术问题

讨论学术问题,尤其是马克思主义理论问题的一个前提,是坚持马克思主义的态度和学风,而在我们看来,这一点恰恰是董文所缺乏的。

---

① 董学文、陈诚:《"实践存在论"美学、文艺学本体观辨析——以"实践"与"存在论"关系为中心》,《上海大学学报:社会科学版》2009年第3期。

首先，在坚持马克思主义唯物史观的原则下，从不同角度对马克思主义经典作家的理论观点进行不同的解读，这是继承和发展马克思主义理论精髓的必由之路，以"权威"的姿态和口吻，将自己缺乏具体论证的理解当作唯一正确的理解，将与其不同的理解都轻率地指责为错误的、唯心主义的，显然不是马克思主义的态度。而后者在董文中却随处可见，比如对马克思主义"实践"概念的理解，董文未作任何论证就武断地宣称：

> 马克思所讲的"实践"，……不能理解为包括一切的活动和行为，也不能理解为是亚里士多德和康德意义上的形而上学的"道德实践"。

这一论断，特别是后一句没有任何论证和说明，就把马克思的"实践"概念同从亚里士多德到康德的西方哲学史传统的血缘联系粗暴地一刀切断。没有人说马克思的实践概念直接就是或等同于这两位思想前驱的实践概念，但两者之间的承继、改造、发展的关系是不容轻易否定的（关于这个问题，下面将详细讨论）。在另外一处，董文进一步声称马克思主义应当是"抛弃了亚里士多德、康德以来的所谓'道德实践''审美自由''超验存在'等的静态的唯心的美学观"。且不说把"道德实践"也作为"美学观"，与"审美自由"并列这种逻辑上的极度混乱，就说马克思主义为什么必须"抛弃"亚里士多德、康德以来的"道德实践"概念呢？"道德实践"又是在什么意义上被判定为"静态的唯心的美学观"呢？董文同样没有任何论证，哪怕是简单的说明。这样一种对马克思主义主观武断却又自以为是唯一正确的权威解释的态度，难道是马克思主义的态度和学风吗？笔者认为，这种居高临下的似乎不容置疑的论断和对别人的指责，除了显示出自己的浅薄以外,什么也不能证明。

其次,学术的发展需要批评,需要争鸣,我们同样真诚地欢迎平等的、讲道理的批评,在此前提下,我们更为欢迎那些尖锐的学术批评,因为唯有这样的批评才能真正地推动学术的发展,推动马克思主义的发展和马克思主义中国化的进程。然而,董文不仅以"权威"自居,其行文称作"尖锐"已嫌其轻,简直是在"棒杀"了。比如,对于笔者提出的实践存在论美学观,董文一开始就排除在马克思主义范围之外,公然宣布"如果说此前'实践本体论''实践唯物主义'的讨论,尚属于马克思主义哲学、美学范围内的对话,那么,有关'实践存在论'的探讨,就已经大大超出了这个范围,变成了马克思主义与海德格尔存在主义之间的奇异结合"(对于这一结论性的评判,笔者将另撰文予以反批评,此处不赘)。套用董先生的句法,"如果说"这里还是有些学术讨论的意味的话(毕竟那个非马克思主义不得研究的时代已经过去了),"那么",后面的文字就"大大超过了这个范围":"'实践存在论'美学、文艺学对个体的'人的存在'的极度张扬,实际上已经走向了精神本体论和审美唯心论,走向了某种极端的个人主义。'实践存在论'美学、文艺学在马克思主义实践观外表的遮掩之下,通过反对主客二元对立和寻求个体生存为幌子,完成的则是对唯物史观和唯物辩证法的瓦解";接下去还有更让人吃惊的"帽子":"在所谓'存在论转向'的意图之下,'实践存在论'美学、文艺学完成的则是对马克思主义美学、文艺学的实践观和历史唯物论的解构与颠覆。"以至于他们担心(实际上是指责)"完成了这种'突破'和'转移'的'实践存在论'美学、文艺学,会不会导致马克思主义美学、文艺学基本原理也要发生根本性的改变呢?"如此的判断简直令人瞠目结舌,"极端个人主义""遮掩""幌子"……在这些似曾相识的词汇的描述中,笔者似乎已经不仅是远离马克思主义的"非马克思主义"了,而且是"反对"甚至"瓦解""解构"和"颠覆"马克思主义的罪人了。这样的"上纲上线"还是学术批评,还是马克思主义的学术批评吗?以"政治棍子"棒杀学术的年代已经过去了。笔者希望能够以学术争鸣的原则和态度,同董文进行学理的商榷,至于这些莫名其妙、在根本没有理解甚至拒绝理解作为学术批评的对象——"实践存在论"究竟是什么的情况下,仅凭着"想当然"先扣上来的一顶顶大帽了则实在不敢领受。

最后,讨论包括马克思主义理论在内的所有的学术问题,都应当坚持实事求是的态度,应当按照小平同志关于全面、准确地理解毛泽东思想的教导来学习、理解马克思主义的精神实质,而不应当断章取义、随心所欲地任意诠释,因为后者绝不是真正的马克思主义的态度。然而,董文恰恰是这样做的。试举一例:董文非常自信地宣称马克思主义美学、文艺学"明确主张'劳动创造了美'",但果真如此吗?的确,此话确实出自马克思的《巴黎手稿》,但并不是马克思的观点,而是董文断章取义的"成果"。请看马克思说这句话的前后文:

> 国民经济学以不考察工人(即劳动)同产品的直接关系来掩盖劳动本质的异化。当然,劳动为富人生产了奇迹般的东西,但是为工人生产了赤贫。劳动创造了宫殿,但是给工人创造了贫民窟。劳动创造了美,但是使工人变成了畸形……劳动生产了智慧,但是给工人生产了愚钝和痴呆。[1]

---

[1]《马克思恩格斯全集》第四十二卷,人民出版社1979年版,第93页。

这里明明白白是对资本主义私有制下劳动异化的深刻批判,怎么能够把其中一句话断章取义地抽出来,说成是马克思的美学主张呢?这种断章取义的结果是,取消了马克思对资本主义异化劳动的批判,把资本主义的异化劳动美化成美的产生的一般规律,岂非咄咄怪事?如果说以前在"左"的教条主义思想方法影响下出现这种再明显不过的误读还是可以理解的话,那么对号称熟读马克思主义经典的董先生来说恐怕就另有所图了吧。

这种断章取义的手法同样表现在对被批评者论著的批判上。比如,董文蓄意掐断前后文的联系,单单抽取和引用了笔者如下两句话:"人在世界中存在,就意味着在世界中实践;实践是人的基本存在方式;实践与存在都是对人生在世的本体论(存在论)陈述";"虽然仍然以实践作为美学研究的核心范畴,但是却突破主客二元对立的认识论,转移到了存在论的新的哲学根基上了",之后,便严厉指责实践存在论的"'哲学根基'已经'转移',从'旧的'辩证唯物主义认识论变成'新的'存在主义的存在论"(即海德格尔的"存在论"),并且声称"持论者的态度亦相当明确的,即承认其理论'转移到了存在论的新的哲学根基上了'",进而责问道:"问题是这样'转移'之后,确立的'新的哲学根基'还能说成是马克思主义的哲学根基吗?"这种断章取义手段之拙劣,简直令人啼笑皆非。实际的情况是,以上董文所引的两句话出自拙著《走向实践存在论美学》第五章第二节"实践是人存在的基本方式"。[①]就在该书第三章第二节即专门从几个方面论述了马克思实践观与存在论的一体关系,即马克思实践观的存在论基础和他的存在论的实践论本质,提

[①] 朱立元:《走向实践存在论美学》,苏州大学出版社2008年版,第280页。

出"实践是人在世的基本方式"的观点;第五章第一节"实践存在论美学提出的根据"明确论述了其马克思主义(而不是海德格尔)的哲学根据:第一,在马克思的学说中,实践概念与存在概念有一种本体论上的共属性和同一性,两者揭示和陈述着同一个本体领域;第二,实践与存在揭示着人存在于世的本体论含义,是对近代以来主客二分思维方式的重要超越,并明确指出,"人生在世",并不是海德格尔的发明,实际上马克思早已经发现并作过明确的表述,马克思高于和超越海德格尔之处在于用"实践"范畴来揭示此在在世(人生在世)的基本在世方式。在此基础上,才有后面的论述"用马克思主义实践论来阐述和改造'人生在世'的观点"、强调实践是人存在的基本方式的那一段话和"转移到了存在论的新的哲学根基上了"这句话;而且,紧接其后的一段话是:"在人类思想史上真正科学地解决了主体与客体、人与自然之间关系问题的,是马克思所创立的实践哲学。马克思实践哲学的革命性意义首先表现在,它对传统形而上学作了彻底的颠覆。"①在这里,笔者明明白白表述和论证的是马克思的实践论和马克思的存在论的有机结合,而不是与海德格尔的存在论的结合;"突破主客二元对立的认识论,转移到了存在论的新的哲学根基上了"明明是指马克思哲学内在包含的存在论根基,而不是海德格尔的存在论,董文却无视笔者全书的整体意图和反复论述,把实践存在论所依托的马克思哲学的存在论根基,硬说成是海德格尔的,而且把这种无中生有的颠倒强加于笔者,说是笔者"承认"的。这种批评的方式恐怕已经不是"断章取义"所能概括的了。

关于马克思实践论的存在论维度和根基问题,笔者将另文详细

---

① 朱立元:《走向实践存在论美学》,苏州大学出版社2008年版,第280页。

探讨。这里只想指出，以这样一种方式和态度来讨论学术问题，特别是马克思主义理论问题，本身就是远离马克思主义的。再如，董文指责实践存在论美学"先对马克思主义的实践观进行扭曲化、狭隘化，然后将'实践'观念加以泛化"，且不说这句话本身逻辑上的自相矛盾（既然"狭隘化"，怎么又"泛化"了呢？），此处只指出其刻意歪曲之意。这种歪曲在董文的另一处说得更加明白："在'实践存在论'美学、文艺学看来，马克思主义的实践观是狭隘的，仅仅停留于物质生产方面，而没有把'实践'作为'人的存在'来看待。"这实在是故意编造，强加于人。无论在笔者的相关论文，还是在《走向实践存在论美学》一书中，笔者明确批评的是李泽厚先生对马克思实践概念的狭隘理解，即仅仅理解为单纯的物质生产，而全力证明的是，马克思的实践概念乃以物质生产为基础，同时还包括人的其他的感性活动，特别是艺术和审美活动，并由此论证马克思的实践论与其存在论的一致性和一体性。董文却将笔者对李泽厚的批评说成是对马克思的批评，把笔者全力论证的马克思的观点指责为对马克思主义的批评。这种张冠李戴的捏造比断章取义更为恶劣，也更为拙劣。

以上三点，笔者认为是开展正常的学术讨论和争鸣最起码的前提、规则和要求，希望董、陈二位今后亦能遵守。

二、应当在西方思想史背景下考察马克思"实践" 概念的完整内涵

众所周知，马克思的唯物史观或实践唯物主义哲学（董文对这一提法语义上的批评，早已被哲学界经过反复、充分的论证所否定，此处不论）主要是在批判地吸收和改造了德国古典哲学，特别

是黑格尔的客观唯心主义哲学和费尔巴哈的唯物主义人本学基础上形成的；实际上还不仅仅如此，在一定意义上它还是对古希腊以降整个西方哲学思想史批判性改造的伟大成果。青年马克思的博士论文《德谟克里特与伊壁鸠鲁自然哲学的差异》就是研究古希腊哲学的。作为马克思哲学核心概念的"实践"当然毫无疑问地与整个西方思想史上"实践"概念的基本含义及其演变有着不可分割的联系。认为马克思对"实践"的使用在语义上与西方思想史上对该词的使用完全不同或毫无关系，显然是不可设想的。

然而，如前所述，董文完全切断了马克思"实践"概念与从亚里士多德到康德（德国古典哲学家）的整个西方哲学对"实践"概念的理解之间在语义上的血脉联系。董文在另一处还说，"马克思在《1844年经济学-哲学手稿》中就初步阐述了'实践'观念。他区分了'理论领域'和'实践领域'……"，似乎这种区分是从马克思开始的。这句话一方面暴露出作者想要割断马克思"实践"概念与西方传统间的联系的企图，但另一方面也暴露了他们对于西方传统思想中实践观念的演变缺乏基本的了解。其实，我们可以找到大量证据充分地证明这种联系的客观存在，它根本不可能也不允许割断。

最早开始"区分了'理论领域'和'实践领域'"的不是马克思，而恰恰是被董文"抛弃"的两千多年前的亚里士多德。在《形而上学》（卷六）中，他将科学划分为三类：（1）理论的科学［数学、自然科学和第一哲学（也即形而上学）］；（2）实践的科学（伦理学、政治学、经济学和修辞学）；（3）创造的科学（创制学、诗学）。同样从科学分类角度区分了理论领域和实践领域。这一传统一直延续到18世纪欧洲的理性派，如被称为"美学之父"的鲍姆加登就在其《美学》一书中提出："我们的美学像它的大姐逻辑学一样，可以作如下的划分：（Ⅰ）理论美学：它阐述和提供一般的规则（第一部分)……(Ⅱ)实践美学:研究在个别情况下如何运用的问题(第二部分)。"①可见,理论与实践的区分不仅仅体现在哲学/逻辑学学科的划分上,而且同样应用于美学这门新学科的划分上。整个德国古典哲学仍然继续了这个划分。康德从认识论和伦理学角度把理性分为"理论理性"和"实践理性",而且突出了实践理性的优先地位:"纯粹思辨理性与纯粹实践理性结合在一个认识中时,如果这种结合并不是偶然的、任意的,而是先天地建立在理性自身上的,并因而是必然的;那么,后者就占了优先地位。"②这两种理性的区分背后,体现出康德所认为的人出于自由意志的道德实践高于单纯认知的理论,贯彻了其整个哲学的主体性取向。费希特不仅继承了康德的这一区分,并明确地从主客体之间的作用角度区分这两种活动,他把客体作用于主体称为理论活动,而把主体作用于客体或创造客体称为实践活动,突出了实践活动的主体能动性。谢林《先验唯心论体系》明确设定了一个从理论哲学到实践哲学再到艺术哲学的逻辑过程。黑格尔则在他的一系列著作中,同样继承了区分理论与实践这两个领域的传统思路,如在《逻辑学》中,他把"真的理念"(理论)和"善的理念"(实践)作为通向绝对精神的两个环节。再如在《美学》中,黑格尔谈到人认识自己、为自己有两种基本方式,"人以两种方式获得这种对自己的意识:第一是以认识的方式"即理论的方式;"其次,人还通过实践的活动来达到为自己(认识自己)"。③费尔巴哈的人本学唯物主义亦复如是,他认为,"理论

---

① [德]鲍姆加登:《美学》,文化艺术出版社1987年版,第17页。
② [德]康德:《实践理性批判》,商务印书馆1960年版,第124页。
③ [德]黑格尔:《美学》第一卷,商务印书馆1979年版,第39页。

所不能解决的那些疑难，实践会给你解决"；^①当然，他这里并没有真正把实践作为检验真理的标准。可见，理论与实践两个领域的区分，是从亚里士多德到德国古典哲学、美学的整个西方思想传统一以贯之的，特别在德国古典哲学中更是统领全局的一组对立、对等的重要范畴。处于黑格尔和费尔巴哈巨大影响和思想氛围中的青年马克思在《巴黎手稿》中对理论与实践两个领域的区分正是西方思想传统的继承和延续。看不到或者不知道这一点，却十分轻率地切断马克思的实践观与西方思想传统的血脉联系，是讨于粗暴了；董文认为是马克思开始区分理论与实践两个领域，这不但完全歪曲了历史，而且虽然其表面上似乎抬高了马克思，实际上却把马克思从西方思想传统中隔离和割裂出来，切断了它的根，恰恰贬低了马克思。

西方传统对于理论与实践的区分，实际上就是思与行的区分，它提示我们，实践概念的原初本义乃是区别于理论认识的做、制作（创制）、行为、行动和后来扩展的"活动"的意思。而且，正是从亚里士多德的实践哲学开始，奠定了西方近代将理论与实践看成是一种应用关系（后者是对前者之应用）的理论雏形。在此背景下，让我们再来看看西方实践概念的基本含义及其演变情况。这是我们不可不识的理解马克思实践概念的传统依据和前提。

亚里士多德在自己的哲学思辨中，主要用"energeia"（通常译为"实现"或"现实"，它是个合成词，直译为"在活动中"）来表示"实践"。苗力田先生说："energeia是亚里士多德首先为哲学创制的一个流行百代、普及到现代生活的词语。它由en（在内）和ergon

---

① ［德］费尔巴哈:《费尔巴哈哲学著作选集》上卷，商务印书馆1984年版，第7页。

（业绩）两词合并而成，即是在业绩之中，把业绩造成。"①这是比较广义的实践概念。有学者考证，"亚里士多德曾在多种意义上使用过'实践'一词。在最广义上，是人存在表现的全部形式的总称。人的整个生活都为'实践'，即与自己目的相一致的活动，包括了理论科学、工艺技术与狭义的'行为'"，而狭义的"'实践（praxis）'主要指追求伦理德性与政治公正的行为，涉及人与人的关系，通过掌握'实践智慧（Phronesis）'达到'正确行为（Eupragia）'的境界"。②另有学者指出，作为表示"实践"的最主要术语的"energeia"，"其含义在不同的著作里也有所不同。在《形而上学》中，'energeia'表示自身就是目的的行为。……在《尼各马可伦理学》中，'energeia'的用法则比较多样。它既可以表示有别于理论思辨活动和技艺创制活动的具有直接的价值意蕴的行为（按：主要指道德、政治活动），即前述三类活动中的实践活动，也可以用来表示同时包含着前述三类活动的人的总体上的活动"③。《尼各马可伦理学》的译者廖申白指出，在energeia之外，《形而上学》也出现了表达"实践"的另一个概念 πράξις（priaxis），"πράξις：实践或行为，是对于可因我们（作为人）的努力而改变的事物的、基于某种善的目的所进行的活动。在亚里士多德的伦理学著作中，实践区别于制作，是道德的或政治的。道德的实践与行为表达着逻各斯（理

---

① 苗力田：《亚里士多德与〈尼各马可伦理学〉札记》，中华读书报1998年7月8日。

② 鲍永玲：《一个蔽而未明的"实践（Praxis）"问题》，《学术界》2007年第2期。

③ 曹小荣：《对亚里士多德和康德哲学中的"实践"概念的诠释和比较》，《浙江社会科学》2006年第3期。

性),表达着人作为一个整体的性质(品质)"①。

从以上资料可知,亚里士多德的实践概念的含义,有广义和狭义两种:狭义的是指人的道德、政治的行为。亚里士多德明确指出,"实践的事务主要是与伦理的政治的目的性的行为和活动相关的事务"②,"我们是怎样的就取决于我们的实现活动的性质"③。还有一个旁证,在《政治学》中,亚里士多德也说:"实践('有为')就是幸福,义人和执礼的人所以能够实现其善德,主要就在于他们的行为。"④很明显,这里的实践主要是指道德、政治的行为。

广义的是苗力田先生所说的"在业绩之中,把业绩造成"的活动,指与自己目的相一致的人的整个生活活动,主要包括道德、政治活动,工艺制作(创制)活动等,也包括理论活动在内。在两方思想史上前一种狭义的实践概念在相当长的时间内影响更为深远;但是,近代以后,广义的实践概念得到更为广泛的虽然是不十分明显的认同,这在德国古典哲学中表现得非常清楚。

下面来看康德的实践概念。康德将实践分为"遵循(或译'按照')自由概念的实践"和"遵循(或译'按照')自然概念的实践",即"道德地实践"和"技术地实践",⑤按康德的规定,这两种实践存在着根本差异,不能混淆:"按照(遵循)自然概念的实践"只涉及现象领域和认识论,涉及人与自然之间的关系和自然规律,表现为改造自然的活动;"按照(遵循)自由概念的实践"则属于物

---

① [古希腊] 亚里士多德:《尼各马可伦理学》,商务印书馆2003年版,第1页注3。
② 同上,第49页。
③ 同上,第37页。
④ [古希腊] 亚里士多德:《政治学》,商务印书馆1965年版,第349页。
⑤ 俞吾金:《一个被遮蔽了的"康德问题"》,《复旦学报》2003年第1期。

自体领域和本体论，涉及人与人之间的关系、人与社会之间的关系和行为规范。体现为依循和运用道德法则处理人类自身关系的实践活动。康德说："如果规定这原因性的概念是一个自然概念，那么这些原则就是技术上实践的；但如果它是一个自由概念，那么这些原则就是道德上实践的。"①康德的意思是说，真正属于本体意义的实践，作为理性存在者的基本方式的实践，乃是"按照（遵循）自由概念"的道德实践，而不是"按照（遵循）自然概念的实践"。他用"法则"和"准则"来区分这两种实践，认为"按照（遵循）自由概念"意味着实践的因是自由因，即理性自己立法，实践的果是自由果，即个体凭自由意志自觉执行道德"法则"，而不是技术性"准则"。康德指出："如果我们假定纯粹理性在自身中包含着一个实践的、即足以规定意志的根据，那么就有实践的法则；但如果不是这样，则一切实践原则就会是准则而已。"②所以，"按照（遵循）自然概念的实践"，那只能算作技术上的生产，认识论意义上的实践，人作为自然存在者的基本方式。它的因果性只不过是自然的因果必然性，那就只有技术性"准则"。显然，康德心目中真正的实践就是属于本体意义的、"按照（遵循）自由概念"的道德实践，而认为承认"按照（遵循）自然概念的实践"乃是对实践概念的流俗理解和误解。他明确指出，流俗把上述两种实践不加区分，混为一谈，"迄今为止，在以这些术语划分不同的原则，又以这些原则来划分哲学方面，流行着一种很大的误用"，"即人们把按照自然概念的实践和按照自由要领的实践等同起来"。③由此可见，康德是坚持"按

---

① [德]康德：《康德三大批判精粹》，人民出版社2001年版，第395页。
② 同上。
③ 同上，第394页。

照（遵循）自由概念的实践"，即道德实践为真正的实践的观点，从而批评了把"按照（遵循）自然概念的实践"也当作真正实践的流俗见解。但这里也透露出另外一个信息，即近代以来，随着自然科学的发展和工业革命的推动，把实践主要理解为物质性的技术生产的这一"流俗"见解已经相当普遍，以至于需要康德来纠正。就是说，康德的时代，实践概念比之于亚里士多德时代在含义上已经扩大了，物质生产活动已经被纳入实践范围之中了，或者更准确地说，亚里士多德对实践概念的广义理解已经被广泛接受，其影响已经取代狭义理解上升到主导地位了。

再看黑格尔，黑格尔的实践概念首先是从绝对精神推演出来的。在他那里，实践追根究底乃是善的理念。他说："善（实践）趋向于决定当前的世界，使其符合于自己的目的。"① 又说，"这种包含于概念中的，相等于概念的，把对个别的、外在的现实之要求包括在自身之内的规定性，就是善"②。这里既继承了亚里士多德把"善"（道德政治活动）视为实践、康德把"按照（遵循）自由概念的实践"看作真正的实践的传统，又扩大到认识论的范围，把康德所谓的"按照（遵循）自然概念的实践"也纳入实践范围之中，认为实践即是主体的要求向外在现实的转化过程，是个别性和概念的普遍性的辩证统一过程。在论述这一过程时，黑格尔提出，人的能动性不仅表现在人的认识可以由现象到本质深化，而且表现在人能按照对事物本质的认识进行改造客观世界的实践，其中，黑格尔特别重视工具，列宁引用了黑格尔下面这段话并给予高度评价："手

---

① [德]黑格尔：《逻辑学》下卷，商务印书馆1976年版，第412页。
② 同上，第523页。

段是比外在的目的性的有限目的更高的东西；——锄头比由锄头所造成的、作为目的、直接的享受更尊贵些。工具保存下来，而直接的享受却是暂时的，并会遗忘的。人因自己的工具而具有支配外部自然界的力量，然而就自己的目的来说，他都是服从自然界的。"①同时，主观的目的必须通过劳动工具才能转化为客观现实，人通过劳动工具才能支配自然界。在此，黑格尔更重视被康德所忽视的、视为"流俗"见解的那种人利用工具改造自然的生产劳动实践。不过，黑格尔对实践的理解比较宽泛，他有时把实践理解为包括吃喝在内的人的比较低级的感性欲望活动。他曾经把人与外在世界的关系分为三种：实践的、认识的和审美的，其中实践的关系是指"对外在世界起欲望"的比较低级的感性活动，即以感性个别事物的身份消灭（吃或使用）掉外界个别事物的具体感性存在，以满足感官的自然、生存的需求。②黑格尔的伟大之处在于并不贬低这种比较低级的实践，他承认人类与周围世界之间首先发生的是"自然需要"或"感性需要"，即"饥，渴，倦，吃，喝，饱，睡眠"，肯定这种感性实践保证人类的生存与延续，是人类追求自由的第一步，但是也指出这种感性实践还是不自由的，"这种满足在内容上还是有限的、狭窄的"。③黑格尔还对实践范畴从人的对象化的角度作了初步论述（这一点在马克思的《巴黎手稿》中得到了更加充分、深刻的论述）。黑格尔在谈到人复现自己、认识自己"实践方式"时指出："因为人有一种冲动，要在直接呈现于他面前的外在事物之中实现他自己，而且就在这实践过程中认识他自己。人通过改变外在

---

① [苏联] 列宁:《列宁全集》第38卷，人民出版社1979年版，第202页。
② [德] 黑格尔:《美学》第一卷，商务印书馆1979年版，第45页。
③ 同上，第126页。

事物来达到这个目的，在这些外在事物上面刻下他自己内心生活的烙印，而且发现他自己的性格在这些事物中复现了，人这样做，目的在于要以自由人的身份，去消除外在世界的那种顽强的疏远性，在事物的形状中他欣赏的只是他自己的外在现实。"① 在这里，实践就是人通过改变外在事物来实现自己的目的，就是人的对象化或对象的人化，也就是实现自由的活动。这里的实践就不仅仅局限于生产劳动，而是比较广义的人的对象化和自由的获得，特别是包括了艺术和审美活动。黑格尔在上引这段话后面紧接着说："这种需要贯穿在各种各样的现象里，一直到艺术作品里的那种式样的在外在事物中进行自我创造（或创造自己）。"② 此外，黑格尔在论述主体（人）与他的外在自然有两种协调一致的统一方式时还指出，第一种是人不作用于自然的"单纯的自在的统一"，第二种是人通过实践，把自身对象化的活动，他明确指出，这种实践"是明显地由人的活动和技能产生的，因为人利用外界事物来满足他的需要"，而"这种需要和满足的范围是无限繁复广大的，自然事物则更是无限繁复的；只有在人把他的心灵的定性纳入自然事物里，把他的意志贯彻到外在世界里的时候，自然事物才达到一种较大的单整性。因此，人把他的环境人化了，……只有通过这种实现了的活动，人在他的环境里才成为对自己是现实的，才觉得那环境是他可以安居的家"。③ 马克思《巴黎手稿》中关于广义实践是人的本质力量的对象化和自然的人化的思想，与黑格尔这一"环境的人化"的观点显然有着内在的、直接的关系。

---

① ［德］黑格尔：《美学》第一卷，商务印书馆1979年版，第39页。
② 同上。
③ 同上，第326页。

黑格尔还有一段话虽然没有直接标明是讲实践概念的,但实际上是对人的全部实践、生存活动范围的极为深刻的概括性描述,与他上述对实践的理解完全一致,兹引录如下:

> 只要检阅一下人类生存的全部内容,我们就可以看出在我们的日常意识里种种兴趣和它们的满足有极大的复杂性。首先是广大系统的身体方面的需要,规模巨大组织繁复的经济网,例如商业、航业和工艺之类,都是为着满足这些需要而服务的。比这较高一层的就是权利、法律、家庭生活、等级划分,以及整个的庞大国家机构。接着就是宗教的需要,这是每个人心里都感觉到而从教会生活中得到满足的。最后就是分得很细的科学活动,包罗万象的知识系统。艺术活动,对美的兴趣,以及美的艺术形象所给的精神满足也是属于这个范围的……按照科学的要求,我们就得深入研究它们(按:指上述各种需要和活动)的本质上的内在联系和彼此之间的必然性。因为它们不只是借效用就能联系在一起,而是相辅相成,这个范围的活动要高于那个范围的活动;因此,较低范围的活动努力要超出本范围,只有通过较广兴趣的较深满足,原先在较低范围里不能实现的到此才得到完满的解决。这才是它们的内在联系的必然性。①

联系黑格尔其他的相关论述来看这段话,可以发现,他将人类社会生活的基本需要及相应的活动(实践)分为由低到高的三个方面或层面:首先是物质、经济的感性、自然的需要和相应的商业、航业、

---

① [德]黑格尔:《美学》第一卷,商务印书馆1979年版,第122页。

工艺等活动；其次是家庭、法律、国家等较高层次的需要和相应的社会活动；第三是科学、文化、宗教、艺术方面的精神需要和相应的精神活动。而且他力图揭示这三个层面的需要和活动之间既"相辅相成"，又由低到高不断超越本范围向较高范围发展的"内在联系的必然性"。黑格尔这些描述和猜想，明显突破了他自己那绝对精神自运动和只看到精神劳动而忽视物质劳动的基本思想，而具有了某些历史唯物主义思想的萌芽。当然，这在他的著作中是极为罕见的，只是偶尔爆发的几朵耀眼的火花而已，根本不占主流。而且这些看法不是出现在《逻辑学》中，而是出现在《美学》中，也是耐人寻味的。

笔者之所以大段引用黑格尔的论述，只是想表明，马克思对实践概念的理解，就范围而言，在黑格尔那里已经基本具备了；马克思没有也不需要另起炉灶，赋予实践概念以全新的、与从亚里士多德到康德、再到黑格尔全然不同、毫无联系的语义。马克思实践概念的伟大发展和创新在于，他把康德视为"流俗"见解，而黑格尔只是偶尔承认为人类基本需要和活动的物质生产、劳动，看成人类实践中最基础、最根本的部分。

费尔巴哈人类学新哲学的实践观与黑格尔相比，反而有所倒退。他心目中的实践与从康德到黑格尔的看法不尽相同，并不是指对象化的劳动或道德行为等社会实践，而只是指人的实际的、现实的、自然的生活，如他说自己的《基督教的本质》一书内容是病理学或生理学的，但"它的目的却是一种治疗或实践的"①，便是实例。而且这种实践主要包含人的两种"类"的活动，一是人与人之间日常琐碎、平庸的交往，小商人的贩卖、牟利活动等等，也包括

---

① 北京大学哲学系：《西方哲学原著选读》下卷，商务印书馆1985年版，第467页。

人与人之间的意见一致；二是与黑格尔所谓满足感性欲望的低级实践相类似的吃喝之类，他说，"吃和喝是普通的、日常的活动，因而无数的人都不费精神、不费心思地去做"，"吃和喝是一件大家喜爱的必要工作"。① 但是，在黑格尔那里，吃和喝还具有保证人类的生存与延续的基础性地位，他天才地猜测到人首先要吃喝、生存，然后才有可能从事各种各样的精神活动，包括艺术和审美，因而具有历史唯物主义的萌芽因素；而费尔巴哈的吃和喝只不过是满足人的自然需要的生理活动而已。所以，马克思批评费尔巴哈的唯物主义是直观的唯物主义，他"对于实践则只是从它的卑污的犹太人的表现形式去理解和确定"②。

上述大量思想资料清楚地表明，马克思的实践概念，不是从天上掉下来的，也不是与西方思想传统特别是德国古典哲学传统完全割断、毫无联系的，把马克思的实践概念想象成从零开始、从头做起，本身就是痴人说梦。恰恰相反，马克思的实践观，正是在这样一个思想理论传统和背景下，在吸收和改造了从亚里士多德到康德、黑格尔的实践观点的基础上形成的，并以此作为建构自己的实践唯物主义即唯物史观的思想资源和理论起点。

三、全面、准确地理解马克思的实践概念

"实践"是马克思唯物史观的核心范畴之一。在马克思著作中，有两点是十分清楚的：第一，马克思继承了从亚里士多德到德

---

① 北京大学哲学系：《西方哲学原著选读》下卷，商务印书馆1985年版，第488页。
②《马克思恩格斯选集》第1卷，人民出版社1995年版，第54页。

国古典哲学将"实践"与"理论"作为对应、对立概念的传统，在这一框架中，实践被视作与理论（认识）相对的人的"做"（制作）、行为、行动、生活、活动等，即认识（理论）的应用和实现，以及对现实世界的改变。第二，马克思从一开始就对实践做广义的理解和应用，他把物质生产劳动看成实践概念最基本、最基础的含义，这是毋庸置疑的；但他从来没有将实践的含义仅仅局限于单纯的物质生产劳动。关于这一点，我们将以马克思青年时期几部著作的相关论述为据，并结合其中后期著作加以说明。

早在《〈黑格尔法哲学批判〉导言》中，马克思批评德国实践政治派的错误在于"没有把哲学归入德国的现实范围，或者甚至以为哲学低于德国的实践和为实践服务的理论"[①]；而对于费尔巴哈反对宗教异化的人本主义理论则给予高度评价："德国理论的彻底性从而其实践能力的明证就是：德国理论是从坚决积极废除宗教出发的。"[②] 马克思还重点考察和分析了"彻底的德国革命"所"面临着一个重大的困难"，这就是，一方面，"理论在一个国家实现的程度，总是决定于理论满足这个国家的需要的程度"，另一方面，在德国，"理论需要是否会直接成为实践需要"还成为问题，因为"德国不是和现代各国在同一个时候登上政治解放的中间阶梯的。甚至它在理论上已经超越的阶梯，它在实践上却还没有达到"[③]。这里实践概念的使用是比较广义的，更多地是指社会政治、宗教、伦理活动和斗争。

在《巴黎手稿》中，马克思的实践概念，一方面继续保持了这种

---

① 《马克思恩格斯选集》第1卷，人民出版社1995年版，第8页。
② 《马克思恩格斯选集》第四十二卷，人民出版社，1979年版，第9页。
③ 同①，第11页。

广义的使用，而且作了更加深刻的论述："理论的对立本身的解决，只有通过实践方式，只有借助于人的实践力量，才是可能的；因此，这种对立的解决绝不只是认识的任务，而是一个现实生活的任务，而哲学未能解决这个任务，正因为哲学把这仅仅看作理论的任务。"① 这与稍后《关于费尔巴哈的提纲》的相关论述已经几乎相同。与此同时，另一方面，马克思对实践概念有了更为明确的界定，主要是把实践看作人的自由自觉的生命活动即感性的劳动。他说，"劳动这种生命活动、这种生产生活"是"产生生命的生活"，"而人的类特性恰恰就是自由的自觉的活动"，正是"有意识的生命活动把人同动物的生命活动直接区别开来"；劳动是对象性的，人"自己的生活对他是对象。仅仅由于这一点，他的活动产生自由的活动"；"通过实践创造对象世界"，"正是在改造对象世界中，人才真正地证明自己是类存在物。这种生产是人的能动的类生活……因此，劳动的对象是人的类生活的对象化：人不仅像在意识中那样理智地复现自己，而且能动地、现实地复现自己，从而在他所创造的世界中直观自身"。② 毫无疑问，这里的劳动主要是指物质生产劳动，这是马克思实践概念的最基本含义，也是马克思实践观之所以直接通向唯物史观的根本原因。但是，需要说明的是，即使在这里，马克思的实践概念也不是狭义的、单纯指称物质生产劳动，而是继承了上自亚里士多德、下至德国古典哲学的对实践概念广义使用的传统。姑且以下列四条材料予以证明：

第一，《巴黎手稿》明确把人的劳动实践含义从单纯精神性的"普遍"活动（包括政治、宗教、艺术等）扩大到感性的物质劳

---

① 《马克思恩格斯全集》第四十二卷，人民出版社1979年版，第127页。
② 同上，第96—97页。

动,并以此作为人的本质力量对象化的主要部分。马克思说:

> 工业的历史和工业的已经产生的对象性的存在,是一本打开了的关于人的本质力量的书,是感性地摆在我们面前的人的心理学;对这种心理学人们至今还没有从它同人的本质联系上,而总是仅仅从外表的效用方面来理解,因为在异化范围内活动的人们仅仅把人的普遍存在,宗教或者具有抽象普遍本质的历史,如政治、艺术和文学等等,理解为人的本质力量的现实性和人的类活动……在通常的、物质的工业中(人们可以把这种工业看成是上述普遍运动的一部分,正像可以把这个运动本身看成是工业的一个特殊部分一样,因为全部人的活动迄今都是劳动,也就是工业,就是自身异化的活动),人的对象化的本质力量以感性的、异己的、有用的对象的形式,以异化的形式呈现在我们面前。如果心理学还没有打开这本书即历史的这个最容易感知的、最容易理解的部分,那么这种心理学就不能成为内容确实丰富的和真正的科学。如果科学从人的活动如此广泛的丰富性中只知道那种可以用"需要""一般需要"的话来表达的东西,那么人们对于这种高傲地撇开人的劳动的这一巨大部分而不感觉自身不足的科学究竟应该怎样想呢?①

这段话内容极为丰富、深刻,此处仅就与本文有关的内容作几点说明:(1)"全部人的活动迄今都是劳动"。(2)作为人的本质力量对象化的劳动是广义的,首先和最根本的是体现在"物质的工业

---

① 《马克思恩格斯全集》第四十二卷,人民出版社1979年版,第127页。

中"的物质劳动；其次，这种劳动还包括宗教、政治、艺术、文学等等活动，虽然长期以来仅只这类活动被"理解为人的本质力量的现实性和人的类活动"。（3）过去"人的心理学"由于只承认宗教、政治、艺术、文学等等人的精神性活动（虽然它们也是人的劳动实践的重要组成部分）而忽视更为基本的物质劳动、"撇开人的劳动的这一巨大部分"，所以就不能成为"真正的科学"。这就证明，在马克思那里，人的艺术和审美活动，从来是人的实践活动的组成部分，虽然实践活动更为基础、更为根本的部分是物质劳动。

第二，《巴黎手稿》在比较动物与人的生命活动的区别时指出，"动物不把自己同自己的生命活动区别开来。它就是这种生命活动。人则使自己的生命活动变成自己的意志和意识的对象。他的生命活动是有意识的"①。这句话很多人引用过，但往往忽视了这里"意志"和"意识"这个极为重要的提法。这里略作说明。在西方思想传统中，将人的心灵分为知（认知）、意（意志）、情（情感）三部分或三个领域的三分法由来已久，到康德，则分别以三大批判对应于这三个领域展开其哲学论述：《纯粹理性批判》主要讨论认识论，即人的认知，亦即马克思这里所说的"意识"；《实践理性批判》则着重讨论伦理学，即在自由意志指导下人的道德、政治等实践，亦即马克思这里所说的"意志"；《判断力批判》（上）主要讨论审美（美学）问题，其对应的心灵领域是情感。马克思这句话把人的劳动实践的对象化分别联系人的意识（认知）和意志（伦理道德）的有意识的能动活动来加以论述，有力地证明了马克思心目中的实践概念基本上是继承了从亚里士多德到康德、黑格尔的广义

---

①《马克思恩格斯全集》第四十二卷，人民出版社1979年版，第96页。

使用的传统，即把"遵循（按照）自由概念的实践"和"遵循（按照）自然概念的实践"，即"道德地实践"和"技术地实践"统统包括进去了，不同的是，马克思把后一种物质劳动实践提升到实践的最基础、最基本的地位上，这是"实践"范畴的革命性变化。

第三，《巴黎手稿》论述了作为人的本质力量的感觉，是在人的本质力量对象化的劳动实践中产生和发展起来的观点，强调"不仅五官感觉，而且所谓精神感觉、实践感觉（意志、爱等等），一句话，人的感觉，感觉的人性，都只是由于它的对象的存在，由于人化的自然界，才产生出来的。五官感觉的形成是以往全部世界历史的产物"①。这段话对于美学研究的重要性众所周知，此处不论。只想指出，马克思关于"精神感觉"和"实践感觉"的提法（用法）有助于我们准确理解实践概念的本义。关于"实践感觉"，马克思明确指"意志、爱等等"，显然意志、爱等等是直接指向实践的，这和上面第二点我们的理解完全一致；因此，所谓"精神感觉"应当是指向认知的感觉。这又从另一个方面证明了马克思所谓"实践感觉"的实践是包括人的伦理、政治等等活动在内的。

第四，《巴黎手稿》中有一段话为美学界广泛引用：

> 诚然，动物也生产。它为自己营造巢穴或住所，如蜜蜂、海狸、蚂蚁等。但是，动物只生产它自己或它的幼仔所直接需要的东西；动物的生产是片面的，而人的生产是全面的；动物只是在直接的肉体需要的支配下生产，而人甚至不受肉体需要的影响也进行生产，并且只有不受这种需要的影响才进行真正

---

① 《马克思恩格斯全集》第四十二卷，人民出版社1979年版，第126页。

的生产；动物只生产自身，而人在生产整个自然界；动物的产品直接属于它的肉体，而人则自由地面对自己的产品。动物只是按照它所属的那个种的尺度和需要来建造，而人懂得按照任何一个种的尺度来进行生产，并且懂得处处都把内在的尺度运用于对象；因此，人也按照美的规律来构造。①

这也是从动物生产与人的生产（劳动）的比较入手的。其中关键是"人甚至不受肉体需要的影响也进行生产，并且只有不受这种需要的影响才进行真正的生产"，这就是说，人的生产（劳动）是超越肉体直接需要的自由自觉的生命活动，是超越动物仅仅按自己物种的尺度生产的狭隘性和不自由性，是把自身本质力量、自身的"内在的尺度运用于对象"的自由、自为的活动，"因此，人也按照美的规律来构造"。这实际上不仅把审美活动内在地包含在人的生产劳动即实践活动中了，而且从存在论高度把审美活动看成人之为人的重要标志。

上述材料，还只是从劳动的积极方面，即劳动一般出发来讨论实践的广泛、丰富的内涵。但《巴黎手稿》实际上更主要的是从多方面考察和深刻剖析资本主义私有制下劳动的异化和异化劳动的非人本质，揭露受到资产阶级残酷剥削、压迫的工人阶级被异化的生存境遇，进而"从异化劳动对私有财产的关系可以进一步得出这样的结论：社会从私有财产等等解放出来、从奴役制解放出来，是通过工人解放这种政治形式来表现的"，以此来倡导消除异化的共产主义现实运动。而从劳动——异化劳动——共产主义运动消除异

---

① 《马克思恩格斯选集》第1卷，人民出版社1995年版，第47页。

化、人的解放,实践就包含着从物质劳动到阶级对立的社会关系、到社会的政治斗争、宗教、伦理等活动以及各种艺术、审美活动。正是在这个意义上,马克思指出"实践的人的活动即劳动的异化行为"①,又说,"异化借以实现的手段本身就是实践的"②。

稍晚于《巴黎手稿》的《关于费尔巴哈的提纲》,对实践概念的使用同样体现了本节开始时所概括的两点:

第一,《提纲》指出,"人的思维是否具有客观的(gegenstandliche)真理性,这不是一个理论的问题,而是一个实践的问题。人应该在实践中证明自己思维的真理性,即自己思维的现实性和力量,自己思维的此岸性"③。上文所引用的《巴黎手稿》关于理论与实践对立的那一段话与此基本意思完全一致。

第二,《提纲》通过批判包括费尔巴哈在内的旧唯物主义观点,概括出实践概念的广义理解和使用:"从前的一切唯物主义(包括费尔巴哈的唯物主义)的主要缺点是:对对象、现实、感性,只是从客体的或者直观的形式去理解,而不是把它们当作感性的人的活动,当作实践去理解,不是从主体方面去理解。因此,和唯物主义相反,能动的方面却被唯心主义抽象地发展了,当然,唯心主义是不知道现实的、感性的活动本身的。费尔巴哈想要研究跟思想客体确实不同的感性客体:但是他没有把人的活动本身理解为对象性的(gegenstanliche)活动。因此,他在《基督教的本质》中仅仅把理论的活动看作是真正人的活动,而对于实践则只是从它的卑污的犹太人的表现形式去理解和确定。因此,他不了解'革命的''实践

---

① 《马克思恩格斯选集》第1卷,人民出版社1995年版,第44页。
② 《马克思恩格斯选集》第四十二卷,人民出版社1979年版,第99页。
③ 同①,第61页。

批判的'活动的意义。"①这里，实践就是感性的人的活动，就是人的能动的对象性的活动。这实际上就是《巴黎手稿》用人的自由、自觉的生命活动——劳动（包括异化劳动）界定实践概念的另外一种表述。《提纲》据此还指出，费尔巴哈"直观的唯物主义，即不是把感性理解为实践活动的唯物主义"②，这恰可证明，马克思心目中确实有将"实践（活动）的唯物主义"取代费尔巴哈"直观的唯物主义"的意图，而不是如董文所说的"实践的唯物主义"根本不成立或不存在。

第三，《提纲》对实践作了改变环境（内外在世界）这一更加广义的解释，指出，"环境的改变和人的活动或自我改变的一致，只能被看作是并合理地理解为革命的实践"③。这里，最重要的是把实践这种感性的人的活动、人的能动的对象性的活动，从其改变世界、环境的实际效果角度加以界定；更重要的是，马克思把这种改变环境（世界）的人的活动，同时看成人的"自我改变"的活动，这就无疑包括了人自身的内在精神世界的改变。

第四，《提纲》以极为明确的语言指出："全部社会生活在本质上是实践的。"④这就是说，人们的全部社会生活活动、整个社会生活在一切方面都是实践的。

第五，《提纲》的实践观一言以蔽之，就是"哲学家们只是用不同的方式解释世界，而问题在于改变世界"⑤。前者局限于理论领

---

① 《马克思恩格斯选集》第1卷，人民出版社1995年版，第54页。
② 同上，第57页。
③ 同上，第55页。
④ 同上，第56页。
⑤ 同上，第57页。

域，后者就是实践的基本含义和全部功能，而且，如前所说，改变世界，不仅指外部世界（自然界和社会交往关系），而且包括改变人自身的心灵世界、精神世界。

在学界公认较为全面地体现马克思实践观且明确提出"实践的唯物主义"提法的《德意志意识形态》中，对实践概念的上述种种理解不但没有任何改变，而且得到了更为准确、深刻的阐述。不过，如有的学者指出，与篇幅短小的《关于费尔巴哈的提纲》处处围绕"实践"立论不同，到了《德意志意识形态》中却出现了一个"奇怪的'断裂'现象"，①即通篇论述中"实践"这个概念竟然十分罕见，其原因在于实践概念在这两个文本中存在着一个从抽象到具体阐发的过程，从一般的逻辑层面上的总体性范畴，具体化为一个由丰富复杂的多层面构成的人类感性活动和行为的总体，也就是对实践范畴的具体的规定。还有学者在细读《德意志意识形态》文本的基础上，归纳出马克思、恩格斯从人类历史的角度把实践具体分解为物质生产、再生产、人自身的生产、社会关系及意识的生产五个层面；强调这五个方面不是五个不同的阶段，也不是各自独立的实体性存在，而是互相交织、互相依存、共同构成了统一的实践总体；认为马克思并没有把实践仅仅理解为物质生产，相反，这个总体性的实践其实就是指距离人们最近的"现实生活"或"人类活动"，包括人的精神生活和活动："事实上，马克思要回归的是人类现实生活总体，他不仅强调物质生活的重要性，而且十分看重人的精神生活，甚至认为在那个领域才有真正的自由。进而言之，对马克

---

① 崔唯航：《马克思哲学革命的存在论依据：马克思哲学革命的存在论阐释：从理论哲学到实践哲学》，中国社会科学出版社2005年版，第121页。

思而言，实践其实是现实生活的'代用语'，他凸现实践是为了回归现实生活总体。"①

笔者同意上述观点。不打算再重复引用《德意志意识形态》中人们已经引用得较多的论述，下面只引用几段有助于直接理解该书有关实践概念的话：

首先，在表述人区别于动物的根本标志是物质劳动实践时，它指出："这些个人把自己和动物区别开来的第一个历史行动不在于他们有思想，而在于他们开始生产自己的生活资料。"②

其次，在论述人们的观念是由他们的实践活动最终决定时，它指出，"这些观念都是他们的现实关系和活动、他们的生产、他们的交往、他们的社会组织和政治组织有意识的表现"③；又说，"而且人们是受他们的物质生活的生产方式，他们的物质交往和这种交往在社会结构和政治结构中的进一步发展所制约的"④。显然，这里"实践"的含义十分广泛，不仅指人的物质生产劳动，还包括人们的各种交往活动和社会的、政治的活动，作为人们重要交流、交往方式的艺术和审美活动自然也包含在其中。

再次，与《提纲》中把革命的实践看作"环境的改变和人的活动或自我改变的一致"的观点相同，它强调"发展着自己的物质生产和物质交往的人们，在改变自己的这个现实的同时也改变着自己

---

① 李文阁：《实践其实是指人的现实生活——实践唯物主义研究之反思》，《哲学动态》2000年第11期。
②《马克思恩格斯选集》第1卷，人民出版社1995年版，第67页注1。
③ 同上，第72页注1。
④ 同上，第72页注2。

的思维和思维的产物"。①

最后,它延续和发展了《提纲》对费尔巴哈直观的唯物主义的批判,其进一步指出:"甚至这个'纯粹的'自然科学也只是由于商业和工业,由于人们的感性活动才达到自己的目的和获得自己的材料的。这种活动、这种连续不断的感性劳动和创造、这种生产,正是整个现存的感性世界的基础,它哪怕只中断一年,费尔巴哈就会看到,不仅在自然界将发生巨大的变化,而且整个人类世界以及他自己的直观能力,甚至他本身的存在也会很快就没有了。"可见,自然科学的研究活动,这种精神劳动,也被置于人的实践活动的范围;它还指出,费尔巴哈"把人只看作是'感性对象',而不是'感性活动',因为他在这里也仍然停留在理论的领域内,没有从人们现有的社会联系,从那些使人们成为现在这种样子的周围生活条件来观察人们……他从来没有把感性世界理解为构成这一世界的个人的全部活生生的感性活动"。②请注意,这里又用了一个属于全称判断"全部",人所生活于其中的感性世界就是人的全部感性活动,这与《提纲》关于全部社会生活本质上是实践的观点明显是互相呼应和印证的。《德意志意识形态》关于实践概念还有一点值得我们高度重视,这就是提出分工特别是物质劳动和精神劳动的分工乃是历史发展的强大动力的观点。这是全面、准确理解马克思"实践"概念所不可忽视的重要观念。

《德意志意识形态》用很大的篇幅对分工作了历史的考察,同时通过分工的演进和演变揭示了历史发展的奥秘。它首先指出:"分

---

① 《马克思恩格斯选集》第1卷,人民出版社1995年版,第73页。
② 同上,第77—78页。

工起初只是性行为方面的分工,后来是由于天赋(例如体力)、需要、偶然性等等才自发地或'自然形成'分工。分工只是从物质劳动和精神劳动分离的时候起才真正成为分工";在分析这种分工造成的阶级分化和社会对立时,它又说"分工不仅使精神活动和物质活动、享受和劳动、生产和消费由不同的个人来分担这种情况成为可能,而且成为现实",[1]于是,国家作为与单个人利益对立的共同利益的代表形式产生了,"由分工决定的阶级"也产生了,"其中一个阶级统治着其他一切阶级"。[2]马克思、恩格斯进一步强调,"物质劳动和精神劳动的最大的一次分工,就是城市和乡村的分离。城乡之间的对立是随着野蛮向文明的过渡、部落制度向国家的过渡、地域局限性向民族的过渡而开始的,它贯穿着文明的全部历史直至现在(反谷物法同盟)。——随着城市的出现,必然要有行政机关、警察、赋税等等,一句话,必然要有公共的政治机构(Gemeindewesen),从而也就必然要有一般政治"[3]。显然,在马克思看来,人的实践活动——劳动随着分工的出现,一开始就分为物质劳动和精神劳动,这既是真正的分工出现的标志,也是实践活动分化和展开的现实形态;不仅如此,实践的范围也同时由生产劳动扩大到人的社会交往关系和政治、伦理等其他活动领域。关于这一点,《德意志意识形态》指出,"到现在为止,我们主要只是考察了人类活动的一个方面——人改造自然。另一方面,是人改造人……国家的起源和国家同市民社会的关系"[4]。对这句话马克思加了边

---

[1] 《马克思恩格斯选集》第1卷,人民出版社1995年版,第83页。
[2] 同上,第84页。
[3] 同上,第104页。
[4] 同上,第88页。

注："交往和生产力"①。十分清楚，人类的各种社会交往活动和交往关系（当然包括精神生产和交往活动）都属于实践活动的重要方面。正因为如此，《德意志意识形态》专门谈到"意识的生产"（实际上就是精神生产）。它在论及共产主义革命的实践运动时强调了这场革命的世界性，指出："只有这样，单个人才能摆脱种种民族局限和地域局限而同整个世界的生产（也同精神的生产）发生实际联系，才能获得利用全球的这种全面的生产（人们的创造）的能力。各个人的全面的依存关系、他们的这种自然形成的世界历史性的共同活动的最初形式，由于这种共产主义革命而转化为对下述力量的控制和自觉的驾驭，这些力量本来是由人们的相互作用产生的，但是迄今为止对他们来说都作为完全异己的力量威慑和驾驭着他们。"②马克思加了边注："关于意识的生产"③。这里再清楚不过地表明马克思把精神、意识的生产也看成人的"全面的生产"的不可缺少的组成部分，人的实践创造能力的一个重要方面。马克思总结道："分工是迄今为止历史的主要力量之一，现在，分工也以精神劳动和物质劳动的分工的形式在统治阶级中间表现出来。"④上面我们引证的《德意志意识形态》关于分工，特别是关于物质劳动和精神劳动分工是历史发展的"主要力量"的论述，清楚地告诉我们，人的实践无论如何不能把精神劳动排除在外。

关于这一点，我们还可以从马克思1857年在《〈政治经济学批判〉导言》中找到根据。马克思在论及生产和消费的辩证关系、特

---

① 《马克思恩格斯选集》第1卷，人民出版社1995年版，第88页注1。
② 同上，第89—90页。
③ 同上，第89页注1。
④ 同上，第99页。

别是生产与消费需要的关系时明确指出:

> 生产不仅为需要提供材料,而且它也为材料提供需要。一旦消费脱离了它最初的自然粗野状态和直接状态,——如果消费停留在这种状态,那也是生产停滞在自然粗野状态的结果,——那么消费本身作为动力就靠对象来做中介。消费对于对象所感到的需要,是对于对象的知觉所创造的。艺术对象创造出懂得艺术和具有审美能力的大众,——任何其他产品也都是这样。因此,生产不仅为主体生产对象,而且也为对象生产主体。①

这里有三点值得注意:第一,马克思显然把艺术生产也纳入劳动生产的范围,也作为人的实践的一部分;第二,他把艺术以及其他精神消费看成是"脱离了它最初的自然粗野状态和直接状态"的、精神性的消费;第三,艺术生产的成果——"艺术对象创造出懂得艺术和具有审美能力的大众"这一原则对于所有物质和精神的生产具有普遍意义——"任何其他产品也都是这样"。董学文先生是国内研究马克思艺术生产理论的专家,难道不认为艺术生产也是人的整个生产(物质和精神生产)的有机组成部分、从而也是人的社会实践的重要组成部分吗?不仅如此,在《资本论》中,马克思还对包括艺术生产在内的资本主义条件下的精神劳动给予更加具体的描述:

> 在非物质生产中,甚至当时这种生产纯粹是为交换而进行,因而纯粹生产商品的时候,也可能有两种情况:(1)生产

---

① 《马克思恩格斯全集》第2卷,人民出版社1995年版,第10页。

的结果是商品，是使用价值，它们具有离开生产者和消费者而独立的形式，因而能在生产和消费之间的一段时间内存在，并能在这段时间内作为可以出卖的商品而流通，如书、画以及一切脱离艺术家的艺术活动而单独存在的艺术作品。（2）产品同生产行为不能分离。如一切表演艺术家、演说家、演员、教员、医生、牧师等等的情况。①

显然，这里各种艺术家的艺术活动和其他精神生产者包括进行宗教活动的牧师等的生产行为都不能不是实践活动。

至此，我们所做的，就是证明，在马克思那里，"实践"概念的使用从来是广义的，"实践"的意义实际上既包含了作为基础的物质生产劳动，也包含了政治、伦理、宗教等人的现实活动，还包括了艺术、审美和科学研究等精神生产劳动。董文对我们把马克思主义实践概念"扭曲化、狭隘化"的无理指责由此不攻自破，相反，真正无视马克思"实践"概念的使用、把马克思主义实践概念"狭隘化"的恰恰是他们自己。董文谈及实践概念时，说得很笼统，有时又自相矛盾。比如他们说："实践是人的活动的总称"，这没有错，完全同我们的看法一样，据此，人的各种各样的社会活动都应当包括在内；但接下来说实践"是外在客观自然界向人的生成的途径和方式，是人改造自然世界和建立社会关系的基础"，就不准确了，实践仅仅是"基础"，而不就是"人改造自然世界和建立社会关系的"活动本身吗？董文又说："马克思所讲的'实践'，是指人的物质劳动和革命实践，既包括最初的本源意义上物质活动和物质交往的含义，也包括在现实

---

①《马克思恩格斯全集》第二十六卷，人民出版社1972年版，第295页。

基础上社会活动和革命实践的含义。这里的'实践',不能理解为包容一切的活动和行为,也不能理解为是亚里士多德和康德意义上的形而上学的'道德实践'。"这里的说法非常含混,除了"物质活动和物质交往的含义"外,也承认还有"在现实基础上社会活动和革命实践的含义",那么具体有哪些社会活动呢?道德实践(虽然它用"形而上学"的帽子轻率地否定掉了)被排除了,其他的社会活动,特别是政治活动和科学、艺术、审美等精神活动却绝口不提,实际上也被排除了,剩下的"革命实践"用来解释实践的含义,既犯了逻辑上的同义反复错误,也没有正面说明此处"革命"的确切含义乃是改变世界(外部世界和人自己的精神世界),而不仅仅是一般理解的革命的政治斗争。尤其要指出的是,董文直接针对马克思关于"社会生活在本质上是实践的"观点加以曲解,声称"但这不等于说整个社会生活在一切方面都是实践的"。1995年出版的《马克思恩格斯选集》中译本之《提纲》(也是董文参考文献中所列的版本)中的"社会生活"前有"全部"一词,但这个词在董文中恰恰没有出现,难道熟读马克思著作的董先生没有看到吗?"全部"难道不就是"一切方面"吗?这表明,董文真实意图恰恰是竭力将马克思的实践概念狭隘化。正因为这样,董文紧接着就指责我们将马克思实践概念"泛化"。这种看似矛盾的批判,正好暴露出他们反对对马克思实践概念作广义理解,实际上也否定了马克思自己的实践概念的广义使用,而硬要拉到他们那种片面的、狭隘化的理解中去。

董文对笔者过去曾经说过的"个人性实践"作了反复的批判。笔者在此需要作一个说明。大概五年以前,笔者在一篇题为《走向实践存在论美学》的文章中说过:"除了这种社会性的、历史性的、有集体性特征的实践以外,还有许多个人性的实践活动,比如个人成长中青春烦恼的应对、友谊的诉求、孤独的体验等日常生活的

'杂事'也都是人生实践的题中应有之义。"① 当时主要的意图是对实践概念作人生实践的广义理解,但所举的例子并不妥当,而且把个人性实践与社会性实践割裂开来,也不正确。所以,此后不久笔者就放弃了这个说法,此后的相关论文、著作中已经改正。当然,笔者认为,个人性的日常实践活动还是存在的,并且是非常广泛的,但并非与社会实践无关,而是背后都有或隐或显的社会性。如"青春烦恼的应对"实际上主要是两性之间恋爱、婚姻方面的生活活动,这当然应当属于个人的人生实践中相当重要的方面,否认其实践性是不对的,但它同时也是人类社会实践的重要组成部分,即直接关乎人自身生命的生产。《德意志意识形态》对这个问题给予了极大的关注。它说:"一开始就进入历史发展过程的第三种关系是:每日都在重新生产自己生命的人们开始生产另外一些人,即繁殖。这就是夫妻之间的关系,父母和子女之间的关系,也就是家庭。"这种人的生命的再生产(生育)与前述人的"物质生活的生产"都是人的实践的基本方面,所以马克思、恩格斯指出:"生命的生产,无论是通过劳动而达到的自己生命的生产,或是通过生育而达到的他人生命的生产,就立即表现为双重关系:一方面是自然关系,另一方面是社会关系;社会关系的含义在这里是指许多个人的共同活动。"② 人的这两种生产、两种活动(无疑包括恋爱婚姻、组织家庭和生儿育女的活动)都是人的社会实践活动。再如"友谊的诉求"其实就是交友的活动,这也应该属于社会人生实践的组成部分,当然,它也不仅仅是个人性活动,在不同时期不同的社会中,交友也

---

① 朱立元:《走向实践存在论美学》,《湖南师范大学社会科学学报》2004年第4期。

②《马克思恩格斯选集》第1卷,人民出版社1995年版,第80页。

是人的社会交往关系中极为重要的方面。笔者承认上述过去的说法不对,但仍然坚持实践应当是广义的人生实践这样一个观点。

毛泽东对"实践"也有清晰的并同马克思一致的广义阐述,可以看作对我们广义理解实践概念的明确支持。他指出,"人的社会实践,不限于生产活动一种形式,还有多种其他的形式,阶级斗争,政治生活,科学和艺术的活动,总之社会实际生活的一切领域都是社会的人所参加的。因此,人的认识,在物质生活以外,还从政治生活文化生活中(与物质生活密切联系),在各种不同程度上,知道人和人的各种关系"①。可见,人的实践活动既包括物质生产和生活,也包括精神生产和生活,实践应该是大于物质生产劳动的,它包括这两种生活活动的全部内容。难道说毛泽东对实践概念的理解也是"泛化"的吗?

笔者在董文引用过的《简论实践存在论美学》一文中明明白白地说道:"综上所述,我们理解的实践是广义的人生实践。它固然以物质生产作为最基础的活动,但还包括人的各种各样其他的生活活动,既包括道德活动、政治活动、经济活动等等,也包括人的审美活动和艺术活动。"只要不抱偏见的话,上面的大量材料充分证明,我们对实践概念的这种理解来自马克思的原著,并不是笔者的任意解释。这是笔者提出实践存在论美学的前提和依据之一。董文这方面的批判完全站不住脚,它要么不顾马克思原著的丰富含义,抱着自己固定不变的僵化理解硬把马克思实践概念的含义狭隘化;要么强加于人,把笔者全力批评的狭隘化理解硬套在笔者头上,然后加以指责。这难道是学术批评的正当方式和态度吗?

附带要指出的是,董文对马克思《巴黎手稿》采取了极不严肃的

---

① 毛泽东:《毛泽东选集》第一卷,人民出版社1966年版,第260页。

实用主义态度。在可以用来说明他们观点的地方，他们正面引用；但同时在好几个地方实际上在贬低和批评《手稿》。比如董文说写《手稿》"这时的马克思，尚残留费尔巴哈人本主义的影子，还没有完全脱离关于人的'类本质'的思想。而这一点，正是马克思后来对费尔巴哈批评的主要内容之一"。这实际上已经不是什么"残留费尔巴哈人本主义的影子"了，因为据说后来这成了马克思批评费氏的"主要内容"了。可见董文实际上认为马克思的《手稿》在历史观上仍然是"人本主义"和唯心主义的。这并非我们生造。在另外一处，董文说得更加明白，"马克思关于人的'类存在物'思想，已经转变为'现实的人'的理念，他已经将'人们的存在'看作是人们的'现实生活过程'。这样一来，他就跟把人的本质和存在引向各种神秘主义的理论划清了界线。人的本质不再是'类'本质，也不再是绝对孤立的个体存在，在其现实性上，只能是一切社会关系的总和。费尔巴哈关于人的抽象的'类'本质观，已经成了批判和扬弃的对象，这就意味着马克思已脱离了此前自己思想中某种人本主义倾向的阶段"。这段话有两点是很有问题的：第一，认为《手稿》中马克思还停留在"人的'类存在物'思想"阶段或水平上，《提纲》中才"转变为'现实的人'的理念"，实际上他们根本没有看到马克思对异化劳动的批判已经深刻地揭示了人的现实关系；第二，董文又制造了两个马克思的神话，认为写《手稿》时的马克思尚处于"某种人本主义倾向的阶段"，后来才"脱离"了人本主义进入了马克思主义（阶级论？唯物史观？）阶段。这跟西方马克思主义制造前后期两个马克思的神话如出一辙，虽然价值评判上可能相反。这涉及对《手稿》和《手稿》时期的马克思如何评价的原则问题。限于篇幅，本文只能点到为止，以后将另外撰文专门探讨。

［原载上海大学学报（社会科学版）2009年05期］

试论马克思实践唯物主义的存在论根基
——兼答董学文等先生

近几个月来,董学文等先生连续发表了多篇文章,^①集中从哲学基础方面批评笔者提出的走向"实践存在论美学"的构想。其主要理由是:"实践存在论""泛化"了马克思的实践观,把完全不相容的马克思彻底唯物主义的"实践观"同海德格尔依托"此在"的存在主义的"存在论""畸形地"组合在一起,从而"将马克思的实践观淹没和消泯在了海德格尔的'存在论'之中,……在'实践存在论'完成了对马克思主义学说的'海德格尔化'、马克思主义实践观的'存在论化'之后,势必也就同时完成了对自身的消解与破坏。"对于这些指责,我们已作了部分答复和反驳,^②本文拟着重围绕马克

---

① 《"实践存在论"美学、文艺学本体观辨析》,《上海大学学报》2009年第3期;《"实践存在论"美学何以可能》,《北京联合大学学报》2009年第2期;《超越"二元对立"与"存在论"思维模式》,《杭州师范大学学报》2009年第3期;《"实践存在论美学"的缺陷在哪?》,《内蒙古师范大学学报》2009年第4期等。

② 朱立元:《全面准确地理解马克思主义的实践概念——与董学文、陈诚先生商榷之一》,《上海大学学报》2009年第5期;朱立元、刘旭光:《略论马克思主义实践观的存在论维度——与董学文、陈诚先生商榷之二》,《探索与争鸣》2009年第10期。

思实践唯物主义哲学的存在论根基问题展开讨论，同时回答董学文等先生的指责。

一、马克思"实践的唯物主义"的历史针对性和科学性

关于马克思"实践的唯物主义"是历史唯物主义的另一种表述的观点，已经被我国哲学界大多数学者所认同。但董学文等先生却根据德文原文的语法结构进行分析，认为这里"实践的"作为定语只是修饰唯物主义"者"，而不适用于"唯物主义"，所以只承认有实践的唯物主义者，而不承认有作为哲学思想的"实践的唯物主义"存在，并声称"这是'西方马克思主义'中的某些人生造出来的"。

其实，这种语言游戏式的解读并不高明。即使这里马克思主要说的是实践的唯物主义"者"，但从逻辑上并不能否认既然有实践的唯物主义者，就有实践的唯物主义这样一种推理的合理性。比如说，"直观的唯物主义""自然的唯物主义""人本学的唯物主义""机械的唯物主义"等等，都可以加"者"而成为某一"主义"的倡导者或信奉者，去"者"则成为某一"主义"即思想、学说。这是常识。正是从常识出发，有学者明确指出，"马克思和恩格斯按照他们所强调的方面，在不同情况下分别称这种新哲学为'新唯物主义''现代唯物主义''实践的唯物主义''历史唯物主义''唯物辩证法'。毫无疑问，这些名称都能如实地表达马克思和恩格斯所要强调的马克思主义哲学的基本意义"[①]。还有一个重要证据是，马克思在《德意志意识形态》中紧接着提出"实践的唯物主义者"这个命题

---

① 刘放桐：《重释马克思哲学变革的革命性意义》，《河北学刊》2008年第6期。

之后,并没有提出与之相反、相对立的"理论的"唯物主义"者"加以比较论述,而是马上直接对费尔巴哈的直观的唯物主义观点做出深入的批判,这个命题的实际使用语境恰恰证明"实践的唯物主义"是直接针对"直观的唯物主义"思想体系的,而不仅仅是从属于实践的唯物主义"者"的。

需要强调的是,马克思"实践的唯物主义"的提法是有明确的历史和现实针对性的。一方面,对于当时占主导地位的思辨哲学(黑格尔哲学、青年黑格尔派如布鲁诺·鲍威尔的"自我意识"论、麦克斯·施蒂纳的"唯一者"论及种种观念论哲学),马克思展开了多方面的深入批判,并明确指出:"在思辨终止的地方,在现实生活面前,正是描述人们实践活动和实际发展过程的真正的实证科学开始的地方。"[①]这样一种把思辨哲学从精神天堂拉到现实人间、着重描述人们的"实践活动"的"实证科学",难道不正是既"实践"又"唯物"的"实践的唯物主义"即历史唯物主义吗?另一方面,也是更重要、更直接的方面,针对当时唯物主义阵营内部以费尔巴哈为代表的直观的唯物主义哲学,马克思在充分肯定其坚持自然的唯物主义、批判黑格尔的思辨唯心主义、反对宗教异化的理论贡献的同时,对他的唯物主义的直观性、非实践性最终导向历史唯心主义的哲学立场进行了深刻的批判。在《关于费尔巴哈的提纲》中,马克思批评"费尔巴哈不满意抽象的思维而喜欢直观;但是他把感性不是看作实践的、人的感性的活动"[②],在此,马克思与费尔巴哈所持的是两种对立的感性观:前者是人的感性活动即实

[①]《马克思恩格斯选集》第1卷,人民出版社1995年版,第73页。
[②] 同上,第56页。

践，后者是感性的直观；不仅如此，马克思进一步把这两种感性观概括、上升为两种唯物主义哲学（思想、学说）的对立，指出，"直观的唯物主义，即不是把感性理解为实践活动的唯物主义"[①]。显然，前者是把感性理解为直观的唯物主义，即"直观的唯物主义"，后者相反，"是把感性理解为实践活动的唯物主义"（不是"者"），同理可简称为"实践的唯物主义"。这不就是《德意志意识形态》中"实践的唯物主义者"提法的直接来源吗？这跟"西方马克思主义中的某些人"有什么相干呢？以上对两种错误思想学说（唯心主义的或直观的唯物主义的）辩证批判，凸显了"实践的唯物主义"的辩证性和科学性。

董文离开马克思提出"实践的唯物主义"哲学的具体历史语境和现实针对性，仅仅凭借简单的语法分析就想根本否定和取消这一表达马克思新哲学的科学名称，是完全站不住脚的。

二、从存在论根基处重新认识马克思哲学变革的意义

由马克思创建起来的历史唯物主义即实践唯物主义的新哲学实现了划时代的伟大哲学变革，这一点恐怕没有人会有疑义。但对这种哲学变革的意义的认识和理解并不完全一致。从董学文等先生几篇文章看，他们一是更强调这种变革的唯物主义方面，而相对轻视其实践的方面，即使讲实践，也偏重于其客观方面，而忽视主体方面；二是只强调这种变革的认识论意义，而基本无视其本体论（存在论）意义。这不仅仅反映了他们认识上的片面性，而且实际上在

---

① 《马克思恩格斯选集》第1卷，人民出版社1995年版，第56页。

某种程度上遮蔽和贬低了这种变革的革命性意义,其根源在于没有超越近代哲学的视界。

对马克思哲学变革的重新认识,我国哲学界走在了文艺学、美学界的前面,提出了一系列非常重要而深刻的观点。有学者精辟指出,"从这一变革的社会历史条件、思想和理论背景以及变革的过程都可以看出,这一变革的根本之点在于把社会实践的观点引入哲学,并当作哲学的根本观点","马克思明确地把唯物主义和辩证法都与人的'感性活动',即现实生活和实践联系起来","他的唯物主义的根本特点是从感性的、实践的观点去认识世界的","现实生活和实践的观点是整个马克思哲学的根本观点。它不仅因强调人的实践在认识中的决定作用而具有认识论意义,而且还因强调人的实践使物质的、自然的存在成为具有现实意义的存在而具有存在论(生存论)意义"。① 这就把马克思实践观本有而长期被忽视的存在论思想(维度)揭示出来了,同时也揭示出马克思哲学变革的存在论意义。

承认不承认马克思新哲学有没有存在论根基,其哲学变革有没有存在论意义,这是一个能否全面、准确地理解马克思唯物史观的原则问题。有学者在回顾了一个多世纪以来对马克思哲学变革的性质和意义的几种不同理解后指出,它们实际上"使马克思哲学的阐说陷于现代性意识形态的晦暗之中,亦即陷于现代(modern近代)哲学的理解框架之中",据此提出了"重估马克思哲学革命的性质和意义的任务",并强调"这一任务将不可避免地要求存在论根基处之最彻底的澄清。马克思的哲学革命,从而经由这一革命而在哲学

---

① 刘放桐:《重释马克思哲学变革的革命性意义》,《河北学刊》2008年第6期。

上的重新奠基，从根本上来说，纯全发端于存在论根基处的原则变动——若取消或遮蔽这样的原则变动，则马克思的哲学革命就是不涉及根基的或者本身是完全缺失根基的，从而也就谈不上什么真正意义的哲学革命。……只要这一革命确曾发生……对它的任何一种判断和估价都不能不首先是并且最终是存在论性质的"。① 笔者完全赞同这个观点。的确，如果不首先并最终从存在论根基处重新认识和解读马克思哲学变革的性质和意义，就有可能甚至必然陷入近代形而上学（既包括主观或客观唯心主义，也包括费尔巴哈及以前的一切旧唯物主义）的思维方式和阐释框架，从而自觉或不自觉地遮蔽和否认马克思实践唯物主义新哲学的存在论维度（根基）。

我国许多哲学家在这方面作了可贵而有说服力的探讨和阐释。有学者概括道，"这种变革的实质在于它使哲学的主题发生了根本的转换，即从'世界何以可能'转向'人类解放何以可能'，与此同时，哲学聚焦点从宇宙本体转向人的生存本体，从解释世界转向改变世界"；指出"为了解答'人类解放何以可能'，马克思主义哲学必须探讨人的存在方式或生存本体"，即存在论（本体论）问题，经过详细论证，其结论是"在马克思的哲学视野中，实践不仅是人的生存的本体，而且是现存世界的本体"。② 这一探讨，使我们清楚地认识到，马克思实践观确确实实立足于其存在论根基之上。另一位学者则从马克思把"自由自觉的生命活动"即劳动实践看作人的类本性出发，指出"这意味着马克思完全是从'生存活动'而不是从

---

① 吴晓明：《重估马克思哲学革命的性质与意义》，《复旦学报》（社会科学版）2004年第6期。

② 杨耕：《重新理解马克思主义哲学所实现的哲学变革》，《光明日报》2009年5月19日11版"理论周刊"。

'现成存在者'的角度来理解人的'本性'的"。换言之，马克思是从自由自觉的实践活动或生存活动来规定人的"生存性"本质，进而把人的本质看成是在实践中生成的，而非现成的、固定不变的，并揭示出人的生命活动具有"自由开放性""全面性和丰富性""自我创造、自我超越和自我否定本性"；作者着重揭露批判道，在资本的专制统治下，"使人彻底失去了上述自由自觉的生存品性，人沦为与物无疑的'现成存在者'"，正是通过这样一种存在论的现实剖析，作者认为，"马克思在哲学史上最早阐明了价值虚无主义的思想根源"，"深刻揭示了价值虚无主义的现实根源"。[①] 两位学者的阐释侧重点不同，却不约而同地阐述了马克思实践唯物主义的存在论维度，或者说，从存在论根基处阐述了马克思的实践唯物主义，其目的就是消除资本主义现存世界的异化，解放全人类。

我们曾在多处说明，"实践存在论美学"虽然受过海德格尔存在论的某些启发，但真正使我们获得和转移到的存在论根基，并非海德格尔的，而是马克思的存在论。董文却完全不顾事实，口口声声指责我们所谓"对马克思主义学说的'海德格尔化'、马克思主义实践观的'存在论化'"。显然，在他们心目中，存在论是海德格尔的专利，只有海德格尔有存在论，马克思根本没有存在论。所以，当我们努力探讨马克思实践观的存在论维度时，他们或不屑一顾，或置若罔闻，却硬说我们"将马克思的实践观淹没和消泯在了海德格尔的'存在论'之中"，岂非咄咄怪事！

---

① 贺来：《马克思的哲学变革与价值虚无主义课题》，《复旦学报》（社会科学版）2004年第6期。

三、马克思"实践"概念的核心内涵

董文批评笔者"将'实践'规定为是'人的感性活动,是人的现实生活过程',并说这是马克思的观点,是不是多少曲解了《关于费尔巴哈的提纲》中有关'实践'阐述的原意了呢?"这里涉及如何全面、准确理解马克思唯物史观的核心概念之一"实践"的问题。

我们认为,马克思"实践"概念包含着极为丰富、深刻的内涵。在马克思的著作中,从不同角度、用不同方式和语言规定"实践"性质的命题或提法很多,如从人的主体能动性角度把实践规定为"自由自觉的生命活动"或"有意识的生命活动";从人对世界或自然界的能动关系角度把实践规定为"创造对象世界,即改造无机界"[①]的活动,或"人的本质力量的对象化""自然的人化"等;从"改变世界",而不仅是"解释世界"的角度,把"革命的实践"规定为"环境的改变和人的活动或自我改变的一致";[②]从人类历史形成和发展的角度把实践规定为劳动和工业,说"全部人的活动迄今都是劳动,也就是工业"[③];从资本主义条件下的异化劳动角度,实践又被规定为"人的活动在外化范围内的表现"或"作为生命外化的生命表现";[④]如此等等。但在我们看来,在诸多对"实践"的规定中,"人的感性活动"是最为核心的规定,也是直接切入马克思实践观的存在论维度的关键点。

---

① 《马克思恩格斯全集》第四十二卷,人民出版社1979年版,第96页。
② 《马克思恩格斯选集》第1卷,人民出版社1995年版,第55页。
③ 同①,第127页。
④ 同①,第144页。

首先，把实践规定为"人的感性活动"的，不是笔者，而是马克思，是其历史唯物主义的天才纲领《关于费尔巴哈的提纲》（下称《提纲》）。《提纲》一开始就批评费尔巴哈不把"对象、现实、感性""当作感性的人的活动，当作实践去理解"；《提纲》还批评费尔巴哈"把感性不是看作实践的、人的感性的活动"[①]，只要不抱偏见，都不能不承认，在这些表述中，马克思是明白无误地将"实践"界定为"人的感性活动"，并直接在这两个概念之间画了等号。这何尝有半点"曲解"？

必须指出，马克思将"实践"界定为"人的感性活动"有其明确的现实针对性：既针对黑格尔为代表的唯心主义只肯定人的精神活动的能动方面，而轻视甚至无视人的现实的、物质的感性活动，指出"唯心主义当然不知道真正现实的、感性的活动本身的"；更直接针对费尔巴哈及一切旧唯物主义的直观性，即"只是从客体的或者直观的形式去理解""事物、现实、感性"，而忽视了它们的主观的、能动的方面。通过这两方面的批判，马克思把作为"人的感性活动"的实践看成主观和客观统一的活动，既不同于唯心主义绝对精神（思想客体）的自运动、自生展，只是"抽象地""发展了能动的方面"；更不同于费尔巴哈只研究"跟思想客体确实不同的感性客体，但是他没有把人的活动本身理解为客观的（gegenstandliche）活动"，而是强调既"从主观方面去理解"感性、事物、对象，把它们看作人的能动的感性活动，又把这种感性活动本身也看成"客观的"，因为这种感性活动无论就其受对象的制约而言，还是活动的过程和结果都是对象化、客观化的而言，都是"客观的"。所以，马克

[①]《马克思恩格斯选集》第1卷，人民出版社1995年版，第56页。

思将实践界定为"人的感性活动"正是抓住了其主客观统一的根本特征。

其次，马克思是从人的感性活动即实践出发，揭示人类历史发展的秘密。在《手稿》中，马克思的唯物史观作为历史科学正在孕育和构建之中。马克思批判地吸收了费尔巴哈关于"感性"的某些思想，但赋予其以实践和历史的新内涵，强调指出，"感性（见费尔巴哈）必须是一切科学的基础。科学只有从感性意识和感性需要这两种形式的感性出发，因而，只有从自然界出发，才是现实的科学。全部历史是为了使'人'成为感性意识的对象和使'人作为人'的需要（自然的、感性的）而作准备的发展史。历史本身是自然史的即自然界成为人这一过程的一个现实部分"[①]联系上下文以及《手稿》的全部论述，可以肯定，马克思这里正是对于费尔巴哈对感性的直观性理解的批判性改造，正是从感性活动即实践的意义上，从人的本质力量的对象化或实现上重新解释了感性，并用以阐述人类历史的现实本质。紧接着上面这段话，马克思又说："自然界是关于人的科学的直接对象。人的第一个对象——人——就是自然界、感性；而那些特殊的人的感性本质力量，正如它们只有在自然对象中才能得到客观的实现一样，只有在关于自然本质的科学中才能获得它们的自我认识。"[②]这里人感性的本质力量在自然对象中客观的实现，不明白无误地就是说的"人的感性活动"即实践吗？

不仅如此，马克思还从这个角度集中考察了推动人类历史发展的劳动和工业。他明确指出："全部人的活动迄今都是劳动，也就是

[①]《马克思恩格斯全集》第四十二卷，人民出版社1979年版，第128页。
[②] 同上，第129页。

工业,就是自身异化的活动"①;因为"工业是完成了的劳动"②;而对工业的本质,马克思明确"把工业看成人的本质力量的公开展示"③,并仍然用人的感性活动来解释:"在通常的、物质的工业中,人的对象化的本质力量以感性的、异己的、有用的对象的形式,以异化的形式呈现在我们面前";由此,马克思进而得出了以下著名的结论:

> 工业的历史和工业的已经形成的对象性的此在(Dasein),是人的本质力量地打开了的书本。是感性地摆在面前的人性的心理学。④

这里,工业的历史就是人的感性活动即劳动实践所展开了的心理学。

再次,马克思也是从人的感性活动即实践入手,来揭露资本主义私有财产的异化本质,进而展示"共产主义是私有财产即人的自我异化的积极的扬弃"⑤。马克思对资本主义条件下"实践的人的活动即劳动的异化行为"的批判性考察,同样首先从"工人同感性的外部世界、同自然对象这个异己的与他敌对的世界的关系"入手,

---

① 《马克思恩格斯全集》第四十二卷,人民出版社1979年版,第127页。
② 同上,第115页。
③ 同上,第128页。
④ 同上,第115页。译文采用邓晓芒据德文本所做的改动,见邓晓芒:《马克思论存在与时间》,《哲学动态》2000年第6期。
⑤ 同上,第120页。

揭露出"工人同劳动产品这个异己的、统治着他的对象的关系"[1]以及其他三种异化关系的,并揭示出"异化劳动是私有财产的直接原因"[2]的秘密:"这种物质的、直接感性的私有财产,是异化了的、人的生命的物质的、感性的表现。私有财产的运动——生产和消费——是以往全部生产的运动的感性表现,也就是说,是人的实现或现实。"[3]马克思又从异化劳动同私有财产的关系进而推出伟大的革命性结论:"私有财产的积极扬弃,作为对人的生命的占有,是一切异化的扬弃"[4],这就是共产主义的现实运动,其实质在于"社会从私有财产等等的解放,从奴役制的解放,是通过工人解放这种政治形式表现出来的,而且……工人的解放包含全人类的解放"[5]。

下面,再讨论马克思实践概念的另外一层重要含义——"人的现实生活过程"。这同样不是笔者的概括,而是马克思自己的观点。

这里首先要弄清马克思的"现实"和"生活"两个概念的基本含义及"现实生活"概念的主要含义。第一,在马克思那里,"现实"概念一是同"感性"概念相近,属于同一层次的概念,与抽象的"理性"概念相对立,是可以通过感官、感觉把握的;二是与抽象的"思想""观念"概念相对立,而是实际存在的、可以用经验观察到的;三是常常与"生活"概念近义或同义。如马克思在谈论

---

[1]《马克思恩格斯全集》第四十二卷,人民出版社1979年版,第94页。译文采用邓晓芒据德文本所做的改动,见邓晓芒:《马克思论存在与时间》,《哲学动态》2000年第6期。

[2] 同上,第101页。

[3] 同上,第121页。

[4] 同上。

[5] 同上,第101页。

货币的创造力时说道:"它把我的愿望从观念的东西,从它们的想象的、表象的、期望的存在,转化成它们的感性的、现实的存在,从观念转化成生活,从想象的存在转化成现实的存在。"① 第二,"生活"概念在马克思那里,一是表示人的广泛的"日常生活"范围,实际上与"现实生活"同义;二是表示人的生产活动、生活活动、生命活动,与"活动"概念相近;三是表示人的以劳动生产为基础的实践活动,这三层意义常常交叉、混合使用。比如,马克思在谈到"人们用以生产自己必需的生活资料的方式"时指出,"它在更大程度上是这些个人的一定的活动方式,是他们表现自己生活的一定方式,他们的一定的生活方式";② 这就将生产、生活、活动在同样意义上使用了;又如,马克思在谈到自然科学对人的生活的实践意义时指出,"自然科学却通过工业日益在实践上进入人的生活,改造人的生活,并为人的解放作准备"③,这里人的生活和实践紧密地结合在一起了;再如,马克思在谈到法国工人阶级联合起来"这一实践运动"的"光辉的成果"时,充满热情地描述了他们的日常生活:"吸烟、饮酒、吃饭等等在那里已经不再是联合的手段,或联络的手段。交往、联合以及仍然以交往为目的的叙谈,对他们说来已经足够了;人与人之间的兄弟情谊在他们那里不是空话,而是真情,并且他们那由于劳动而变得结实的形象向我们放射出人类崇高精神

---

① 《马克思恩格斯全集》第四十二卷,人民出版社1979年版,第154页。译文采用邓晓芒据德文本所做的改动,见邓晓芒:《马克思论存在与时间》,《哲学动态》2000年第6期。

② 《马克思恩格斯选集》第1卷,人民出版社1995年版,第67页。

③ 《马克思恩格斯全集》第四十二卷,人民出版社1979年版,第128页。

之光。"①第三,"现实生活"的概念,更多地表示与观念、意识相对立的人的物质实践和其他生活实践。有学者专门研究了《德意志意识形态》中"生活"概念的各种使用,指出:"马恩则从'现实的生活'入手,在《形态》中从多种意义上使用了生活概念:首先,生活是维持人的生存的最基本的物质活动,即衣食住行;其次,生活就是生产实践,即劳动;再次,生活是人的全部生命活动,包括物质生产活动、社会活动、精神活动等;最后,生活即是人的日常生活。总之,马恩是以人的'生命活动'为出发点来使用生活概念的。"②我以为,这是符合马、恩原意的。而且,上述对"生活"概念四种意义上的使用,归结起来恰好是"实践"概念的主要含义。该文还专门用一节篇幅令人信服地论证了"生活的实践本质"。可以说,在马克思那里,"现实生活"与"实践"的含义是基本一致的。

基于以上的考察,可以看到,马克思正是运用"生活"或"现实生活"范畴,从多方面表述和阐述实践唯物主义的新历史观。他说,这个历史观赖以出发的"现实的前提""是一些现实的个人,是他们的活动和他们的物质生活条件"③;他又说,"一当人开始生产自己的生活资料的时候……人本身就开始把自己和动物区别开来。……同时间接地生产着自己的物质生活本身"④,这实际上把人的物质生产实践看成他们的现实生活本身。在马克思看来,"现实生活"就是现实的人的实际生活、活动的过程。现实的人就是马克思

---

① 《马克思恩格斯全集》第四十二卷,人民出版社1979年版,第140页。
② 吴宁、张秀启:《〈德意志意识形态〉中的生活哲学思想》,《湖南文理学院学报》2008年第5期。
③ 《马克思恩格斯选集》第1卷,人民出版社1995年版,第67页。
④ 同上。

所说的"现实中的个人","这些个人是从事活动的,进行物质生产的,因而是在一定的物质的、不受他们任意支配的界限、前提和条件下活动着的",① 也就是在一定物质条件下从事实际的、能动的物质实践的个人,是"处在现实的、可以通过经验观察到的、在一定条件下进行的发展过程中的人",而"不是处在某种虚幻的离群索居和固定不变状态中的人"。② 而"现实生活"就是"现实中的个人"的实际生活、活动的过程,是"那些发展着自己的物质生产和物质交往的人们,在改变自己的这个现实的同时也改变着自己的思维和思维的产物"的过程;"而且,从他们的现实生活过程中我们还可以揭示出这一生活过程在意识形态上的反射和回声的发展。"正是在生活就是实践这个意义上,马克思提出了"不是意识决定生活,而是生活决定意识",③ "意识(das bewußtsein)在任何时候都只能是被意识到的存在(das bewußte Sein),而人们的存在就是他们的现实生活过程"④ 这个历史唯物主义的经典命题。这里,"人们的存在就是他们的实际生活过程",正是十分鲜明地体现了马克思实践唯物主义的存在论根基。显然,在马克思那里,由于人们的"全部社会生活在本质上是实践的"⑤,所以"实际生活过程""物质生活过程""现实生活过程"都是同义的,都同样表述现实的人的能动的实践活动过程。在此,合乎逻辑的推论只能是:实践就是现实的人的基本存在方式。据此,马克思把历史唯物主义的"实证科学"任务

---

① 《马克思恩格斯选集》第1卷,人民出版社1995年版,第71—72页。
② 同上,第73页。
③ 同上。
④ 同上,第72页。
⑤ 同上,第56页。

确定为描绘出现实的人的能动的实践活动和生活过程，认为"只要描绘出这个能动的生活过程，历史就不再像那些本身还是抽象的经验论者所认为的那样，是一些僵死的事实的汇集，也不再像唯心主义者所认为的那样，是想象的主体的想象活动"。①

综上所述，我们将实践规定为"人的感性活动，是人的现实生活过程"，是抓住了马克思实践观的核心含义，是完全符合马克思原意的。董文指责我们"歪曲"马克思原意是毫无根据、完全站不住脚的。令人啼笑皆非的是，董文在批评"实践存在论"时又肯定了"马克思主义实践观，明确了人的存在即人的现实生活和生产实践过程，这是对人类历史的产生、发展和变革起决定作用的唯一的东西"，这跟笔者反复强调的而被董文指责为"歪曲"马克思原意的存在论观点不正好完全一致吗？

附带需要说明一点，董文批评我们对马克思实践概念理解既"狭隘化"，又"泛化"或"过分广义化"，对这种自相矛盾的指责笔者已作了反驳，这里只补充两点：第一，笔者曾针对李泽厚先生对"实践"过于狭隘的理解，提出广义的"人生实践"论："我们认为，李泽厚的实践观不足有三：其一，把人类除物质生产活动以外的其他所有实践形态，包括审美活动全部排除在外，把极为丰富驳杂的人类社会实践狭隘化；其二，仅仅从人与自然的关系着眼来界说实践，而悬置了人与世界其他层面的关系；其三，也是更重要的一点，他对实践的理解仍然没有完全突破认识论的框架，而忽略了实践的存在论维度。……我们理解的实践是广义的人生实践。它固然以物质生产作为最基础的活动，但还包括人的各种各样其他的生

---

① 《马克思恩格斯选集》第1卷，人民出版社1995年版，第73页。

活活动,既包括道德活动、政治活动、经济活动等等,也包括人的审美活动和艺术活动。"①这只是如实地将艺术和审美等精神生产活动纳入人生实践范围内而已,没有丝毫轻视或贬低物质生产实践的意思。第二,有意思的是,最近董文似乎也将其限定于"物质实践和物质交往"的对"实践"的狭隘理解,悄悄向我们的"泛化"或"过分广义化"的理解靠拢了,作者将作为精神活动的艺术生产也纳入"实践"范围,提出所谓"艺术实践论",说"这是一种与一般的物质实践既有相同性又有差异性的实践活动"。我们不禁要问:你们对马克思"实践"概念到底有没有一以贯之的严肃理解?在同一时期,甚至同一篇文章中出现这种前后矛盾的观点,难道是对马克思主义严肃认真的态度吗?

四、马克思实践观的存在论维度不容否定

董文为了否定"实践存在论"的马克思主义理论依据,不惜生造前后期"两个马克思"的神话,说"十九世纪五十年代之后,马克思基本上已经告别了资产阶级哲学和美学的问题性和提问方式,在他的思考中也很少再使用'实践''存在'这类古典哲学概念"就是一个典型例子。事实果真如此吗?否。号称马克思主义理论家的作者应该不会忘记马克思于1859年发表的《〈政治经济学批判〉序言》这篇经典著作吧。在该文中,马克思对唯物史观作了最为经典和权威的表述,其中"物质生活的生产方式制约着整个社会生活、

---

① 朱立元:《简论实践存在论美学》,《人文杂志》2006年第3期。

政治生活和精神生活的过程。不是人们的意识决定人们的存在，相反，是人们的社会存在决定人们的意识"①，它同《手稿》《提纲》和《德意志意识形态》一样，体现出马克思唯物史观的存在论根基；同年恩格斯《卡尔·马克思〈政治经济学批判〉》一文，在引用了这两句话后强调指出，这个原理"不仅对于理论，而且对于实践都是最革命的结论"。在马、恩1859年的重要著作中，"实践"和"存在"这两个所谓"古典哲学概念"不但依然使用着，而且依然作为表述唯物史观最重要内容的范畴在使用。这有力证明了"两个马克思"的神话的破产。顺便指出，董文说"十九世纪五十年代之后，马克思基本上已经告别了资产阶级哲学和美学的问题性和提问方式"，那么上述对"实践"和"存在"这两个所谓"古典哲学概念"依然使用，是否意味着仍然没有告别资产阶级哲学和美学的问题性和提问方式呢？更令人不解的是，此话背后暗含着马克思在十九世纪四十年代基本上还保持或沿用了"资产阶级哲学和美学的问题性和提问方式"的判断，那么，这个判断是否也适合于从《提纲》《德意志意识形态》《神圣家族》到《共产党宣扬》《雇佣劳动与资本》等马克思四十年代的伟大著作呢？这可是个大是大非的问题，作者竟然轻率地作出如此荒谬的论断，实在是匪夷所思。

　　董文还借口汉语里"存在论"和"本体论"在实际使用上内涵和侧重点有所不同，指责我们用"存在论""替换""本体论"是不能成立的。这里需要澄清两点：一是许多重要哲学概念在实际使用上其内涵和侧重点都有所不同，不独ontology如此。以"实践"而言，正因理解的不同，才造成学界长期的争论，才造成董文解释上的自相矛

---

① 《马克思恩格斯选集》第2卷，人民出版社1995年版，第32、38页。

盾。这里并不存在"替换"问题。二是就学术而言,不能仅仅跟着人们不一致的实际使用走,而应该力求准确辨析这两个概念的真实内涵,有可能因为理解不同而发生争论,但概念本身的准确内涵及其历史演变应该是有客观依据的。以海德格尔的存在论而言,译成"本体论"就不那么准确了,这同我们一般理解的"本体论""本体"也并非没有关系。问题是,马克思有没有Being意义上的存在论思想?他的实践观有没有存在论的根基?对此问题的回答要靠事实说话,而不是简单用译名"替换"的指责所能解决的。

此前,笔者曾尝试对马克思实践唯物主义的存在论思想作过若干探讨,[①]这里再从几个方面作进一步论述。

在《巴黎手稿》中马克思有一段直接谈存在论(ontologisch)的话,值得我们认真学习、思考:

> 如果人的感觉、情欲等等不仅是[狭]义的人类学的规定,而且是对本质(自然界)的真正本体论的(ontologisch)肯定;如果感觉、情欲等等仅仅通过它们的对象对它们来说是感性的这一点而现实地肯定自己,那么,不言而喻:(1)它们的肯定方式绝不是同样的,毋宁说,不同的肯定方式构成它们的此在(Dasein)、它们的生命的特点;对象对于它们是什么方式,这也就是它们的享受的独特方式;(2)凡是当感性的肯定是对独立形式的对象的直接扬弃时(如吃、喝、加工对象等),这也

---

① 朱立元、任华东:《试论马克思实践观的存在论内涵》,《河北学刊》2007年第4期;朱立元:《略谈马克思实践观的存在论维度及其美学意义》,《马克思主义美学研究》第11辑;朱立元、刘旭光:《略论马克思主义实践观的存在论维度》,《探索与争鸣》2009年第10期。

就是对于对象的肯定；（3）只要人是人性的，因而他的感觉等等也是人性的，则别人对对象的肯定同样也是他自己的享受；（4）只有通过发达的工业，即通过私有财产的媒介，人的情欲的本体论的（ontologisch）本质才既在其总体性中又在其人性中形成起来；所以，关于人的科学本身是人的实践上的自我实现的产物；（5）私有财产——如果从它的异化中摆脱出来——其意义就是对人来说既作为享受的对象又作为活动的对象的本质性对象的此在（Dasein）。①

这段话比较长，此处不展开分析，只想着重说明几点。第一，马克思在这里两次提到的ontologisch肯定是西方哲学传统直至海德格尔的"存在论"（或是论、在论）问题，而不完全是中译文中人们一般理解的"本体"含义的"本体论"问题。第二，这里两次使用了被董文误以为海德格尔最初使用的Dasein（"此在"，或译"定在""亲在"等）这个现代存在论的重要概念，也有力证明了马克思哲学存在论维度的客观存在，不是任何人能够随意否定的。第三，这里，ontologisch是与"人类学的"（或译"人本学的"）相对使用的，"不仅……而且……"的句式则表明马克思把"存在论"的肯定看得高于"人类学"的肯定。第四，马克思的"存在论的"肯定，是从人与对象世界的"感性"关系，更确切地说感性活动的关系来肯定自己的："感觉、情欲等等仅仅通过它们的对象对它们来说是感性的这一点而现实地肯定自己"。在《手稿》另一处，马克思还从存在

---

① 译文据邓晓芒：《马克思论存在与时间》，见邓晓芒：《实践唯物论新解：开出现象学之维》，武汉大学出版社2007年版，第305-306页。

论根基处说到人的"激情":"人作为对象性的、感性的存在物……所以是一个有激情的存在物。激情、热情是人强烈追求自己的对象本质力量。"① 因此,人的感觉、情欲、激情、热情正是人追求使自己本质力量对象化、在对象世界中实现自己或者"现实地肯定自己"的内在动力。可见,马克思这里讲的正是人的本质力量对象化即感性活动亦即实践,才构成人的存在论(而不仅仅是人类学)的根基。这难道还有什么疑义吗?而且,从《手稿》乃至《提纲》和《德意志意识形态》来看,马克思对人和世界的本质和关系都不仅是从人类学角度,更是从存在论的根基处加以论述的。第五,据此,马克思哲学的存在论是与其实践观紧密结合在一起的,其存在论以实践观为依据,而实践观以存在论为根基,两者合为一体、不可分割。这也正是我们构想实践存在论美学的马克思主义理论基础。我确实说过,"实践存在论美学仍然以实践论作为哲学基础,但将其根基从认识论转移到存在论上",但需再次强调的是,这个存在论根基,绝非董文硬加给笔者的"海德格尔的存在论",而是马克思的与实践观合为一体的存在论。

董文批评"实践存在论美学"里的"存在论","更多地带有海德格尔的意味,带有存在主义的味道"的理由是,"它更强调'实践'是抽象的主客体相互生成的存在方式,相比'实践本体论美学',更强调抽象人性主体的'主观性'和'经验性',而这里的'经验',无疑还是抽象的,还是康德意义上的'共同感'"。这种批评实在是无中生有、强加于人。强调实践是"主客体相互生成的存在方式"正是马克思的一系列著作中贯穿的存在论的基本思路和

---

① 《马克思恩格斯全集》第四十二卷,人民出版社1979年版,第169页。

观点，何"抽象"之有？这个问题下面还要详论。至于"更强调抽象人性主体的'主观性'和'经验性'"的指责更是莫名其妙：一则笔者有关论著极少强调这两个"性"，特别是"经验性"；二则这个批评跟质疑"主客体相互生成的"批评自相矛盾，既然是主客体"相互生成"，又怎么可能只强调其中一方"主观性"呢？遗憾的是，董文中这种自相矛盾的批评委实太多了！而且董文有时似乎忘记了对我们的批评，而同样肯定了主客体"相互生成"说，比如他说，"以'实践'为中介，实现主体与客体、人与世界互动与互容，马克思主义的实践观超越了传统形而上学的二元论和近代认识论哲学的纯粹理性思维"，这岂不是自相矛盾吗？

五、马克思哲学的根基是与实践观一体的存在论，而不是抽象的"物质本体论"

笔者认为，我们与董文最主要的分歧之一在于，董文依据上述反对用"存在论""替换""本体论"的理由，实际上把马克思极为深刻、丰富的存在论思想"替换"为"物质实体论""物质一元论"或"物质本体论"。董文认为我们没有"守住唯物主义的底线"，而是"突破'唯物'和'唯心'的界线"，陷入了否定"物质第一性"的唯心主义泥潭。董文一方面批评"实践一元论"认为世界和人类社会依据"实践"而存在，"实践"是世界的本原和本体，从而就以"实践一元论"代替"物质一元论"，取消了世界的物质统一性；另一方面明确主张研究马克思主义美学，"其出发点还是应当""回到物质本体论的维度中来"，因为据说本体论或存在论里的"存在"，"应指世界上一切事物的客观存在"。

笔者首先要声明：我们从来没有怀疑"世界的物质统一性"，没有怀疑物质（自然界）先于（人的）意识而存在。相对于人的主观意识，物质（自然界）的先在性、客观性是不容置疑的。问题是，这是在物质与意识、思维与存在的关系即认识论范围内提出的问题，而非存在论的提问范围和方式。实际上，董文一开始就把"存在论"问题偷换成"认识论"问题，即把"存在问题"首先看成世界与人的认识、存在与意识的关系问题，把相对于人的意识而言的物质世界在时间上的先在性看成是"存在论"的核心问题，而实际上恰恰把一切存在者（包括自然界和人）的存在（问题）遮蔽了。换言之，在还没有弄明白"存在论"究竟追问什么问题的时候，就想当然地判之为"唯心主义"。董文引用了恩格斯如下一段话来批评我们的所谓的"唯心主义"观点：

> 自然界用了亿万年的时间才产生了具有意识的生物，而现在这些具有意识的生物用几千年的时间就能够有意识地组织共同的活动：不仅意识到自己作为个体的行动，而且也意识到自己作为群众的行动，共同活动，一起去争取实现预定的目标。现在我们已经差不多达到这样的程度了。观察这个过程，眼看我们星球的历史上还没有过的情况日益临近实现，对我来说，这是值得认真观察的景象，而且我过去的全部经历也使我不能把视线从这里移开。[①]

这一方面是文不对题，因为我们根本没有否认自然界先于人的意识而产生；另一方面，从第二句起，该段文字恰恰强调了人的有

---

① 《马克思恩格斯全集》第三十九卷，人民出版社1979年版，第63页。

意识的实践活动创造了"我们星球的历史上还没有过的"、与原先没有人的自然界完全不同的"人的世界",实际上已经通过"实践"把问题从认识论引向了存在论,并且强调要"认真观察"这个"人的世界"的"景象"。在马克思那里,"实践"不仅是认识论范畴,更主要、更基本的是存在论范畴。下面,让我们看看马克思是怎样从"关系"角度论述人与自然界、人与世界的存在论关系的。

首先,马克思认为,人与动物的重要区别之一是人有"关系",动物没有。他指出,"凡是有某种关系存在的地方,这种关系都是为我而存在的;动物不对什么东西发生'关系',而且根本没有'关系';对于动物说来,它对他物的关系不是作为关系存在的"①。可见,在存在论的意义上,人也是"关系"的动物,人一旦从动物界分离出来,就有了"关系"——人与动物、人与自然、人与人等等关系——这些关系也就是人之为人、人高于和超越于动物的重要标志。比如,人与自然的关系,在人刚刚从动物界分离出来之际,是一种敌对的关系;自然界作为人的对立面,在很大程度上还没有成为人的实践活动的对象,没有成为人的本质力量的实现和确证,"自然界起初是作为一种完全异己的、有无限威力的和不可制服的力量与人们对立的,人们同自然界的关系完全像动物同自然界的关系一样"②。当然,随着人的实践活动的展开和发展,人与自然的关系也发生着日新月异的变化。恩格斯指出,"随着完全形成的人的出现而产生了新的因素——社会"③,在社会中,人的物质实践的集中体现——工业——推动着这种关系的不断改变,"在工业中向来就有那

---

① 《马克思恩格斯选集》第1卷,人民出版社1995年版,第81页。
② 同上。
③ 恩格斯:《自然辩证法》,人民出版社1971年版,第153页。

个很著名的'人和自然的统一',而且这种统一在每一个时代都随着工业或快或慢的发展而不断改变,就像人与自然的'斗争'促进生产力在相应基础上的发展一样"[①]。

其次,马克思根据上述"关系"说的思想全面论述了人与自然界的存在论关系。第一,他指出,"人同自然界的关系直接就是人和人之间的关系,而人和人之间的关系直接就是人同自然界的关系","这种关系通过感性的形式",即人的感性活动(实践)"表现出人的本质在何种程度上对人说来成了自然界,或者自然界在何种程度上成了人具有的人的本质"。[②] 显然,马克思不把人和自然界看成现成的、互相分离、孤立不变的存在物,而是看成通过人的感性实践活动互相作用、互相生成的社会关系。这里,自然界与人的存在是互为前提的,脱离了人的自然界和脱离了自然界的人在存在论上都是不可能和不存在的。

第二,马克思认为,由于人直接是自然的存在物,"人靠自然界生活","人是自然界的一部分",[③] 同时又是"社会存在物"[④];而"社会"的含义又紧密联系着人的实践活动,马克思说,"我"即使作为个人,"我也是社会的,因为我是作为人活动的","而且我本身的存在就是社会的活动"。[⑤] 所以,马克思又在这个意义上把社会(活动)看成人与自然的统一的存在论根据:

[①]《马克思恩格斯选集》第1卷,人民出版社1995年版,第76—77页。
[②]《马克思恩格斯全集》第四十二卷,人民出版社1979年版,第119页。
[③] 同上,第95页。
[④] 同上,第122页。
[⑤] 同上。

> 只有在社会中，自然界对人说来才是人与人联系的纽带，才是他为别人的存在和别人为他的存在，才是人的现实的生活要素；只有在社会中，自然界才是人自己的人的存在的基础。只有在社会中，人的自然的存在对他说来才是他的人的存在，而自然界对他说来才成为人，因此，社会是人同自然界的完成了的本质的统一，是自然界的真正复活，……①

这里说得再明白不过，只有在人类社会和社会的人的实践中，自然界才真正作为属人的自然界而进入人的现实生活，"才是人自己的人的存在的基础"。如果离开了社会的人和人类社会，自然界也就不成其为真正的自然界了，而只能成为无意义的存在物。关于这一点，马克思更清楚的表述是，"如果把工业看成人的本质力量的公开展示"，即看成人的实践活动成果的显现，"那么，自然界的人的本质，或者人的自然界的本质，也就可以理解了"，"在人类历史中即在人类社会的产生过程中形成的自然界是人的现实的自然界，因此，通过工业——尽管以异化的形式——形成的自然界，是真正的人类学的自然界"。②这里马克思特别强调的，一是把相对于人而言的自然界看成有一个从无到有的"形成"或"生成"过程，而非在人以前就已经"存在"的"现成存在物"；二是把自然界对人的生成过程纳入人类社会的历史中，而把人类历史看成"自然史"即"自然界成为人的这一过程的一个现实部分"。③这样，这个自然界就是人的自然界或"人类学的自然界"，是在人类社会中生成的自然界。

---

① 《马克思恩格斯全集》第四十二卷，人民出版社1979年版，第122页。
② 同上，第128页。
③ 同上。

离开了人或人的实践活动,这个自然界就不复存在。

第三,据此,马克思以实践为中心和出发点,对人与自然的存在论关系,得出了极为清楚深刻的生成论结论,强调指出,无论人还是自然界,原初都非二分或对立的现成存在物,而都是通过劳动实践历史地生成的:"整个所谓世界历史不外是人通过人的劳动而诞生的过程,是自然界对人说来的生成过程,所以,关于他通过自身而诞生、关于他的产生过程,他有直观的、无可辩驳的证明。因为人和自然界的实在性,即人对人说来作为自然界的存在以及自然界对人说来作为人的存在,已经变成实践的、可以通过感觉直观的"。①可见,人与自然界都不是现成的、固定不变的存在物,它们的现实存在都是通过实践而历史地生成的。在此,马克思贯穿生成性思维的存在论思想正是通过其实践观得以展开和呈现的。马克思也正是借助生成论超越了主客二分的认识论思维方式,达到了实践观与存在论的有机结合。

再次,马克思将这一人与自然关系的存在论思路贯彻到了对人与(整个)世界的关系的论述中。马克思明确指出:"人不是抽象的蛰居于世界之外的存在物。人就是人的世界。"②就是说,在原初意义上,人与世界是一体的、不可分割的,人不能须臾离开世界,只能在世界中存在,没有世界就没有人;同样,世界也离不开人,世界只对人有意义,没有人也无所谓世界;同世界不是与人无关、离开人而独立自在、永恒不变的现成存在物一样,人也从来不是离开世界和他人的、固定不变的现成存在者,而是在"现实的生活过

---

① 《马克思恩格斯全集》第四十二卷,人民出版社1979年版,第131页。
② 《马克思恩格斯选集》第1卷,人民出版社1995年版,第1页。

程"中存在和发展的。正是人的"这个能动的生活过程"即实践,将人与世界建构成不可分割的一体,也构成了人在世界中的现实存在。所以,马克思的"人就是人的世界"的概括,典型地体现了现代的存在论思想。可是,董文在引用了笔者以前文章中同样内容的一段话后说这是"典型的唯心主义"观点。笔者在说明人与世界原初的一体关系时确实说过,"譬如,人和世界的关系:没有人的时候,有没有自然界都值得怀疑,没有人,自然界充其量只是一种存在而已;有了人才有自然界,人和自然界是同时存在的,当周遭世界都成为人存在的环境、大地时,对人而言,世界才有意义。人与世界在原初存在论上不能分开,确信无疑的存在就是人在世界中存在,然后才能考虑其他问题",然而,这段话中的一个前提是"没有人的时候"亦即人类形成或产生以前,比如在2.5亿年前的恐龙时代,现在被我们称之为"自然界"的一切事物、存在物都只不过存在着而已,它们不是作为人的生存环境或作为相对于人而言、与人相互作用和相互生成的对象世界而存在的,更非现在意义上的人的(人类学的)自然界(世界)。正是在这个特定意义上,没有人,也就没有相对于人而言的世界(自然界),它们存在着,也只是存在着而已,但并非真正作为与人相关的世界(自然界)而存在的,不是今天意义上的现实的、人(生活、实践于其中)的世界(自然界)。这丝毫不涉及世界相对于人的意识而言的先在性、客观性问题,因为在人还没有的时候,哪里来人的意识?没有人的(主观)意识,又哪来什么"客观存在"?所以,董文所谓"典型的唯心主义"的指责不但毫无道理,而且恰恰暴露出他们主张的物质本体论是游离于人和人的社会实践的抽象的自然主义的本体论。对此,下文还要论述。

董文还把马克思"人就是人的世界"的命题与海德格尔的"此

在在世界中此在"的命题等量齐观，实际上贬低了这个存在论命题的深刻性。人与世界是不可分的。一方面，人就存在于世界之中，而不在"世界之外"，这似乎与海氏的"此在在世"基本一样；但另一方面，"人就是人的世界"就在三点上高于海德格尔：第一，世界只有一个，就是"人的世界"，没有人以外的世界，自然界只有进入人的社会实践，才成为"人的世界"；第二，"人就是人的世界"中的人和世界都不是孤立的、现成的存在物，人乃是实践着的现实的人，世界是人通过实践活动不断改变着的，同时又不断确证着人的本质力量的属人的对象（自然界），是人与对象通过实践互动共生的、不断生成着的世界。在马克思看来，现存的"人的世界"——人类生活的对象世界、现实的感性世界——"不是某种开天辟地以来就直接存在的，始终如一的东西，而是工业和社会状况的产物，是历史的产物，是世世代代活动的结果。……甚至连最简单的'感性确定性'的对象也只是由于社会发展、由于工业和商业交往才提供给他的"①。第三"人的世界"就是人的实践活动创造的世界，它是由工业等人的感性的实践活动创造、建构起来的，"这种活动、这种连续不断的感性劳动和创造、这种生产，正是整个现存的感性世界的基础，它哪怕只中断一年，费尔巴哈就会看到，不仅在自然界将发生巨大的变化，而且整个人类世界以及他自己的直观能力，甚至他本身的存在也会很快就没有了"②。这清楚地说明，人的（现存的感性）世界的基础是劳动实践，只有在实践中，整个"人的世界"，包括人和自然界的如此这般的存在，才显现出来。倘若劳动

---

① 《马克思恩格斯选集》第1卷，人民出版社1995年版，第76页。
② 同上，第77页。

实践一旦中断，整个"人的世界"包括每个个人都将不复存在。可见，劳动实践是人和世界存在的前提，人的存在和世界的存在都不是自在、自明的。我们认为，这就是马克思实践观的存在论维度的核心内涵。

董文在"人的世界"问题上指责我们否定了物质第一性（统一性和客观性），实际上恰恰犯了费尔巴哈直观的唯物主义的错误。诚然，马克思肯定了相对于人的"外部自然界的优先地位仍然会保存着"（物质第一性），但他紧接着强调，"这种区别只有在人被看作是某种与自然界不同的东西时才有意义"。这就是说，这种外部世界的优先性只有在人已经把自己与自然界区别开来、把自然界作为自己的认识和实践的对象时才有意义。如果自然界还没有作为与人发生认识和实践关系的对象时，这种优先性就毫无意义。在人类产生之前，这种优先性（客观性）更加无从谈起，因为它的前提都不存在了。正是在这个意义上，马克思尖锐地指出："被抽象地孤立地理解的、被固定为与人分离的自然界，对人说来也是无。"① 马克思也是从这一实践观和存在论一体化的思路出发，深刻地批评费尔巴哈在"人的世界"问题上的直观的、自然的唯物主义，他批评费尔巴哈"从来不谈人的世界，而是每次都求救于外部自然界，而且是那个尚未置于人的统治之下的自然界"②；并一针见血地指出，"先于人类历史而存在的那个自然界，不是费尔巴哈生活于其中的自然界，这是一些除去在澳洲新出现的一些珊瑚岛以外今天在任何地方都不存在的，因而对于费尔巴哈来说也是不存在的自然界"③。马克

---

① 《马克思恩格斯全集》第四十二卷，人民出版社1979年版，第178页。
② 马克思，恩格斯：《德意志意识形态》，人民出版社2003年版，第41-42页。
③ 同上，第21页。

思说得何等深刻啊！在某种意义上就好像直接针对董文说的。"先于人类历史而存在的那个自然界"或"物质"，与人无关，不属于"人的世界"，因为人还没有产生，所以不存在对人的"优先地位"问题，就存在论而言，不存在唯物、唯心的问题。

纵观几篇董文，他们主张"回到"的"物质本体论"中的"物质"，是脱离了人和人的实践活动的抽象的"物质"。这种抽象的"物质本体论"曾遭到马克思的批评。马克思指出："只有当物（die Sache）按人的方式同人发生关系时，我才能在实践上（praktisch）按人的方式同物发生关系。"① 这一从人的实践出发进行的批评，指出物质如果不"按人的方式"即实践方式同人发生关系，或者说，人以外或人产生以前的、从未进入人的实践活动（或视野）的物质，根本无所谓先在性、客观性，因而不具有"本体论的意义"，不能成为"本体"。马克思实际上否定了那种视人和人的实践无关的抽象的"物质本体论"。可与此相印证的是，马克思还批评了自然科学研究中存在的"抽象物质的（abstract materielle）"观点，认为该物质观就其实质而言，"或者不如说是唯心主义的方向"，因为这种抽象的物质观拒绝"把工业看成人的本质力量的公开的展示"，不承认"自然界的人的本质，或者人的自然界的本质"，一句话，否认物质与人的实践活动的关系，否认自然界与人类历史不可分割的关系，否认自然科学和人的科学是"一门科学"，② 实质上否认一般唯物主义和历史的不可分割的关系。这才是真正的唯心主义。正如马克思批评费尔巴哈直观的唯物主义时指出，"当费尔巴哈是一个唯物

---

① 《马克思恩格斯全集》第四十二卷，人民出版社1979年版，第124页注2。
② 同上，第128页。

主义者的时候,历史在他的视野之外;当他去探讨历史的时候,他不是一个唯物主义者。在他那里,唯物主义和历史是彼此完全脱离的"[1]。可见,同费尔巴哈一样,董文用抽象的物质本体论即一般唯物主义对实践存在论美学所做的批判中"唯物主义和历史是彼此完全脱离的",这不但不符合马克思实践唯物主义即历史唯物主义的观点,且实际上把马克思主义降低、倒退到了费尔巴哈直观的、自然的唯物主义和一切旧唯物主义的水平。这就是问题的关键所在。

(原载《复旦学报》2010年第1期)

---

[1]《马克思恩格斯选集》第1卷,人民出版社1995年版,第78页。

关于全面准确理解马克思主义哲学、美学的若干问题

近几个月来,董学文等先生连续发表了多篇文章集中批评笔者走向"实践存在论美学"的构想。对于这些指责,我们已作了部分答复和反驳,本文拟着重围绕董文所涉及的有关如何全面、准确理解马克思主义哲学、美学的几个重要问题展开商讨。

一、关于如何从发展、演进中把握前后期马克思思想的统一问题

关于如何在发展、演进中把握马克思前后期思想的内在一致性和统一性,是全面、准确理解马克思哲学、美学思想的原则问题。董文在这个问题上,提出用成熟期思想统一早期思想的观点:"马克思早期的美学思想,包括《1844年经济学哲学手稿》中的美学思想,当然可以成为建设马克思主义新美学的理论资源。但是,对这种资源的开掘和利用,只有纳入成熟期的历史唯物主义和辩证唯物主义的阐释轨道,才能是科学的,符合马克思主义原理的。这不是制造'两个马克思'的神话,恰恰是尊重经典作家思想发展的历史事实。譬如,十九世纪五十年代之后,马克思基本上已经告别了资产阶级哲学和美学的

问题性和提问方式,在他的思考中也很少再使用'实践''存在'这类古典哲学概念"。这段话问题很多,根本站不住脚,需要细致辨析。

首先,关于马克思思想的前期和成熟期究竟如何划分,学界虽然没有形成完全统一的意见,但一般都认为《关于费尔巴哈的提纲》(以下简称《提纲》)标志着马克思的思想开始走向成熟,恩格斯就明确指出《提纲》是"包含着新世界观天才萌芽的第一个文件"[①]。从董文看多数也是这么分期的,但上面这段话却提出了与众不同的看法:第一、将这个分期推后到了十九世纪五十年代,也就是说,一直到四十年代末,马克思的思想都还不成熟。第二、分期推后主要理由是"五十年代之后,马克思基本上已经告别了资产阶级哲学和美学的问题性和提问方式",也即董文认为沿用还是告别了"资产阶级哲学和美学的问题性和提问方式"是划分马克思思想是否成熟的标准。

笔者认为,这两点都直接涉及对马克思思想乃至马克思主义的评价的原则性问题,不能不明辨是非。分期在时间上的推后,抹杀了十九世纪四十年代马克思唯物史观的形成以及对欧洲工人运动现实指导的伟大作用和实践意义;后一点则意味着马克思在四十年代中后期仍然基本上保持或沿用了"资产阶级哲学和美学的问题性和提问方式",直到五十年代才"告别",那么,我们不禁要问:如果四十年代的马克思还停留于此,那他还能够代表无产阶级、还是无产阶级革命的伟大领袖和导师吗?他的思想还是马克思主义的吗?哪怕就是被董文判定为不成熟的《1844年经济学哲学手稿》(以下简称《手稿》)不也自始至终贯穿着对资本主义异化劳动和资产阶级残酷剥削工人阶级的深刻批判吗?你能够从中找到哪怕是一丝一毫

[①]《马克思恩格斯选集》第4卷,人民出版社1995年版,第213页。

的"资产阶级哲学和美学的问题性和提问方式"吗？而且，这一判断实质上把从《提纲》《德意志意识形态》《神圣家族》《哲学的贫困》到《共产党宣扬》《雇佣劳动与资本》等马克思四十年代的伟大著作一股脑儿打入"不成熟"乃至仍然保持着"资产阶级哲学和美学的问题性和提问方式"的"另类"中。我们不想随便扣政治帽子，但这确实是个大是大非的问题。

其次，这个标准清楚地表明董文以十九世纪五十年代为界，制造"两个马克思"、而且是两个截然对立（保持着与告别了"资产阶级哲学和美学的问题性和提问方式"）的马克思的神话。这两个马克思之间，不是从不成熟逐步走向、发展到成熟，而是理论上从资产阶级向无产阶级的突变和飞跃，用这种阶级的对立和鸿沟来区分和概括马克思的前后期思想是极为荒唐、完全错误的。关于董文制造"两个马克思"的神话，笔者另有专文讨论，此处不赘。

再次，董文关于用马克思成熟期思想统一早期思想的观点也值得商榷。马克思1845年以前的早期思想固然不完全成熟，但却并非没有价值，特别是《手稿》不但对于理解马克思唯物史观的孕育和形成是极其重要、不可跳过的环节，而且对于当代马克思主义美学、文艺学的建设有着尤其重大、不可替代的指导意义。在马克思理论的发展中，随着现实语境和革命斗争任务、环境、策略等等的变化，研究重心和关注点也在不断变化，他只能在某个时期、某个阶段出于某些考虑重点发展前期的某些思想，而不可能同时全面发展其早期的全部思想，这样，其早期的许多思想，包括某些重要思想，在成熟期就不可避免地会被边缘化甚至极少提及。比如，马克思曾经计划撰写一部《美学》专著，但是后来此计划未能实现。因此，从马克思早期著作和成熟期著作中发掘思想遗产并加以引申、发展，同样是符合马克思主义的原理，而不能仅仅局限于马克思成熟期的思想，更不能像董文所说的那样"只有"把马克思的早期思想纳入成熟期的历史唯物主义和辩证唯物主义的阐释轨道,"才能是科学的",其他都是不科学的。原因在于,第一,马克思早期著作中已经包含着或孕育着唯物史观的基本要素和萌芽,他成熟期的历史唯物主义和辩证唯物主义正是从早期孕育、积累而形成和发展起来的,不能把这两个时期的思想割裂开来、对立起来,用成熟期思想来贬低和吞没早期思想。比如,马克思在《〈政治经济学批判〉序言》中回忆自己早期著作《黑格尔法哲学批判》(写于1843年底至1844年1月)时说道:"我的研究得出这样一个结果:法的关系正像国家的形式一样,既不能从它们本身来理解,也不能从所谓人类精神的一般发展来理解,相反,它们根源于物质的生活关系,这种物质的生活关系的总和,黑格尔按照18世纪的英国人和法国人的先例,概括为'市民社会',而对市民社会的解剖应该到政治经济学中去寻找。"①接下来,他做出了迄今为止对唯物史观最经典的表述。显而易见,马克思在此自己已经清晰地勾勒了他唯物史观从早期的孕育到后期的成熟这样一个一脉相承(而非前后断裂)的思想历程。我们应该做的,只能是细致考察马克思从早期唯物史观的孕育如何一步步发展、积累而走向成熟,关注其前后期思想的内在一致性和继承性,而非割裂两个时期或贬低前期思想而一定要将前期思想"纳入"到后期思想中,如果前期某些思想并不能完全为后期思想"纳入"或包括怎么办?弃之不顾吗?比如《手稿》中与人学、美学理论直接相关的论述非常多、非常集中,而成熟期著作中这方面论述相对分散,那么,是否能仅仅像董文所说的那样,必须"纳入"成熟期思想的阐释轨道才是"科学"的呢?有许多论述成熟期没有能够集

---

① 《马克思恩格斯选集》第2卷,人民出版社1995年版,第32页。

中地展开,是否就必须丢弃或置之不理呢?而且,董文此处同样隐含着把《手稿》等早期著作贬低为非唯物史观的、人本主义的著作,仍是"两个马克思"神话的重演。果真如此,《手稿》也就不可能真正成为建设马克思主义美学、文艺学的基本理论资源了。

因此,笔者认为,应该将马克思早期和成熟期的思想从历史发展和内在统一的高度加以辩证的把握,即着重从内在统一性上揭示马克思前后两个时期思想的继承性、连续性、一致性和不断的发展、深化,而绝不能将两个时期的思想人为地分割开来、对立起来,更不能简单地用前期思想去统一后期思想,或者用后期思想去统一前期思想,并冠以"科学"之名义。

二、马克思主义哲学最根本的是唯物主义的物质本体论吗?

纵观董先生的多篇文章,其批评实践存在论美学的最主要依据,是认为马克思主义最根本的观点是唯物主义的物质本体论。董文强调,理论创新"必须守住唯物主义的底线,这是坚持理论科学性的最基础性条件。突破什么理论框架都可以尝试,唯独突破'唯物'和'唯心'的界线是不可取的"。这句话透露出作者的一个基本的立场,就是把一般唯物主义等同于马克思主义。他更关注唯物主义和唯心主义的分别,认为这是区分马克思主义和非马克思主义的界线;至于新旧唯物主义之分,则似乎不涉及是否马克思主义的根本区别问题。这同样涉及马克思主义哲学最核心、最根本的观点究竟是物质本体论还是实践论的问题,涉及马克思主义与一切非马克思主义学说的根本区别,究竟在于仅仅承认物质本体论,还是更重要的承认"全部问题都在于使现存世界革命化,实际地反对和改变事物的现状"的实践论。

首先,董文主张的物质本体论是马克思一再批评的"抽象的唯物主义",至多是脱离人类历史的、一般的、自然的唯物主义。比如董文引用了笔者一段阐释马克思"人就是人的世界"①的观点时强调源初人与世界一体化、不可分割的论述,将笔者"没有人的时候,有没有自然界都值得怀疑,没有人,自然界充其量只是一种存在而已"割裂出来,指责笔者否定物质(世界)的客观性和先在性,并引用列宁引证恩格斯批判休谟和康德的观点来批判马赫主义的一长段话后说,列宁"得出结论:物是不依赖于我们的意识,不依赖于我们的感觉而在我们之外存在着的;在现象和自在之物之间没有而且也不可能有任何原则的差别。差别仅仅存在于已经认识的东西和尚未认识的东西之间",这完全正确;然而,董文紧接着就说"拿列宁这段话与'实践存在论美学'的观念相比,后者是不是有点像'物体是感觉的复合'这种马赫理论的色彩呢?"换言之,笔者关于人的世界的阐述犯了类似马赫不承认物质的客观先在性的"物体是感觉的复合"唯心主义错误。我们要指出的是,董文这里犯了两个逻辑错误:一是把笔者对马克思关于"人就是人的世界"的观点所做的存在论阐释偷换成主客体的认识论关系;二是抹杀了"人的世界"的逻辑前提是人和人的实践的存在。所以,笔者在此不得不再次重申:我们从来没有怀疑"世界的物质统一性",没有怀疑物质(自然界)先于(人的)意识而存在。相对于人的主观意识,物质(自然界)的先在性、客观性是不容置疑的。问题是,这是在物质与意识、思维与存在的关系即认识论范围内提出的问题,而非存在

---

① 《马克思恩格斯选集》第1卷,人民出版社1995年版,第1页。

论的提问范围和方式。笔者这段话丝毫没有涉及人对世界的认识论问题,更没有半点董文强加的把物体看成"感觉的复合"的荒谬观点。请注意:笔者这段话中的一个前提是"没有人的时候"亦即人类形成或产生以前,比如在2.5亿年前的恐龙时代,现在被我们称之为"自然界"的一切事物、存在物都只不过存在着而已,它们不是作为人的生存环境或作为相对于人而言、与人相互作用和相互生成的对象世界而存在的,更非现在意义上的人的(人类学的)自然界(世界),正是在这个特定意义上,没有人,也就没有相对于人而言的世界(自然界),它们存在着,也只是存在着而已,但是并非真正作为与人相关的世界(自然界)而存在的,不是今天意义上的现实的、人(生活、实践于其中)的世界(自然界)。这丝毫不涉及世界(物体)相对于人的意识而言的先在性、客观性问题,因为在人还没有的时候,哪里来人的意识?没有人的(主观)意识,又哪来什么"客观存在"?董文对实践存在论所谓"典型的唯心主义"的指责不但毫无道理,而且恰恰暴露出他们主张的物质本体论是游离于人和人的社会实践的抽象的自然主义的物质本体论。

其实,这个问题马克思早有论述。在《德意志意识形态》中,马克思固然肯定了相对于人的"外部自然界的优先地位仍然会保存着"(物质第一性、先在性),但他紧接着强调,"而这一切当然不适用于原始的、通过自然发生的途径产生的人们。但是,这种区别只有在人被看作是某种与自然界不同的东西时才有意义"[①]。这就是说,这种外部世界的优先性只有在人已经把自己与自然界区别开来、把自然界作为自己的认识和实践的对象时才有意义。对于蒙昧时代最早的

---

① 马克思,恩格斯:《德意志意识形态》,人民出版社2003年版,第41—42页。

"原始的、通过自然发生的途径产生的人们"来说，因为他们刚刚开始走出动物界，还没有真正与自然界相分离，还没有形成把自然界作为自己对象的自我意识，所以，外部自然界的优先地位对于他们而言，并不适用；进一步说，如果自然界还没有作为与人发生认识和实践关系的对象时，这种优先性也就毫无意义。在人类产生之前，这种优先性（客观性、先在性）更加无从谈起，因为它的前提都不存在了。所以，董文基本不谈与人和人的实践活动结合为一体的"人的世界"，却把世界抽象化为与人无关甚至无人存在的"物质"，强调这种抽象物质的客观性和先在性，这有什么意义呢？有意思的是，董文只有一处提到并解释了"人的世界"："人通过艺术精神实现了对世界的掌握，艺术这种掌握世界的方式完成了世界、艺术、人之间的统一。艺术作为一种中介、一种实践、一种生产，完成了人与世界的'存在'。这也就是马克思所说的'人就是人的世界'"。联系马克思原著的上下文，董文的这种解释与马克思的原意风马牛不相及；由此倒是可以发现，在董文看来，"人的世界"只有在艺术这种掌握世界的方式中才完成并存在，在人的现实生活和实践中反倒失去或看不到"人的世界"了，真是奇怪至极的逻辑。

正如有学者所指出，"马克思一再明确地指出他不赞成那种脱离人的实践的纯粹自然主义的、或者说抽象的唯物主义，并认为后者实际上不能坚持唯物主义，反而会落入唯灵论等形式的唯心主义"[①]。早在1843年《黑格尔法哲学批判》中，马克思就已开始对这种抽象的唯物主义进行了批判，他指出"抽象唯灵论是抽象唯物主

---

① 刘放桐：《正确认识还是否定马克思在哲学上的革命变革》，《湖南社会科学》2009年第5期。

义;抽象唯物主义是物质的抽象唯灵论"[①],"在官僚政治内部,唯灵论变成了粗陋的唯物主义,变成了消极服从的唯物主义,变成了信仰权威的唯物主义,变成了某种例行公事、成规、成见和传统的机械论的唯物主义"[②]。离开人及其现实社会实践去抽象的设定物质概念的唯物主义不过是粗陋的、自然的"抽象唯物主义",它与黑格尔等人离开人及其现实生活去抽象的设定精神概念的粗陋的"抽象唯灵论"本质上是一致的,两者在性质上是可以互相转换的,抽象的物质本体论的唯物主义与唯心主义的唯灵论并无根本区别。

其次,董文把这种抽象的物质本体论置于马克思主义哲学的基础与核心地位,而把实践观置于次要、从属的地位,认为"毫无疑问,马克思主义的实践观是建立在彻底唯物主义哲学基础之上的"。问题在于,董文所理解的"彻底唯物主义(论)"实质上只是抽象的物质本体论。这样,马克思主义哲学革命变革的最重要、最核心、最基础内容——社会实践——就被降低到次要和从属的位置上。这不仅仅是对马克思主义哲学内容和重心理解上的分歧,更是是否承认马克思主义"新"哲学之新的问题,即是否承认马克思哲学与旧哲学,特别是旧唯物主义的根本区别在于后者"只是用不同的方式解释世界",而马克思哲学之新就在于它重在"改变世界"[③]的实践。因此,从总体上说,在马克思的哲学体系中,人的社会实践和现实生活始终是起着基础和决定作用的东西,换言之,马克思的与其存在论紧密结合为一体的实践观,才是其新哲学的基础与核心。董文用抽象的物质本体论即所谓"彻底的唯物主义"来取代实

[①]《马克思恩格斯全集》第三卷,人民出版社2002年版,第111页。
[②] 同上,第60页。
[③]《马克思恩格斯选集》第1卷,人民出版社1995年版,第57页。

践观在马克思哲学中的基础与核心的地位，实质上是在马克思实践的、历史的唯物主义与一般的、自然主义的唯物主义之间画等号，从而把马克思主义哲学降低到一般的旧唯物主义的水平，这种理论上的大倒退恐怕是董文始料未及的吧。

三、关于马克思主义能不能与海德格尔存在论对话和加以批判地改造吸收的问题

董文认为，马克思和海德格尔"存在较大甚或是根本性的对立"，实践存在论吸收海德格尔的结果是"海德格尔借马克思的外衣取得其合法性之后，马克思主义随即被完全淹没在存在主义的汪洋之中"。姑且毋论其对我们的误解和曲解，单说用"存在主义"和马克思"根本性的对立"，借"马克思的外衣"获得"合法性"这样一些判词轻易地否定被公认为二十世纪西方最深刻的哲学家之一的海德格尔，无疑是太过武断和轻率了。

处于不同的历史和思想语境中的马克思和海德格尔所面临、思考和解决的问题并不也不可能完全相同，但这种不同并不构成马克思主义拒绝与海德格尔对话并批判地改造、吸收的理由。恐怕没有人会否认黑格尔、费尔巴哈之于马克思的影响，抑或认为他们之间不存在对立吧。但马克思主义哲学不正是在批判地改造和吸收黑格尔和费尔巴哈哲学思想的基础上形成和发展起来的吗？马克思主义的生命力来自它对一切既有的和未来的思想的开放性，"对立"不是拒绝的理由，关键是批判地改造、吸收的根基何在。尽管我们并不赞同董文对海德格尔的理解，但根本的分歧却在对马克思的理解上。在董文看来，存在论只属于海德格尔，而我们认为存在论（ontology）是贯穿西方哲学的基本问题，马克思不仅进入了这一论

域，而且引发了革命性的变革；董文认为马克思的ontology是"物质本体论"，"实践"仅仅是物质和精神、人和自然、主观和客观的"中介"；而我们则认为在ontology更为源初和根本的含义——对"存在"的追问——的意义上，马克思的"实践"乃是"一切存在物的存在（和不存在）"的根据，也即"实践存在论"。正由于此，董文对实践存在论对海德格尔基础存在论的批判视而不见，却坚持认为实践存在论是用海德格尔的存在论"改造"马克思的实践观，并着力论述了二者的异质性。其实在董文那里，作为"中介"的"实践"是认识论的，海德格尔的"基础存在论"是"存在论"（本体论）的，用认识论范畴去比较本体论范畴，其有效性岂不值得怀疑？正确的方法只能是用马克思的与实践观结合为一体的存在论去批判地扬弃海氏此在在世的基础存在论，这正是我们这些年努力尝试和探索的工作。而在董先生的立场上处于海氏对立面的却是抽象的"物质本体论"，而非"实践观"。有趣的是，董先生同样认为"实践是人和社会存在的基础"，这岂非是对"实践"的存在论地位的认同？

实践存在论的"新的哲学根基"不是海德格尔的而是马克思的存在论，所以说是"新的"，原因在于，长期以来我们是在"对'本原'的存在物"的追问的意义上理解ontology的，但ontology更为根本的含义却是对"存在"的追问。前者遮蔽了马克思"实践"的存在论维度，实践存在论是在"追问一切存在物的存在的根据"这一"新的"ontology的基础上展开的。海德格尔深刻地揭示了西方哲学之于"存在"的遗忘，而我们对此的了解在很大程度上正得益于他，所以强调海氏之于实践存在论的启发，这是重要原因之一。

包括海德格尔在内的西方现当代哲学家、美学家之于存在、美、艺术等等的思考是我们建构和发展马克思主义哲学、美学不能也无可回避的理论资源,唯其如此,才能更为深入和准确地理解和发展马克思主义,武断地用"主义"之别得出"根本对立"的结论,并由此轻率地否认吸收和借鉴的可能,无疑走向了马克思主义"批判地继承"的方法论的反面。

写于2009年11月

（原载《文艺理论研究》2010年第5期）

马克思初步形成唯物史观的关节点
——重读《1844年经济学哲学手稿》札记

最近,在关于实践存在论美学的论争中,对于马克思《1844年经济学哲学手稿》(以下简称《手稿》)的评价问题以及与此直接相关的马克思思想发展的分期问题逐渐成为焦点之一。有的学者认为,"马克思世界观和美学观成熟期的拐点主要是《关于费尔巴哈的提纲》(以下简称《提纲》)和《德意志意识形态》。将《1844年经济学哲学手稿》视作马克思哲学和美学的'诞生地',视作'历史唯物主义的真正开端'(按:这正是笔者的意见),有失妥当"。该文还明确说《手稿》的"基本出发点还是费尔巴哈的异化概念。马克思当时的唯物主义还没有完全超出费尔巴哈的界限,新的世界观还处在建立的起点和尝试阶段,因此,《手稿》反映的学说和思想是不彻底的。马克思确实是一只脚已向前跨出一步,另一只脚还留在费尔巴哈的阵地上"。该文的主要理由之一,是恩格斯后来说过马克思写于1845年1月的《关于费尔巴哈的提纲》是"包含着新世界观的天才萌芽的第一个文献",如果说早于《提纲》的《手稿》是马克思唯物史观形成过程中"重要的转折点""最重要的环节和关键所在"(笔者的观点),就是"推翻了恩格斯的判断","让人不可思议了"①。

这个理由其实是很间接的,而且由于没有证据证明恩格斯曾看到过《手稿》,所以仅凭他对《提纲》的评价就断言笔者"推翻了恩格斯的判断"是不能成立的。本文拟从马克思对自己思想发展的回忆和论述的最直接材料出发,来阐明其唯物史观形成的起点和《手稿》在这个形成过程中的关键地位。至于《手稿》中青年马克思思想与费尔巴哈的联系与区别,以及如何评价等一系列其他重要问题,笔者将另外撰文讨论。

一、1843年:马克思孕育、走向唯物史观的起点

马克思1859年在《〈政治经济学批判〉序言》中回顾了自己孕育、建立唯物史观的思想历程:"1842—1843年间,我作为《莱茵报》的编辑,第一次遇到要对所谓物质利益发表意见的难事。莱茵省议会关于林木盗窃和地产分析的讨论,当时的莱茵省总督冯·沙培尔先生就摩塞尔农民状况同《莱茵报》展开的官方论战,最后,关于自由贸易和保护关税的辩论,是促使我去研究经济问题的最初动因";另外,马克思还感到,他自己当时"善良的'前进'愿望大大超过实际知识",因而对听到的法国社会主义和共产主义的肤浅言论虽然并不赞同,但还没有能力"妄加评判"。②正是"为了解决使我苦恼的疑问,我写的第一部著作是对黑格尔法哲学的批判性的分析,这部著作的导言曾发表在1844年巴黎出版的《德法年鉴》

---

① 董学文:《马克思主义美学与人本主义问题》,载《武陵学刊》2010年第3期,下文所引该学者的观点均出自该文,不另注。
② 《马克思恩格斯选集》第2卷,人民出版社1995年版,第31—32页。

上。我的研究得出这样一个结果:法的关系正像国家的形式一样,既不能从它们本身来理解,也不能从所谓人类精神的一般发展来理解,相反,它们根源于物质的生活关系,这种物质的生活关系的总和,黑格尔按照十八世纪的英国人和法国人的先例,概括为'市民社会',而对市民社会的解剖应该到政治经济学中去寻求。我在巴黎开始研究政治经济学,后来因基佐先生下令驱逐移居布鲁塞尔,在那里继续进行研究"①。这一段思想历程的回顾非常重要,它至少告诉我们:第一,1842—1843年,马克思思想经历了一个重要的转折,第一次面对一系列物质利益和实际事务问题,"促使"他的研究重点从哲学一般原理转向实际经济问题,进而转向经济学研究。第二,这不仅仅是问题域和研究学科的转向,而且开始了历史观念的初步转向,这种初步转向的成果集中体现在写于1843年的《黑格尔法哲学批判》及其《导言》(发表在1844年巴黎出版的《德法年鉴》上)一书中,该书从批判黑格尔法哲学撇开市民社会的物质基础、仅仅从人类精神的一般发展来理解法的关系的唯心主义历史观,而首次"得出"法的关系"根源于物质的生活关系"即市民社会的新观点,这就为唯物史观的创建开拓了全新的思路。第三,对黑格尔"市民社会"理论的重新阐释,引导马克思在历史观上转向唯物主义。第四,为了进一步解剖市民社会的经济基础,马克思开始了政治经济学研究,《巴黎手稿》就是这种研究的最初也是最重要的理论成果,它促使马克思初步形成了唯物史观的理论框架和基本思路。我们必须根据马克思自己的回顾和总结来判断他形成唯物史观的思想历程,而不是自以为是想当然地推迟马克思思想的伟大转

---

① 《马克思恩格斯选集》第2卷,人民出版社1995年版,第32页。

折期。

如果说上文引述的马克思的自我回顾时间上晚了十几年（其实并不晚，因为他明确举出《〈黑格尔法哲学批判〉导言》的发表时间和刊物，说明记忆非常清晰，如在眼前），那么，我们还可以从写于1845—1846年的《德意志意识形态》中找到更加有力的证据。马克思批判圣麦克斯即"施蒂纳""企图依靠对宗教这一独立领域进行的陈腐不堪的批判来捞一把"，他"所反对的不是物质关系的现实形式，甚至也不是作为实际上拘泥于现代世界的人们对这些物质关系所怀的世俗幻想，而是这些世俗关系的天国精炼品，即上帝的宾词、神的流出、天使"；他同时也批判"靠神学糊口的圣布鲁诺在其反对实体的'严重的生死搏斗'中，proarisetfocis也同样试图作为一个神学家超出神学的范围。他的'实体'只不过是概括成一个名称的上帝的各个宾词；……这些宾词仍然不过是人们关于其一定经验关系的观念的天国化了的名称"，之后，马克思首先指出，"当然，依靠从黑格尔那里继承来的理论武器，是不能理解这些人的经验的物质的行为的"。同时，他还特别指出费尔巴哈批判宗教异化的局限性："由于费尔巴哈揭露了宗教世界是世俗世界的幻想（世俗世界在费尔巴哈那里仍然不过是些词句），在德国理论面前就自然而然产生了一个费尔巴哈所没有回答的问题：人们是怎样把这些幻想'塞进自己头脑'的？"紧接着，马克思又一次回顾了他自己在1843年开始超越费尔巴哈走向唯物史观的思想历程，他说，"这个问题甚至为德国理论家开辟了通向唯物主义世界观的道路，这种世界观没有前提是绝对不行的，它根据经验去研究现实的物质前提，因而最先是真正批判的世界观。这一道路已在'德法年鉴'中，即在'黑格尔法哲学批判导言'和'论犹太人问题'这两篇文章中指出了。但当时由于这一切还是用哲学词句来表达的，所以那里所见到的一些习惯用的哲学术语,如'人的本质''类'等等,给了德国理论家们以可乘之机去不正确地理解真实的思想过程并以为这里的一切都不过是他们的穿旧了的理论外衣的翻新"①。这一段话,是在人们普遍认可系统地表述了唯物史观的《德意志意识形态》中说的,该书是马克思与恩格斯合著的,但这一部分显然是马克思写的。该书写作时间离1843年仅仅两三年,在马克思应该是记忆犹新。马克思明明白白地说,他的两篇文章即《黑格尔法哲学批判导言》和《论犹太人问题》"开辟了通向唯物主义世界观的道路",虽然在用语上还残留着某些费尔巴哈的痕迹。马克思嘲笑了那些"德国理论家"没能正确地理解他的"真实的思想过程",反而误以为唯物主义的新世界观"不过是他们的穿旧了的理论外衣的翻新"。可悲的是,我们今天一些马克思主义研究者,竟然也置马克思自己明确肯定的他在1843年的两篇文章中已经"开辟了通向唯物史观的道路"的真实思想过程于不顾,却用马克思在《手稿》中有时还沿用费尔巴哈的某些术语而断言他在1844年历史观上仍然没有超越费尔巴哈的人本主义,仍然停留在唯心主义水平。这是令人难以理解的。如果我们承认马克思对自己思想发展历程的总结和判断(即1843年的两篇文章开始了走向唯物史观的道路)是符合实际的话,那么,怎么能说晚于这两篇文章的《手稿》连唯物史观的"萌芽"还够不上呢?!这无论在历史和逻辑上都是说不通的。

还有一个重要旁证:马克思在《〈政治经济学批判〉序言》的上述引文之后,又谈到恩格斯以另一种方式获得唯物史观结论的情况:"自从弗里德里希·恩格斯批判经济学范畴的天才大纲(在《德法年鉴》上)发表以后,我同他不断通信交换意见,他从另一条道

---

① 《马克思恩格斯全集》第三卷,人民出版社1956年版,第260-262页。

路（参看他的《英国工人阶级状况》）得出同我一样的结果，当1845年春他也住在布鲁塞尔时，我们决定共同阐明我们的见解与德国哲学的意识形态的见解的对立，实际上是把我们从前的哲学信仰清算一下。这个心愿是以批判黑格尔以后的哲学的形式来实现的"①。这段话不但告诉我们马克思与恩格斯首次合作撰写《德意志意识形态》的历史背景，而且首先指出恩格斯写于1843年的《国民经济学批判大纲》是"批判经济学范畴的天才大纲"，接着指出恩格斯写于1844—1845年初的《英国工人阶级状况》"从另一条道路"即通过实际的工人阶级经济状况的调查研究"得出同我一样的结果"，即"得出"法的关系"根源于物质的生活关系"即市民社会的历史唯物主义新观点。这就是说，马克思认为，他与恩格斯实际上在1843—1844年合作撰写《德意志意识形态》之前，就已经通过不同方式先后得出了唯物史观的初步结果。

综上所述，关于马克思思想发展的历程，我们可以得出明确的论断：1843年至少是马克思孕育、建立唯物史观的真正起点。《手稿》乃是由此出发，通过经济学研究，在建构、形成唯物史观道路上的重大推进和关键所在。

二、市民社会：马克思孕育、建构唯物史观的切入点

如前所述，马克思本人明确告诉我们，他孕育和创立唯物史观首先是从批判黑格尔的法哲学、批判黑格尔关于政治国家最终决定市民社会的理论开始的。恩格斯在后来曾指出："马克思从黑格尔法哲学

---

① 《马克思恩格斯选集》第2卷，人民出版社1995年版，第33-34页。

出发，得出这样一种见解：要获得理解人类历史发展过程的钥匙不应到被黑格尔描绘成'大厦之顶'的国家中去找，而应当到黑格尔所那样蔑视的'市民社会'中去寻找。"①马克思正是通过对黑格尔颠倒国家与市民社会关系的法哲学的批判性思考，走上了通往唯物史观的道路。这里，马克思批判的切入点是"市民社会"，是黑格尔唯心主义的市民社会理论。

必须指出，黑格尔法哲学一个极为重要的方面就是关于市民社会的论述。与此前把市民社会与政治国家等而视之、认为"市民社会就是国家"的传统观念不同，黑格尔首次将二者进行了区分和辨析，指出市民社会具有政治国家所没有的经济内容，从而使（经济的）市民社会从政治国家中分离、独立出来，这是黑格尔法哲学的重大理论贡献。然而，诚如恩格斯所说，在黑格尔法哲学中，政治国家被"描绘成'大厦之顶'"，而市民社会则因处在最底层而受到"那样蔑视"；更重要的是，黑格尔考察这两者的关系时明确提出，是政治国家最终决定市民社会；用我们今天的话来说，就是作为上层建筑的政治国家决定作为经济基础的市民社会。这显然是历史唯心主义的颠倒。但是，在十九世纪四十年代初期，黑格尔主义还弥漫在德意志上空，他的市民社会理论还占有统治地位。马克思当时正是从批判黑格尔市民社会理论入手，开始向黑格尔的法哲学发起全面挑战的。

这里，首先要搞清楚马克思的"市民社会"概念的含义。在《德意志意识形态》中，马克思从唯物史观角度对"市民社会"概念做了明确界定："在过去一切历史阶段上受生产力制约同时又制约

---

① 《马克思恩格斯全集》第十六卷，人民出版社1964年版，第409页。

生产力的交往形式，就是市民社会……关于市民社会的比较详尽的定义已经包括在前面的叙述中了。从这里已经可以看出，这个市民社会是全部历史的真正发源地和舞台，可以看出过去那种轻视现实关系而局限于言过其实的历史事件的历史观何等荒谬……到现在为止，我们主要只是考察了人改造自然。另一方面，是人改造人（马克思加了边注：'交往和生产力'——选集编者注）……国家的起源和国家同市民社会的关系。"①他紧接着说："市民社会包括各个个人在生产力发展的一定阶段上的一切物质交往。它包括该阶段上的整个商业生活和工业生活，因此它超出了国家和民族的范围。尽管另一方面它对外仍然需要以民族的姿态出现，对内仍然需要组成国家的形式。'市民社会'这一用语是在十八世纪产生的，当时财产关系已经摆脱了古代的和中世纪的共同体。真正的资产阶级社会［bürgerliche Gesellschaft］只是随同资产阶级发展起来的；但是这一名称始终标志着直接从生产和交往中发展起来的社会组织，这种社会组织在一切时代都构成国家的基础以及任何其他观念的上层建筑的基础。"②

在此，市民社会的主要含义是：第一，虽然"'市民社会'这一用语是在十八世纪产生的"，但它是"在过去一切历史阶段上"都存在的，就是说，它不仅仅存在于资本主义社会，而且也存在于包括"古代的和中世纪的共同体"在内的"过去一切历史阶段上"的

---

① 《马克思恩格斯选集》第1卷，人民出版社1995年版，第87—88页。
② 《马克思恩格斯选集》第一卷，人民出版社1972年版，第41—42页。《德意志意识形态》手稿的文本整理情况比较复杂，迄今学界仍有不同的意见，但以本注和上注所引文字前后相续并无问题，因《选集》1995版未收本注所引文字，故该段文字从1972版，特此注明。

社会。第二,它主要指各个历史阶段上"受生产力制约同时又制约生产力的交往形式",或者说是"各个个人在生产力发展的一定阶段上的一切物质交往"。第三,它作为与各个历史阶段上的生产力相对应、适应、又相互作用的"交往形式",实际上就是指社会的生产关系。马克思在十九世纪四十年代后期写作和陆续发表、以后以小册子形式出版的《雇佣劳动与资本》中指出,"人们在生产中不仅仅影响自然界,而且也互相影响。他们只有以一定的方式共同活动和互相交换其活动,才能进行生产。为了进行生产,人们相互之间便发生一定的联系和关系;只有在这些社会联系和社会关系的范围内,才会有他们对自然界的影响,才会有生产。生产者相互发生的这些社会关系,他们借以互相交换其活动和参与全部生产活动的条件,当然依照生产资料的性质而有所不同"①。就是说,市民社会作为人们在生产力发展的一定阶段上的一切"物质交往"或"交往形式",就是"他们借以互相交换其活动和参与全部生产活动"的一定的社会关系和社会联系,也就是各个时代的生产关系。第四,"市民社会"作为各个时代的社会生产关系"始终标志着直接从生产和交往中发展起来的社会组织,这种社会组织在一切时代都构成国家的基础以及任何其他观念的上层建筑的基础"。这里,马克思借用"市民社会"概念鲜明地概述了市民社会作为生产关系是构成政治国家和其他观念形态的上层建筑的经济基础的唯物史观基本原理:不是黑格尔所说的政治国家决定市民社会,相反,乃是作为经济基础的市民社会决定政治国家等上层建筑。由此可见,马克思正是由市民社会切入,推演出整个唯物史观的。沿着这个思路,马克思还对唯物

---

① 《马克思恩格斯选集》第1卷,人民出版社1995年版,第344页。

史观作了进一步阐述,指出:"这种历史观就在于:从直接生活的物质生产出发阐述现实的生产过程,把同这种生产方式相联系的、它所产生的交往形式即各个不同阶段上的市民社会理解为整个历史的基础,从市民社会作为国家的活动描述市民社会,同时从市民社会出发阐明意识的所有各种不同理论的产物和形式,如宗教、哲学、道德等等,而且追溯它们产生的过程。这样当然也能够完整地描述事物(因而也能够描述事物的这些不同方面之间的相互作用)。"①显而易见,马克思正是通过对市民社会作为经济基础的深刻剖析,建构起唯物史观的理论框架的。"市民社会"乃是马克思孕育、建构唯物史观的切入点。

三、孕育唯物史观的两个重要文本

当然,毋庸讳言,马克思在1843年写作《黑格尔法哲学批判》及《导言》和《论犹太人问题》时,对市民社会的经济学内涵的认识,特别是对市民社会作为社会生产关系和经济基础的认识还不十分清晰,还没有达到《德意志意识形态》的高度。然而,在这两篇论著中,上述由市民社会切入推演出唯物史观的思想轨迹还是清晰可见的。马克思主要通过对黑格尔唯心主义市民社会理论的批判,把被黑格尔颠倒了的政治国家与市民社会的关系进行了唯物主义的再颠倒,标志着他已经开始了唯物史观的孕育和创建过程,开辟了通向唯物史观的道路。这是马克思思想发展史上一个真正的伟大"拐点"。下面,笔者将用实证方式通过直接引证这两篇文献中的有

---

① 《马克思恩格斯选集》第1卷,人民出版社1995年版,第92页。

关论述来证明这个重要观点。

黑格尔的法哲学虽然承认了政治国家与市民社会的分离，但是按照他的绝对理念自运动、自发展的客观唯心主义思辨逻辑，政治国家的理念是前提和根本，家庭、市民社会只是国家理念自运动、自发展的具体环节，是作为独立主体的国家理念的外化和对象化（客体化），因而，在政治国家和市民社会两者关系中，是前者决定后者，即国家决定市民社会。针对黑格尔这一"国家决定市民社会"的法哲学理论，马克思在《黑格尔法哲学批判》中进行了颠覆性的批判，他鲜明地指出，在黑格尔那里，"理念变成了独立的主体，而家庭和市民社会对国家的现实关系变成了理念所具有的想象的内部活动。实际上，家庭和市民社会是国家的前提，它们才是真正的活动者"[①]。最后这两句话颠覆了黑格尔"国家决定市民社会"的思辨逻辑，他指出，黑格尔把两者孰为前提搞颠倒了，家庭、市民社会不是以国家理念为前提，不是国家理念（主体）自运动的发展环节，相反，家庭、市民社会有其自身独立的本质，它们反倒是"真正的活动者"（主体），因而它们才构成国家的前提——国家乃是家庭、市民社会活动的产物。所以，马克思又说，"家庭和市民社会是国家的真正构成部分，是意志所具有的现实的精神实在性，它们是国家存在的方式。家庭和市民社会本身把自己变成国家。它们才是原动力"[②]。所以，社会发展的基础、前提和"原动力"不是国家，而是市民社会，是作为基础的市民社会的发展才形成国家，并推动国家的发展。马克思虽然没有像两年后那样把市民社会明确

[①]《马克思恩格斯全集》第一卷，人民出版社1956年版，第250-251页。
[②] 同上，第251页。

地看成决定国家等上层建筑的社会生产关系、经济基础，但是他已经发现，政治国家的"大厦"是以经济性的市民社会为前提和基础的，不是国家决定市民社会，而是相反，市民社会决定国家。这不仅是对黑格尔唯心主义市民社会理论所作的唯物主义颠倒，而且实际上已经为唯物史观奠定了初步的基础，确立了明确的方向。

在《黑格尔法哲学批判》之后，马克思于1843年10月接触了法国的民主主义者、社会主义者，与德国的正义者同盟盟员建立了联系，观察了法德的工人运动，又写了《〈黑格尔法哲学批判〉导言》。《导言》在唯物史观的建设上又有重要推进。

首先，《导言》认为，费尔巴哈对宗教异化的批判只是第一步，是第二步对法和政治的批判的前提和准备。他明确指出，"就德国来说，对宗教的批判基本上已经结束；而对宗教的批判是其他一切批判的前提"[①]，由此提出了当前哲学的新历史任务："真理的彼岸世界消逝以后，历史的任务就是确立此岸世界的真理。人的自我异化的神圣形象被揭穿以后，揭露具有非神圣形象的自我异化，就成了为历史服务的哲学的迫切任务。于是，对天国的批判变成对尘世的批判，对宗教的批判变成对法的批判，对神学的批判变成对政治的批判"[②]。

其次，《导言》强调了在所有对法和政治的批判中，对黑格尔法哲学的批判最为重要，因为"德国的国家哲学和法哲学在黑格尔的著作中得到了最系统、最丰富和最终的表述；对这种哲学的批判既是对现代国家和对同它相联系的现实所作的批判性分析，又是对迄

[①]《马克思恩格斯选集》第1卷，人民出版社1995年版，第1页。
[②] 同上，第2页。

今为止的德国政治意识和法意识的整个形式的坚决否定"①。所以，批判黑格尔法哲学，实际上是对从德国现代国家、政治和法意识到它的"现实"基础的全面批判。这也正是马克思写作《黑格尔法哲学批判》的主要意图。

再次，马克思当时已经清楚地意识到，单纯的理论批判是远远不够的，必须把理论批判转化为对构成德国当时法和政治意识的现实基础和社会关系的物质的、实践的批判。《导言》惊世骇俗地提出："批判的武器当然不能代替武器的批判，物质力量只能用物质力量来摧毁；但是理论一经掌握群众，也会变成物质力量"②。又说，"对宗教的批判最后归结为人是人的最高本质这样一个学说，从而也归结为这样的绝对命令：必须推翻那些使人成为被侮辱、被奴役、被遗弃和被蔑视的东西的一切关系"③。显而易见，马克思关注的目光已开始从对国家、政治、法的上层建筑的批判转移到它们的物质基础、社会关系的革命性变革上来了。

第四，《导言》在思考这个变革时，把主要精力集中到了对作为国家的物质基础的市民社会的剖析上。马克思说："革命需要被动因素，需要物质基础"，继而自己设问："德国思想的要求和德国现实对这些要求的回答之间有惊人的不一致，与此相应，市民社会和国家之间以及和市民社会本身之间是否会有同样的不一致呢？"④他通过对欧洲主要是德国市民社会现实的阶级关系、阶级力量的深入剖析，有力地论证了上层国家与市民社会基础之间的这种"不一致"，

---

① 《马克思恩格斯选集》第1卷，人民出版社1995年版，第8页。
② 同上，第9页。
③ 同上，第9—10页。
④ 同上，第11页。

即矛盾、冲突。他从德国市民社会的现实出发,认为"彻底的革命只能是彻底需要的革命,而这些彻底需要所应有的前提和基础,看来恰好都不具备"①。针对当时有些人幻想在德国寻找"部分的纯政治的革命"的途径的企图,《导言》指出,"部分的纯政治的革命的基础是什么呢?就是市民社会的一部分解放自己,取得普遍统治,就是一定的阶级从自己的特殊地位出发,从事社会的普遍解放。只有在这样的前提下,即整个社会都处于这个阶级的地位",整个社会才能解放。但是,德国市民社会中不存在这样一个从特殊地位出发解放整个社会的阶级,"这里实际生活缺乏精神活力,精神生活也无实际内容,市民社会任何一个阶级,如果不是由于自己的直接地位、由于物质需要、由于自己的锁链的强迫,是不会有普遍解放的需要和能力的"②,那些特殊阶级是不具备这种直接的物质需要和普遍解放的能力的,更重要的是,"要使人民革命同市民社会特殊阶级的解放完全一致,要使一个等级被承认为整个社会的等级,社会的一切缺陷就必定相反地集中于另一个阶级,一定的等级就必定成为引起普遍不满的等级,成为普遍障碍的体现;……要使一个等级真正(parexcellence)成为解放者等级,另一个等级就必定相反地成为公开的奴役者等级"③。德国市民社会的这种一分为二——解放者等级与奴役者等级之间的对立,使人民革命依靠特殊利益阶级为基础的幻想流于破灭。

第五,"那么,德国解放的实际可能性到底在哪里呢?"马克思再次设问并借助于对德国市民社会阶级关系的深度分析,第一次找

---

① 《马克思恩格斯选集》第1卷,人民出版社1995年版,第11页。
② 同上,第14页。
③ 同上,第13页。

到了彻底解放德国的阶级基础——无产阶级："就在于形成一个被戴上彻底的锁链的阶级，一个并非市民社会阶级的市民社会阶级，形成一个表明一切等级解体的等级，形成一个由于自己遭受普遍苦难而具有普遍性质的领域，这个领域不要求享有任何特殊的权利，因为威胁着这个领域的不是特殊的不公正，而是一般的不公正，它不能再求助于历史的权利，而只能求助于人的权利，它不是同德国国家制度的后果处于片面的对立，而是同这种制度的前提处于全面的对立，最后，在于形成一个若不从其他一切社会领域解放出来从而解放其他一切社会领域就不能解放自己的领域，总之，形成这样一个领域，它表明人的完全丧失，并因而只有通过人的完全回复才能回复自己本身。社会解体的这个结果，就是无产阶级这个特殊等级。"[1]在此，马克思不但找到了德国解放的唯一阶级力量——无产阶级这个"并非市民社会阶级的市民社会阶级"，第一次论述了无产阶级的历史作用，而且强调无产阶级把自己从压迫下解放出来，也就必然推翻剥削制度的一切基础，从而实际上第一次提出了无产阶级只有解放全人类才能最后解放无产阶级自己的伟大思想。马克思还具体分析了德国无产阶级的现实形成："德国无产阶级只是通过兴起的工业运动才开始形成；因为组成无产阶级的不是自然形成的而是人工制造的贫民，不是在社会的重担下机械地压出来的而是由于社会的急剧解体，特别是由于中间等级的解体而产生的群众，虽然不言而喻，自然形成的贫民和基督教日耳曼的农奴也正在逐渐跨入无产阶级的行列"[2]。最后，马克思揭开了这个"并非市民社会阶

---

[1]《马克思恩格斯选集》第1卷，人民出版社1995年版，第14-15页。
[2] 同上，第15页。

级的市民社会阶级"之所以能够成为解放全人类（"人的解放"）的"秘密"，他说道："无产阶级宣告迄今为止的世界制度的解体，只不过是揭示自己本身的存在的秘密，因为它就是这个世界制度的实际解体。无产阶级要求否定私有财产，只不过是把社会已经提升为无产阶级的原则的东西，把未经无产阶级的协助就已作为社会的否定结果而体现在它身上的东西提升为社会的原则。"①

以上几点可以看出，比起《黑格尔法哲学批判》，《导言》通过对市民社会的社会阶级关系的深入剖析，将孕育中的唯物史观落实到德国社会革命和无产阶级解放的实践途径上，使唯物史观的思路得到了充实、深化和发展。

与《导言》写于同一时期的《论犹太人问题》则从另一个角度同样充实和丰富了唯物史观的基本思路。马克思集中批判了青年黑格尔派的主要代表布鲁诺·鲍威尔把犹太人的解放这个社会政治问题归结为纯粹宗教问题的唯心主义观点，分析了宗教与市民社会的关系，论述了资产阶级的政治解放与人的解放的关系，指出了资产阶级的政治解放所标榜的普遍的人权，不过是享用、处理私有财产的权利，而要实现人的解放，就必须通过社会革命，消灭私有制，消除人的生活本身的异化。该文虽然主要讨论德国犹太人的宗教解放问题，但多处涉及市民社会和政治国家、思想意识（包括宗教等）的关系问题，马克思都是给予了唯物主义的阐述。试举几例说明。

比如，对北美许多州以政治方式（国家）宣布私有财产无效的情况，马克思说："尽管如此，从政治上宣布私有财产无效不仅没有

---

① 《马克思恩格斯选集》第1卷，人民出版社1995年版，第15页。

废除私有财产,反而以私有财产为前提;"① 当国家以"自己的方式废除了出身、等级、文化程度、职业的差别"时,实际上"国家根本没有废除这些实际差别,相反,只有以这些差别为前提,它才存在"②。马克思进而从理论上概括道:"完成了的政治国家,按其本质来说,是人的同自己物质生活相对立的类生活。这种利己生活的一切前提继续存在于国家范围以外,存在于市民社会之中,然而是作为市民社会的特性存在的。……政治国家对市民社会的关系,正像天国对尘世的关系一样,也是唯灵论的。政治国家与市民社会处于同样的对立之中,它用以克服后者的方式也同宗教克服尘世局限性的方式相同,即它同样不得不重新承认市民社会,服从市民社会的统治。"③ 这里,马克思一是肯定了政治国家以私有财产、以社会等级等各种实际差别为前提,就是说,与私有财产等相比,国家等政治形态不是前提、基础,相反,私有财产等经济、物质因素才是国家的前提和基础;二是这种私有财产等经济、物质因素构成的人的现实的、尘世的、利己的物质生活,其"一切前提""存在于国家范围以外",而"存在于市民社会之中",显然,在马克思看来,市民社会的经济的、物质的生活才是构成政治国家的前提和基础;三是政治国家与市民社会的对立关系,最终只能是国家承认和服从市民社会,这是对《黑格尔法哲学批判》市民社会决定政治国家的观点的更加明确和深刻的重申。

又如,马克思在论述政治革命推翻封建主义时又一次论及国家与市民社会基础的对立关系。他说:"政治解放同时也是同人民相

---

① 《马克思恩格斯文集》第一卷,人民出版社2009年版,第29页。
② 同上,第30页。
③ 同上,第30—31页。

异化的国家制度即统治者的权力所依据的旧社会的解体。政治革命是市民社会的革命。旧社会的性质是怎样的呢？可以用一个词来表述：封建主义。旧的市民社会直接具有政治的性质，就是说，市民生活的要素，例如，财产、家庭、劳动方式，已经以领主权、等级和同业公会的形式上升为国家生活的要素"；"政治革命打倒了这种统治者的权力，把国家事务提升为人民事务，把政治国家组成为普遍事务，就是说，组成为现实的国家；……于是，政治革命消灭了市民社会的政治性质"。①关于这种政治革命的结果，马克思指出，"封建社会已经瓦解，只剩下了自己的基础——人，但这是作为它的真正基础的人，即利己的人。因此，这种人，市民社会的成员，是政治国家的基础、前提。他就是国家通过人权予以承认的人"②。这里，我们清楚地看到，第一，马克思明确地揭示出市民社会的经济性质和内涵，它包含着"财产、家庭、劳动方式"等要素；第二，国家（政治）生活的要素"领主权、等级和同业公会"等是其市民社会经济基础的"提升"；第三，构成市民社会的利己的人是政治国家的基础和前提。

很明显，以上两个例证，表明马克思在唯物史观的孕育、建构上确实有所推进。

此外，上述两篇文章在人的自我异化及其导致市民社会分裂等方面的论述已经开始了对黑格尔、费尔巴哈的双重超越，并也有助于唯物史观思路的论证和展开。限于篇幅，不再引证了。

关于这两篇文章在马克思思想演变历程中标志着的重大转折，

---

① 《马克思恩格斯文集》第一卷，人民出版社2009年版，第44页。
② 同上，第45页。

列宁倒是有实事求是的明确论断,他虽然没有看到《手稿》,但是,在《卡尔·马克思〈传略和马克思主义概述〉》中,列宁说:"1842年,马克思在《莱茵报》(科隆)上发表了一些文章……从这些文章可以看出马克思开始从唯心主义转向唯物主义,从革命民主主义转向共产主义。1844年在巴黎出版了马克思和阿尔诺德·卢格主编的《德法年鉴》,上述的转变在这里彻底完成。"①列宁还指出,"马克思在这个杂志(指《德法年鉴》——引者)所发表的论文中已作为一个革命家出现,主张'对现存的一切进行无情的批判'尤其是'武器的批判';他诉诸群众,诉诸无产阶级"②。列宁这两段话说得非常清楚,首先,这两个"转变"从1842年开始,而在1843年底的上述两篇文章中已经"彻底"完成;其次,这两个"转变"是紧密联系、同时实现的,其中转向唯物主义,已经不是一般唯物主义(或唯物主义的自然观),而是历史唯物主义了,因为不言而喻,这种唯物主义的历史观是与转向共产主义的政治观紧密相连、不可分割的。

四、《手稿》是马克思初步形成唯物史观的关节点

正如马克思自己所说,上述两篇重要文章首次"得出"法的关系"根源于物质的生活关系"即市民社会这一唯物主义历史观的新思路,"而对市民社会的解剖应该到政治经济学中去寻求。我在巴黎开始研究政治经济学"③,这就是马克思写作《巴黎手稿》的直接原

---

① [苏联]列宁:《列宁全集》第二十六卷,人民出版社1988年版,第83页。
② 同上,第49页。
③《马克思恩格斯选集》第2卷,人民出版社1995年版,第32页。

因和背景。显然，第一，《手稿》是马克思首次尝试研究政治经济学；第二，研究政治经济学的直接目的是要"寻求""对市民社会的解剖"；第三，通过这种解剖，论证、展开和确立上述唯物主义的新历史观。从《手稿》文本的具体来看，马克思的这个主要目的是完全达到了。下面，仅从三方面做简要说明。

首先，在《手稿》中，马克思从政治经济学角度在改造黑格尔和费尔巴哈异化理论的基础上提出了异化劳动理论，深入解剖了市民社会内部的物质、经济关系。马克思通过大量经济性材料揭示出，在市民社会的私有财产制度下，工人同自己的劳动产品、同自己的生命活动（劳动）、同人的类本质相异化的铁的事实，进而推论出人和人（即人的社会关系）相异化的结论。他说："人同自己的劳动产品、自己的生命活动、自己的类本质相异化这一事实所造成的直接结果就是人同人相异化。"[1]紧接着，马克思特别强调说："人的异化，一般地说人同自身的任何关系，只有通过人同其他人的关系才得到实现和表现。"[2]这句话极为重要却常常被忽视，甚至有人认为《手稿》的异化劳动理论没有上升到社会关系的高度，这完全不符合事实，因而是错误的。上面这句话清楚地表明，马克思认为，前面三种人和自身异化的关系"只有通过人同其他人的关系"即人们的社会关系（如资本主义私有制条件下工人和资本家的关系等）"才得到实现和表现"，才成为现实的异化关系。马克思还指出，"在实践的、现实的世界中，自我异化只有通过同其他人的实践的、现实的关系才能表现出来。异化借以实现的手段本身就是

---

[1]《马克思恩格斯全集》第四十二卷，人民出版社1979年版，第97-98页。
[2] 同上，第98页。

实践的。因此，通过异化劳动，人不仅生产出他同作为异化的、敌对的力量的生产对象和生产行为的关系，而且生产出其他人同他生产和他的产品的关系，以及他同这些人的关系"①。这里，马克思把异化劳动不仅仅看作一种人的自我异化，更看作是一种人与人之间的社会关系的异化和对立，而且强调了这种异化不是精神的、心灵的，而是实践的、现实的，从而深刻地揭露了现实的市民社会中劳动者（工人）与剥削者（资本家）的阶级对抗关系，指出"整个人类奴役制就包含在工人同生产的关系中，而一切奴役关系只不过是这种关系的变形和后果罢了"②。更重要的，马克思在借用异化劳动剖析市民社会的现实经济关系、阶级关系基础上，得出了与国民经济学把异化劳动看成是私有财产运动的结果这一观点截然相反的结论——"异化劳动是私有财产的直接原因"③。这里，马克思通过市民社会异化劳动的剖析直接揭示出私有制社会形成和发展的内在原因，这就为进一步阐明推动人类历史发展的社会经济基础提供了重要路径。所以，马克思说，他关于异化劳动的"这些论述使至今没有解决的各种矛盾立刻得到了明朗"，使被资产阶级国民经济学掩盖、遮蔽的市民社会的现实矛盾和问题得到了明确的解答。

其次，《手稿》在解剖市民社会阶级关系的基础上，把前面两篇文章已经从理论上提出的无产阶级是人类解放的唯一阶级力量的观点从经济学上加以肯定和论证。马克思指出："从异化劳动同私有财产的关系可以进一步得出这样的结论：社会从私有财产等等的解放、从奴役制的解放，是通过工人阶级这种政治形式表现出来的，

---

① 《马克思恩格斯全集》第四十二卷，人民出版社1979年版，第99—100页。
② 同上，第101页。
③ 同上。

而且这里不仅涉及工人阶级的解放,因为工人阶级的解放包含全人类的解放;其所以如此,是因为整个人类奴役制就包含在工人同生产的关系中,而一切奴役关系只不过是这种关系的变形和后果罢了"①。这里的思维逻辑是:从异化劳动推出私有财产即私有制,推出整个市民社会的阶级对立关系,这种对立关系在资本主义私有制下发展到顶点,即工人阶级与资产阶级的对抗关系,再进一步推出工人阶级的政治解放包含着全人类的解放的伟大而现实的结论。这样,唯物史观找到了现实的、经济学的根基。

再次,《手稿》第一次把劳动实践看作人与动物相区分的根本标志。马克思说:"有意识的生命活动把人同动物的生命活动直接区别开来。"这种"有意识的生命活动"就是劳动,"劳动这种生命活动、这种生产生活的本身对人说来不过是满足他的需要即维持肉体生存的需要的手段。……一个种的全部特性、种的类特性恰恰就是自由的自觉的活动"②。由此出发,《手稿》提出了劳动是世界历史发展的原动力的观点:"整个所谓世界历史不外是人通过人的劳动而诞生的过程,是自然界对人来说的生成过程。"③上述观点与稍后的《德意志意识形态》的观点完全一致,只是后者的表述更加准确、科学,请看:"这些个人把自己和动物区别开来的第一个历史行动不在于他们有思想,而在于他们开始生产自己的生活资料。"④马克思还强调,"一切历史的第一个前提"、人的"第一个历史活动就是生产满足这些需要(按:指衣食住行等基本物质需要)的资料,即生

---

① 《马克思恩格斯全集》第四十二卷,人民出版社1979年版,第101页。
② 同上,第96页。
③ 同上,第131页。
④ 《马克思恩格斯选集》第1卷,人民出版社1995年版,第67页注1。

产物质生活本身",这种活动是"一切历史的基本条件"。①两者相比,可以清楚地看到,《德意志意识形态》的这一唯物史观的重要观点,在《手稿》中已经基本形成,并得到了虽然初步却十分明确的表述。其重要性正如恩格斯在《路德维希·费尔巴哈和德国古典哲学的终结》中所指出的,"在劳动发展史中找到了理解全部社会史的锁钥"②。

又次,《手稿》在前面两篇文章初步提出市民社会是政治国家的前提和基础、最终决定政治国家的历史唯物主义思路的基础上,又从经济学角度延伸和发展了这个思路,他把物质生产劳动看作基础和最一般的生产,认为上层建筑各个领域(包括艺术等意识形态)的生产最终都是受物质生产(生产一般)普遍规律的决定和支配:"宗教、国家、法、道德、科学、艺术等等,都不过是生产的一些特殊方式,并且受生产的普遍规律支配"③。这是唯物史观基本原理的另一种表述,比起前面两篇文章的表述,又有所推进。

上述材料无可辩驳地证明了《手稿》已从经济学角度初步确立了唯物史观。现在让我们回过头来看,有的学者并不注重文本实际的考察,却只凭主观揣测,就轻率地把《手稿》贬低为还没有达到唯物史观"萌芽"水平的看法,是难以成立的。该学者说,《手稿》在马克思的生前没有发表的一个重要原因是,"马克思对从当时的理论立场来批判资产阶级的哲学和政治经济学,'自己还感到有许多不满意的地方'。这从1845年1月恩格斯给马克思的一封信中,可以看得出来",并据此随意推论出,"从根本上讲,马克思之

---

① 《马克思恩格斯选集》第一卷,人民出版社1972年版,第32页。
② 《马克思恩格斯选集》第4卷,人民出版社1995年版,第258页。
③ 《马克思恩格斯全集》第四十二卷,人民出版社1979年版,第121页。

所以不'发表'、感到'不满意',那是因为他认为自己作为批判武器的世界观和方法论还没有得到根本改造和创新完成"。这段话是大成问题的。

第一,这里对恩格斯的话的引用有断章取义、移花接木之嫌。该文引用的恩格斯1845年1月写给马克思信的原文是:"过去跟《莱茵报》一道出版的《公益周刊》,现在也已经掌握在我们手里。德斯特尔已经把它接收过来,想看看能做些什么事情。不过,目前首先需要我们做的,就是写出几本较大的著作,以便给许许多多非常愿意干但自己又干不好的一知半解的人以一个必要的支点。你的政治经济学著作(按:指包括《手稿》在内的关于经济学研究的成果),还是尽快把它写完吧,即使你自己还感到有许多不满意的地方,这也没有什么关系,人们的情绪已经成熟了,就要趁热打铁。我的关于英国的著作当然也不会不起作用,那些事实是太明显了;但是,即使如此,我还是想腾出手来写一些对目前更有用,更能打击德国资产阶级的东西。"①首先,这不是马克思的话,而是恩格斯催促马克思赶快写完这部著作,以便"趁热打铁"在实际斗争中发挥作用;其次,恩格斯在这里说的是"即使你自己还感到有许多不满意的地方",也是根据马克思一贯对自己的论著持极其严格的态度所作的猜测(可能性),目的是劝马克思早一点完成这部著作,并不是马克思自己表示"不满意";再次,该文引用恩格斯信时却有意删去了"即使你"三个字,使没有读过此信的读者误以为这是马克思自己的原话和本意,这就是典型的断章取义、张冠李戴,不但不

---

① 《马克思恩格斯全集》第二十七卷,人民出版社1972年版,第18-19页,着重号为引者所加。

可取，而且效果只能是适得其反。

第二，更不应该的是，该文还在上述有意张冠李戴的"误读"后，进一步作出毫无根据的、武断的推论："那是因为他认为自己作为批判武器的世界观和方法论还没有得到根本改造和创新完成"。我们上面已经用大量马克思对自己思想历程的回顾、总结材料证明了他认为自己1843年已经开始"开辟了通向唯物主义世界观的道路"，该文却硬说"他认为自己""世界观和方法论还没有得到根本改造和创新完成"，言下之意马克思认为自己当时的世界观还停留在唯心史观，这完全是把自己的主观判断强加给马克思。人们不禁要问：马克思自己究竟在何时、哪一部论著中"认为自己"在1844年还停留在唯心主义的世界观和方法论阶段呢？！

综上所述，笔者认为，从1843年马克思经历了思想发展历程中的一个重要"拐点"，从此，马克思开始转向和孕育唯物主义的新历史观；而《1844年经济学哲学手稿》则在形成唯物史观的道路上有重大推进，上面所说的四点以实证材料证明《手稿》是马克思初步形成唯物史观的一个关节点。任何有意无意贬低《手稿》的思想价值、把马克思形成唯物史观的时间硬往后推的观点都是缺乏根据的，因而是站不住脚的。

（原载《社会科学展现》2011年第6期）

对ONTOLOGY与唯物、唯心之关系的考察

前一个时期在有关实践本体论和实践存在论美学的争论中,"主观唯心主义"是批评者们一个最主要的指责。作为努力走向实践存在论美学的我,当然完全不能接受这种带有政治色彩的批评。本文试图从Ontology(本体论、存在论)含义在西方的历史演变,来探讨一下它与唯物主义、唯心主义的关系,以澄清上述指责的根本失误[①]。

一

首先必须弄清的是,区分唯物主义与唯心主义的根本界限在哪里。

长期以来,中国学界少数人存在着随意地、不正确地使用唯心主义、唯物主义概念的倾向,有时甚至轻率地、错误地给论辩对手扣上"唯心主义"的帽子。所以,我们有必要回到马克思主义经典作家关于这个问题的论述。恩格斯在《费尔巴哈与德国古典哲学的

[①] 本文论述"存在"和"存在论"("本体论")的多种含义及其历史变化时,对本人主编的《西方美学范畴史》第一卷"存在"范畴(刘旭光执笔)中的相关内容和资料多有吸收,特此致谢。

终结》中明确指出：

> "全部哲学，特别是近代哲学的重大的基本问题，是思维和存在的关系问题。……什么是本原的，是精神，还是自然界？……世界是神创造的呢，还是从来就有的？哲学家依照他们如何回答这个问题而分成了两大阵营。凡是断定精神对自然界来说是本原的，从而归根到底承认某种创世说的人（而创世说在哲学家那里，例如在黑格尔那里，往往比在基督教那里还要繁杂和荒唐得多），组成唯心主义阵营。凡是认为自然界是本原的，则属于唯物主义的各种学派。"①

这段话曾经被人们广泛引用，它深刻指出了区分唯心主义与唯物主义的独特的、唯一的含义，即世界的本源是精神还是物质，两者何者为先？这应该是我们哲学、美学讨论中使用"唯心主义""唯物主义"概念时必须严格遵循的原则。遗憾的是，新中国成立六十多年以来直至今天，在学术讨论中"唯心主义""唯物主义"概念满天飞，常常离开了这一经典的界定和论述，被无限扩大化地使用。比如上世纪五六十年代的美学大讨论中，无论是主张"美在主观""美在客观""美在主客观统一"，还是主张"美在社会性与客观性的统一"，实际上都没有涉及"世界的本源是精神还是物质，两者何为先"的问题，但论争各方却都使用了"主观唯心主义""机械唯物主义"之类概念作为批评对方的价值判断和武器。这就远离了恩格斯区分唯心主义与唯物主义的独特的、唯一的尺度和标准。

---

① 《马克思恩格斯选集》第4卷，人民出版社1995年版，第223-224页。

为了进一步说明恩格斯这段话所表达的整个思想,我想完整地引用这段话的前后文,并联系西方哲学史谈谈自己的几点看法。在上引第一句话与后面引用的那段话之间,恩格斯说了一长段话:

"在远古时代,人们还完全不知道自己身体的构造,并且受梦中景象的影响,于是就产生一种观念:他们的思维和感觉不是他们身体的活动,而是一种独特的、寓于这个身体之中而在人死亡时就离开身体的灵魂的活动。从这个时候起,人们不得不思考这种灵魂对外部世界的关系。如果灵魂在人死时离开肉体而继续活着,那就没有理由去设想它本身还会死亡;这样就产生了灵魂不死的观念,这种观念在那个发展阶段出现绝不是一种安慰,而是一种不可抗拒的命运,并且往往是一种真正的不幸,例如在希腊人那里就是这样。关于个人不死的无聊臆想之所以普遍产生,不是因为宗教上的安慰的需要,而是因为人们在普遍愚昧的情况下不知道对已经被认为存在的灵魂在肉体死后该怎么办。由于十分相似的原因,通过自然力的人格化,产生了最初的神。随着各种宗教的进一步发展,这些神越来越具有了超世界的形象,直到最后,通过智力发展中自然发生的抽象化过程——几乎可以说是蒸馏过程,在人们的头脑中,从或多或少有限的和互相限制的许多神中产生了一神教的唯一的神的观念。因此,思维对存在、精神对自然界的关系问题,全部哲学的最高问题,像一切宗教一样,其根源在于蒙昧时代的愚昧无知的观念。但是,这个问题,只是在欧洲人从基督教中世纪的长期冬眠中觉醒以后,才被十分清楚地提了出来,才获得了它的完全的意义。思维对存在的地位问题,这个在中世纪的经院哲学中也起过巨大作用的问题:什么是本原的,是精神,还是自然界?——这个问题以尖锐的形式针对着教会提了出来……"①

我认为恩格斯这里对上述意义上的唯心主义观念形成的来源作了深刻论述,同时也对西方哲学史上唯心主义与唯物主义的产生、发展的轨迹和根源作了简要的阐述。

恩格斯首先从远古时代人们头脑中灵肉分离、灵魂不死观念的形成入手,揭示出唯心主义孕育和形成的最初"根源在于蒙昧时代的愚昧无知的观念",指出"这种观念在那个发展阶段出现""是一种不可抗拒的命运",进而指出这种观念在希腊哲学得到了充分体现:"在希腊人那里就是这样"。比如柏拉图的"理式"(亦译"理型")论就认为世界的本源来自理式这个最高的精神实体,他美学上的"回忆"说也是建立在灵肉分离观念的基础上,即真正的哲学家能够凭借灵魂对前世的回忆而达到对最高理式的观照②,达于真正的美的境界③。亚里士多德的"四因说"虽然部分承认物质的第一性,但其中"动力因"最终还是把推动世界运动的"第一推动力"归于神秘的"神"。④

接着,恩格斯指出中世纪基督教统治时期,唯心主义神学的根

---

① 《马克思恩格斯选集》第4卷,人民出版社1995年版,第223-224页。
② [古希腊]柏拉图:《柏拉图全集》第二卷,王晓朝译,人民出版社2003年版,第162-163页。
③ [古希腊]柏拉图:《文艺对话集》,朱光潜译,人民文学出版社1980年版,第272页。
④ 见[古希腊]亚里士多德:《物理学》,张竹明译,商务印书馆1982年版,第243-244页;[古希腊]亚里士多德:《形而上学》,吴寿彭译,商务印书馆1959年版,第298页。

源同样来自上述灵肉分离、灵魂不死观念所孕育的将"自然力的人格化"的"神"的观念，在此基础上"通过智力发展中自然发生的抽象化过程——几乎可以说是蒸馏过程"，在人们的头脑中逐渐形成一神教的观念。这正是中世纪唯心主义的基督教神学统治的思想根源。不过，思维与存在、精神与物质孰先孰后的关系问题，在那个神学占有绝对统治地位的时期，虽然如恩格斯所说，"在中世纪的经院哲学中也起过巨大作用"，如唯实论与唯名论之争就是如此，但并没有被明确提出来成为哲学探讨的核心问题。

恩格斯认为，这个问题只有进入近代以后，才被明确提出来，并上升到哲学研讨的主要问题。他指出，问题"只是在欧洲人从基督教中世纪的长期冬眠中觉醒以后，才被十分清楚地提了出来，才获得了它的完全的意义"，那时，"这个问题以尖锐的形式针对着教会提了出来"。这里，第一，思维对存在的关系即唯心、唯物的问题，是直接"针对"中世纪教会和神学尖锐地提出来的；第二，这个问题是在文艺复兴之后，人们逐渐从基督教神学的蒙蔽中觉醒、理性空前解放以后才获得其在（近代）哲学中的重要地位的；第三，正因为如此，恩格斯强调这个思维与存在、唯心与唯物的问题是"全部哲学，特别是近代哲学的重大的基本问题"，而且在近代哲学中，它才"获得了它的完整的意义"。换言之，在近代以前就不是、在恩格斯那个时代及以后（即现代）也不一定仍然是哲学"重大的基本问题"；在近代以前唯心、唯物的问题在哲学中并没有获得其完整意义，至多只具有相对的局部的意义，而在以后（即现代哲学）它的意义的完整性又可能被打破。这个问题留待后面详谈。

至于这个问题与本体论或者存在论（Ontology）的关系问题，恩格斯并没有谈到。这正是我们需要深入探讨的。

二

在有关实践本体论和实践存在论的争论中，Ontology与唯心、唯物的关系问题被突出地提出来了。笔者认为，要正确理解这个关系，首先必须弄清Ontology的基本含义及其历史演变的情况，而不能只抓住它的某一方面和某一历史时期的特定含义，以偏概全，以古典含义遮蔽其现代意义。

根据中外哲学家的考证，Ontology一词是由ont加上ology构成的，即是关于Ont的学问。西方哲学中表示学科名称的词根多源自希腊文，德国经院哲学家郭克兰纽（Rudolphus Goclenius）在1613年拉丁文编撰的《哲学辞典》中最先采用这个方式构造了Ontologia这个新词：在希腊文里，ον（on）是ειναι（einai）（相当于英文中的不定式to be）的中性分词，οντ（ont）则是ον（on）的复数形式，也就是说，on直接相当于英文中的being；郭克兰纽把ont与表示学科含义的Logos结合在一起创造出Ontologia这个新词，其本意当是表示"一门关于being的学问"[1]。

那么，on（being）究竟是什么意思呢？英文Being是不定式to be的分词和动名词形式，因而being的含义取决于to be。而to be是一个系动词，它在行文中要随着主语的人称、单复数和句子的时态而发生形式上的变化，它所表达的意义也是多种多样的，这正是Ontology在我国学界被翻译为多种译名的根本原因。从国内现有的对on（being）和Ontology的翻译来看，主要有：（1）译为"有"或"万

---

[1] 俞宣孟：《本体论研究》，上海人民出版社1999年版，第14页。

有"和"有论"或"万有论";(2)译为"在"或"存在"和"在论"或"存在论";(3)译为"是"和"是论";(4)译为"本体"和"本体论"等几种,其中(1)(2)两种翻译我认为基本一致,但是(2)似乎更容易被理解。这些翻译所表达的being和Ontology的含义虽然不尽相同,但是它们都以承认Ontology的基本语言形式是以"……是……"为共同基础的。我们且以"树木是……"这样一个Ontology式的判断为例,无论人们对这里的"是"作何种理解,这一判断得以成立的前提在于"树木"的"存在(有)"(这个"存在"是动词性的"存在",相当于on及英文中的being,而非名词性的"存在物"),而且这个"存在(有)"还不是一个作为总称的"树木"的存在(有),而是具体"存在"的这一棵或那一棵"树木"的"存在(有)",也就是巴门尼德所说的"存在物是存在的,是不可能不存在的,这是确信的途径,因为它通向真理"[①]的那个"存在",也就是笔者所理解的Ontology中的"存在(有)"(on或being)。有了具体的一棵棵树木的"存在(有)",才会有"树木"这一概念的存在,诸如"'这棵松树'是'树木'"这样的判断也才可能成立,进而也才可能有对诸如"树木"的"始基""最初实体"等的追问。所以在Ontology中being(on)第一种也是最基本、最原初的含义应当是动词性的"存在(有)"。

在此基础上派生的being(on)的其他主要含义,大致有两个:一是作为联系动词的"是"。"是"的含义也非常重要,因为世界万事万物千差万别,都可以问它们或者说它们"是"什么,早期的哲

[①] [古希腊]亚里士多德:《亚里士多德全集》第一卷,苗力田主编,中国人民大学出版社1990年版,第51页。

学家们于是会产生任何事物是否都有一种共同的"是性"的疑问，这可能是促成西方哲学和Ontology开端的一个重要动力。直到今日，谈论"存在"问题也无法绕开这个追问，分析哲学、海德格尔的现象学，莫不如是。由此进一步引出的"是什么"的追问，是某一具体的存在物所以如其所"是"而非他"是"的那个"是"，也即人们通常所说的"本质论"①。二是"存在（有、是）"的"根据"和"本原"，即寻找世界万物（存在物）何以"存在"的根据、根源，比如追问世界产生的"始基""本原""最初实体"等便是如此，这也即一般所理解的"本体论"。

对being（on）的后面两个派生含义，特别是"本体论"含义的理解在中国学界得到了相当普遍的接受，并在很长一段时间内支配了我们对西方哲学，特别是形而上学对于ontology的基本理解。然而，笔者认为，从逻辑上说，在以上三种being（on）的含义中，动词性的"存在（有）"应当是更为源初和根本的含义。我们只要稍加思考就可以意识到，不管是作为联系动词的"是"以及相应的对作为"本质论"的"如其所是"的"是"的追问，还是作为"本体论"的"存在物之存在的根据和本原"，这两层含义其实都已先在地包含在对"存在物"之"存在（有）"的某种程度的领悟中了，倘若没有第一种含义为基础，后面两种含义就无以依存和生发；反过来，对于存在物存在之"根据"的回答，和作为系词"是"以及对于它如其所是的"是"的回答，其实也构成了对于"存在（有）"的一种道说和展开。也正因如此，这个以追问存在物如何"存在

---

① ［古希腊］亚里士多德：《亚里士多德全集》第一卷，苗力田主编，中国人民大学出版社1990年版，第51页。

（有）"为根本的"存在论"才是ontology理论谱系中的基础和根本所在。换言之，在ontology的上述三种主要含义中，存在论乃是本体（本源）论、是论（包括本质论）的前提与基础。

这一点在古希腊早期哲学史上也有逻辑依据。事实上，在前苏格拉底时期（包括赫拉克利特、巴门尼德等哲学家们那里）已经开启了ontology就是关于"存在（有）"的学说的先河。如巴门尼德在他的残篇第八中第一次提出on（being，"存在"或"是"）范畴，希腊哲学由此"开始"了一个方向性的转变，即由自然哲学向"ontology"（存在论）的转变，这同时也成了西方形而上学的逻辑起点。巴门尼德的前提是，首先承认有这样一个"存在（是）"，它是不容置疑的。因此他不追问这个"存在（是）"是什么，而只描述这个"存在（是）"的特征："它不是产生出来的，也不会消灭，所以它是完整的、唯一的、不动的、没有终结的。它既非曾是，亦非将是，因为它即当下而是，是全体的，一和连续的。"据此，有的将on（being）译作"是"的学者指出："由此我们可以试图说明的'是'的意思：第一，作为某个东西而存在（'存在'是'是'所包含的一种意义）；第二，依靠自己的能力起这样的作用；第三，显现、呈现为这个样子。"① 显然，他们也承认"存在"是巴门尼德的"是"的第一种含义，因为这是后两种意义的前提与基础。而且，巴门尼德和早期希腊自然哲学家们的思想是不同的，他不是寻找某种物质的始基，而是力求从千变万化的大千世界中抽象出其统一性，指出一条通向真理之路，亦即"人们苟有所思，必有实指的事物存在于思想之中，'无是物'就无可认识，无可思索；所以宇宙

---

① 汪子嵩、王太庆：《关于"存在"和"是"》，载《复旦学报》2000年第1期。

间应无'非是',而成物之各是其是者必归于一是"①。也就是说,要把整个世界作为统一体而进行理性认识,那么它的前提应当是这个世界"是(存在)",而不是非"是(存在)",这就是巴门尼德的那句名言:"一条路是,[它]是,[它]不可能不是,这是确信的道路,(因为它通向真理);另一条路是[它]不是,[它]必然不是,我告诉你,这是完全走不通的死路,因为你认识不了不是的东西,这是做不到的,也不能说出它来。"②(这里"是",其他许多学者译为"存在"或"有")由此可见,即使将on(being)翻译成"是",但是其基础性和前提性的含义仍然应当是"存在(有)"。此外,应当看到,西语中的系动词除了语法意义外,还有"显现"(如上面第三种含义)、在场等实词意义,而汉语的"是"无法译出这一实词意义。然而,用"存在"一词来翻译"eimi"(on的分词形式),就能译出其中显现、在场的实词意义;因为汉语的"存在"一词是多功能的,可以充当动词、名词乃至形容词,因而能够传达"是"所不能传达的"being"这种动名词(on)意义;如果采用海德格尔那种"存——在"的翻译形式,还可以传达出eimi/being的源始意义。这表明,在巴门尼德那里,on(being)的原初和基础的意义应当是"存在(有)","是"的意义是引申出来的。但是,这两种意义都还不具备后世的"实体""本体"等含义。

---

① 吴寿彭在《形而上学》一书的译后记,汉译本《形而上学》,第380—381页。
② 汪子嵩、王太庆:《关于"存在"和"是"》,载《复旦学报》2000年第1期。

三

　　这种情况在从柏拉图到亚里士多德那里开始变化，逐步走上了把on（being）（"是"或"存在"）这个范畴的意义实体化、本体化的道路，这也决定了西方整个形而上学的ontology的基本走向。Ontology作为"存在论"的原初形态，在此发生了逻辑与历史的分化。

　　柏拉图（前期）的ontology集中体现在其"理型"（希腊文idea和eidos，亦译作"理式"或"相"）说上。海德格尔认为eidos的意思"是指在看得见的东西身上所看到的，是指有点东西呈现出来的外貌。被呈现出来的东西总之都是外观，是迎面而来的东西之相"[①]。他又说，"一件事物的外观就是这件事物赖以显现自身于我们面前的样子，表现自身并即如此处于我们面前的样子，赖这个样子，并即以这个样子在场，也就是希腊意义的在"[②]。柏拉图的"理型"世界就像巴门尼德所说的"一"一样，是："永恒的，无始无终，不生不灭，不增不减"（柏拉图《会饮篇》211a）[③]，是体现世界的抽象统一性的"一"，是脱离（外在于）现实、现象世界（变动不居的非真实世界）的真正的实在、真实的存在。对这个永恒的真实世界柏拉图用了一个词"ousia"。

　　这里要说明一下Ousia一词，它同样表示英文的being。Ousia来

[①] ［德］海德格尔：《形而上学导论》，熊伟译，商务印书馆1996年版，第180页。
[②] 同上。
[③] ［古希腊］柏拉图：《柏拉图全集》第二卷，王晓朝译，人民出版社2003年版，第254页。

自希腊文动词"是"（eimi）的阴性分词形式ousa。在希腊文中，系词eimi是第一人称单数的"是"，相当于英文I am 中的am，它的主动语态现在陈述式单数第三人称esti，相当于it is 中的is，它的不定式einai，相当于to be；希腊文的分词形式有阳性、阴性、中性之分，eimi的阴性分词ousa，中性分词on，英文中没有这样的区分，都译作being。但是，诚如《柏拉图全集》的译者王晓朝所说，"eimi各种变化形式有抽象程度的差别，使用起来有具体的限制。……相比而言，estin的抽象程度最低，因为它有一个逻辑主语，它在句中与后续成分一起作表语，用以表述主语的性质和名称。Einai的抽象程度比estin要高，因为它不受人称和时态的限制，在句中可以作主语和补语。On的抽象程度最高，因为它已经完全名词化了。后世所谓'本体论'（ontology）就源于这个词，也就是说，只有on 才最适宜表达个体化了的eimi"[①]。表示being，巴门尼德主要用的是estin，柏拉图主要用的是on，亚里士多德在表述"存在"这个意义上时，用的也是on。柏拉图开始使用ousia这个词，是指真实的存在，是实在，是"理型"或"相"的本质属性，比如在《斐多篇》65d-e中柏拉图说公正自身、美自身、善自身等所谓的"自身"，不仅存在，而且是只能用理性才能把握的"ousia"[②]，也就是说，作为事物的"自身"的"理型"或"相"，是某种实在，是外在于却高于感性事物的实体性的真实存在。他还通过提出"分有"说，把"理型"或"相"确立为一切感性事物存在的根据和原因，"一个东西之所以存

[①] 王晓朝：《读〈关于"存在"和"是"〉一文的几点意见》，载《复旦学报》2000年第5期。

[②] ［古希腊］柏拉图：《柏拉图全集》第一卷，王晓朝译，人民出版社2003年版，第62—63页。

在,除掉是由于分有它所分有的特殊的本体外,还会由于什么别的途径,因此你认为二之所以存在,并没有别的原因,而只是分有了二的本体,而凡事物要成为二,就必须分有二,要成为一,就必须分有一"(同上101c5–7)①。

但柏拉图并没有以"ousia"为自己理论的核心,对这个词的使用并没有真正展开(到了亚里士多德那里,"Ousia"才成为存在论的主导词)。柏拉图在更晚一些的《蒂迈欧篇》中对存在的界说中,提出有三种存在:一种永恒不变的、不可见不可感的,只通过理智的沉思来把握的存在(如真、善、美等概念);第二种是可见可感的、不断变化的、可以通过感官来把握的有形体的存在;而"从不可分的和永远自身同一的存在,也从可分的亦即有形体的存在,神创造了第三种存在作为联合二者的中介,它具有自身同一的性质和他物或对方的性质,于是神就把它造成不可分的和可分的东西之共同的中介"②。这句话黑格尔认为是整篇对话中最著名、最深刻的一段,因为按黑格尔的看法,这里出现了"概念"。这里虽然和理性说一样仍然体现出两个世界的对立,但柏拉图所说的作为前两种存在的中介的第三种存在,实际上是有能力影响它者的存在,即第一种存在通过它这个中介来影响第二种存在,所以,它是存在者(第二种存在)之存在,而不是抽象的存在(第一种存在)本身了。由此我们看到柏拉图对巴门尼德存在观的继承与扬弃,看到他的"第三种存在"作为真实的存在、作为实在开始的实体化倾向。这种倾向

---

① [古希腊]柏拉图:《柏拉图全集》第一卷,王晓朝译,人民出版社2003年版,第111页。
② 《蒂迈欧篇》50ᵇ到53ᶜ,转引自黑格尔《哲学史讲演录》第二卷,商务印书馆1978年版,第232页。

在亚里士多德那里进一步加强。

在亚里士多德的观念中,"存在"并不是指对世界的抽象的统一性,对存在的思考不是要思辨地揭示世界作为"一"的性质,而是要研究真实的事物,研究实实在在的事物,也就是要研究被"存在"和"一"所表述的事物,而不是这个表述。这样一种只被表述的事物,实实在在的事物,亚里士多德同样用ousia这个词来表述,而且上升为一门学术,成为其哲学的中心课题。他认为,哲学所苦苦探寻的"存在"不过是一个述词,是对事物之状态的表述,而不是真实事物本身;出于对确定性的追求,他认为哲学的对象应当是真实事物本身,是一个承载着各种属性与状态的基质,而这层意义在原来的"存在"(on)这个词中体现不出来,因此亚里士多德用了ousia这个词来表达自己对于事物之"存在"的看法。Ousia这个词作为系词"是"的分词形式,既保留了"存在"或者"是"这两层含义,同时又能摆脱系词的述词性质,以它来指称事物的真实(实体)存在,体现出了亚里士多德的"存在"观念有着实体化的意味。

亚里士多德认为,虽然各范畴都是事物之on的显现,或者说"类",可是它们的地位并不相同。在《范畴篇》(1a19–1b5)中亚里士多德用"述说"和"存在于之内"两条标准将事物分为四类:(一)既不述说又不存在于一个主体之中①,如个别的人和个别的马,亚氏称这一类为第一ousia(实体或本在);(二)可以述说却不存在于"一个"主体里面,如"人""动物"等抽象概念,亚氏称为第二ousia(实体或本在);(三)既述说又存在于一个主体里,这

---

① "存在于……之中"亚里士多德解释为:"不是指像部分存在于整体中那样的存在,而是指离开了所说的主体,便不能存在。"《范畴篇》第二章。

一类是作为"一般"或者总体的范畴,亚里士多德举的例子是"知识";(四)存在于一个主体内,但不述说一个主体,这是指作为"特殊"的事物①,亚里士多德举的是"一点儿语法知识"和"一种特殊的白色"的例子。(《范畴篇》1a27–1b2)② 亚里士多德对事物的这四类划分体现着一种对on(存在)的具有决定意义的区分,这种区分表现为三个方面:第一,一般与个别,或者普遍与特殊的划分,亚氏称为全称与单称。如"人"是一个全称的,"卡里亚斯"是一个单称的。(《解释篇》17b38–40)③ 第二,本质谓项与偶然谓项的区分。比如说,"苏格拉底是人",在此苏格拉底是第一ousia,人是第二ousia,第二ousia作为属、种,它可以作为第一ousia的本质谓项;再比如"苏格拉底是白的","白"作为述词而又存在于一个主体的范畴,它是对事物属性的表达,相对于对事物属、种的表达,它是偶然谓项(或载体)。第三,本体与属性之间的区别。第一ousia既不被述说也不存在于别的主体之中,因此它是终极的主体,而其他范畴要么述说它,要么存在于它之中,所以它们总能表现为第一ousia的属性。

由于以上三种区分,显现为范畴的on就不平等了,ousia是终极性的,别的on不能作ousia的主体,"on于是有了两重划分。Ousia是现实世界的形而上学基础,而其他范畴则成为ousia的属性的基础,需

---

① [古希腊]亚里士多德:《亚里士多德全集》第一卷,苗力田主编,中国人民大学出版社1990年版,第3–4页。
② [古希腊]亚里士多德:《范畴篇、解释篇》,商务印书馆2009年版,第10–11页。
③ 同上,第65页。

要有某种ousia作为属性的基础"①。就此亚里士多德明确指出:"除第一性实体之外,任何其他的东西或者是被用来述说第一性ousia,或者是存在于第一性ousia里面,因而如果没有第一性ousia(实体0存在)就不可能有其他的东西存在。"(《范畴篇》2b5-6)②这样就奠定了ousia范畴的特殊地位,ousia是绝对的、无条件的本体存在,它凭自身就能存在。因此,ousia是最根本、最原初、最确定、最真实意义上的实体存在。

这样,亚里士多德对"存在"on(being)范畴的研究发生了一个转向:由什么是存在,转向到什么是作为本体、实体的ousia,他的ontology也从着重对on(being)的思考,转向对作为事物终极本体即"第一ousia"的探求。于是,on(being)原初的"存在(有)"基本意义逐渐淡出,而追寻世界统一性的"根据""本源"的本体论或者追问世界万物、现象背后确定性"本质"的本质论逐渐上升为形而上学的主要目标。这就使on(being)走向实体化、ontology走向本体论化。这集中体现在亚氏通过明确规定本体论的研究对象和研究方法建构起来的"存在之学"中。他指出,本体论"以分离的、存在而不运动的东西为对象"③,它"研究既不运动又可分离的东西"④。这样一来,研究对象本身决定了本体论的研究方法必然是"用抽象的办法对事物进行思辨""研究存在也要用这同样的方式"⑤。显然,这里ontology是研究分离的、不运动(静止)的东西,即实体,按亚

---

① 余纪元:《亚里士多德论on》,载《哲学研究》1995年第4期。
② [古希腊]亚里士多德:《范畴篇、解释篇》,商务印书馆2009年版,第13页。
③ [古希腊]亚里士多德:《形而上学》,中国人民大学出版社2003年版,第228页。
④ 同上,第121页。
⑤ 同上,第220页。

里士多德的另一重要表述，也就是研究"作为存在的存在"（to on hei on）[①]，与此类似的表述是"作为存在物的存在物"[②]，亚氏多次强调，作为"存在之学"对存在和存在物的思辨属于同一门科学，这便是ontology（这里翻译成"本体论"是确切的）。亚氏的实体本体论开创了西方形而上学ontology的实体化道路。

综上所述，从希腊哲学史和ontology的内在逻辑结构来说，"存在（有）"之义乃是基础的和在先的，对"本体"（"本原"）和"是什么"（"本质"）的追问是"存在论"的派生样态。问题是，从柏拉图特别是亚里士多德开始，后面的派生样态逐渐上升到主导地位。

自此经中世纪、文艺复兴，特别是近代一直到十九世纪，无论是唯物主义者（如从霍尔巴赫等法国的唯物主义者到德国人类学唯物主义者费尔巴哈）以物质为终极本体的物质本体论，还是唯心主义者以精神为终极本体（如康德的"先验主体"、费希特的"自我"、黑格尔的"绝对精神"、叔本华的"意志"等）的精神本体论，无一例外，都走在这条实体化道路上。它们共同的特点就是遵循"实体性思维"。所谓"实体性思维"是在确信事物是静止不变的且具有统一性和确定性这一前提下，相信可以从事物中分析或反思出实在之物的思维。它必然把一个抽象物作为具体，而这个作为具体的抽象物被设定为认识论的目的。由于"实体"不可再被分析了，所以"实体"就成了"绝对"，成了认识的终点。结果，"实体"的单一性和静止性使得我们不得不把事物感性具体的部分抽象掉，把事物理解为一个一成不变的自在之物。于是，关于"存在"

[①] ［古希腊］亚里士多德：《形而上学》，中国人民大学出版社2003年版，第64页。
[②] 同上，第61-63页。

的思考被置换为了对于"本体"的追问,而对于存在的"本体"的追问就意味着,"存在"本身已经"存在"并且已经被承认了。这也正是海德格尔批评西方传统形而上学遗忘了"存在"的根本原因。海德格尔通过"解析存在论的历史",揭示了"存在"(on, Sein, being)和"存在者"(onta, Seiende, beings)之间的"存在论差别"。根据他的研究,"本体论"只是关注了"存在者"的存在,而没有关注"存在"本身。他将之称为"存在的被遗忘状态",并要求直接切入"存在",从而开启了探讨存在问题的现代方向:以生成性取代实体性,以非现成性取代现成性,不是追寻实体,而是描述存在之显现及其过程。海德格尔对传统"Ontologie"所作的深刻反思和重新思考是无论如何也不应忽视的。

四

现在,让我们回到对ontology与唯物、唯心的关系的考察。上面对ontology主要含义在西方哲学史上演变的回顾告诉我们,从亚里士多德开始,特别是近代以来,ontology的主导含义已经不是对"存在"本身意义的追问,而是对存在物(者)实体的关注。所以,将这一长时期形而上学的ontology翻译成实体性的"本体论"应该是恰当的。我们不妨将这个时期的实体性本体论称之为传统本体论。

必须指出,这种实体性的本体论与唯物、唯心是有直接关系的。第一,它对on(being)的探讨,主要放在对它的实体性的"本源""根据"的追究上,这就必然涉及世界的本源究竟是精神的还是物质的问题;第二,前述各种形态的精神本体论或者物质本体论就是对世界的本源问题,即恩格斯归纳出来的思维与存在的关系问题——"什么是本原的,是精神,还是自然界?"——的不同(乃至相反)

的回答。而这种不同的回答，正是唯心主义与唯物主义的根本区分。

不过，有的学者认为，本体论只跟唯心主义有直接关系，他说："……本体论最初是理念（idea）间结合的理论，因此，本体论也被称为idealism，即观念论。观念后来被逻辑规定性的概念、范畴取代，或者，像在胡塞尔那里，观念、范畴、本质三者是相同的概念。到了近代，随着认识论的兴起，人们提出了认识究竟是来自经验，还是出于先天的原理概念？究竟物质世界是第一性的，还是观念、精神的东西是第一性的？这样就有了两种对立的观点，并将idealism作为与唯物主义对立的一方来理解了，据此，我们现在就把idealism译为'唯心主义'，本体论哲学的实质也是在'唯心主义'这个词中得到了充分的揭示"[①]。并强调了"本体论只能是唯心主义（idealism）的实质"[②]。笔者对此说法存有疑问：一是说"本体论也被称为idealism"不知有何依据？在西方最早是何时、何人提出的？二是物质和精神何者为第一性难道只是近代认识论兴起以后才产生的吗？这个世界本源问题难道说是依附于认识论（认识起于先天还是经验），而不是认识论派生于对本源问题的认识吗？在上引恩格斯的话中，显然本源问题在先、认识论问题在后。所以说，将本体论全部划入唯心主义范畴，恐怕并不符合西方哲学史的实际情况，特别是近代以来在世界本源、根据问题上，如我们上面所述，各种形态物质本体论也占有一定的地位，虽然并没有超过各种形态的精神本体论。但是，这两大类本体论都属于传统的实体性的本体论。

然而，从马克思开始，对传统形而上学的实体性本体论，无论

---

① 俞宣孟：《本体论研究》，上海人民出版社1999年版，第127页。
② 同上，第136页。

是黑格尔的绝对精神本体论,还是费尔巴哈的抽象物质本体论,又作了批判性扬弃,在新的实践论的高度上重新回到了"存在论"的根基上,从而,实际上开创了西方现代存在论(包括海德格尔的现象学存在论)的新路向,或者说为现代存在论奠定了基础。

马克思的实践观改变了传统本体论追问"存在"问题的方式。传统本体论将"存在"视为自明的,或者如海德格尔所说是将"存在问题"遗忘了,进而以内省或思辨的方式确立一个不可怀疑的极点,也就"存在者"之"存在"的根据(如实体、上帝、绝对等),这个"根据"实质上是"本源""本质",而不是"存在",然后以演绎的方式展开这个根据的内涵。而马克思认为,"存在者"之"存在"不是自明的,事物的存在是其显现出的存在,事物的存在只有在人类的感性活动即劳动实践中才显现出来。在《德意志意识形态》中,马、恩在批评费尔巴哈的直观的人类学的唯物主义时作了这样的表述:"这种活动、这种连续不断的感性劳动和创造、这种生产,正是整个现存的感性世界的基础,它哪怕只中断一年,费尔巴哈就会看到,不仅在自然界将发生巨大的变化,而且整个人类世界以及他自己的直观能力,甚至他本身的存在也会很快就没有了。"[1]这清楚地说明,现存感性世界的基础是感性劳动和生产,即实践,只有在实践中,整个感性世界,包括人和自然界的如此这般的存在,才显现出来。倘若劳动实践一旦中断,"整个人类世界"包括每个个人都将不复存在。可见,人的存在和世界的存在都不是自明的,劳动实践才是人和世界存在的前提。不仅人所创造的生活世界的存在是这样,自然界的存在也只有作为属人的存在才具

---

[1]《马克思恩格斯选集》第1卷,人民出版社1995年版,第77页。

有现实性,诚如马克思所说,"自然界的人的本质只有对社会的人来说才是存在的;因为只有在社会中,自然界对人来说才是人与人联系的纽带,才是他为别人的存在和别人为他的存在,只有在社会中,自然界才是人自己的人的存在的基础,才是人的现实的生活要素。……社会是人同自然界的完成了的本质的统一,是自然界的真正复活,是人的实现了的自然主义和自然界的实现了的人道主义"①。在这个意义上,自然界乃是通过社会(当然包括社会关系和人的各种社会实践活动)才获得其"现实存在"的。这就是说,一切"存在"问题只有在人的社会历史实践、在人的生存活动中才成为问题。如果离开了人的社会实践,外部世界的实存性和先在性(即客观性)本身并不构成问题,也没有意义;问题是你作为人是如何意识到它的实存性和先在性的?只有当自然对象成为人类生活的基础和实践的对象与内容,它的"存在"才是有意义的,才会向人显现出来。因此,人的存在,自然界的存在——包括所谓"物质实体"——一切社会存在的根据不是任何超感性的、经验活动之外的实体,而是人的感性的实践活动;"世界"之为"世界"的根据不在于世界之外的超感性实体,而在于它与人的生存实践活动的内在关联。因此,正如马克思在《关于费尔巴哈提纲》中所说,对对象,感性,现实,都必须从主体的方面,把它当作人的感性活动,当作实践去理解。抛开实践,所谓自在的存在就是没有意义的。存在的自明性被消解了,而实践作为存在的逻辑前提被确立起来,实践作为一切属人存在的现实前提也被确立起来。这一确立本质上是

---

① 马克思:《1844年经济学哲学手稿》中央编译局译,人民出版社2000年版,第83页。

为存在论的诸问题进行奠基，在传统本体论中被视为自明的"存在"，从此建立在实践的基础之上，实践概念成为存在论的基本概念，而且，这些概念都是从实践中才产生的，是实践的产物。就这样，马克思的实践观和存在论就紧紧地结合为一体了。

笔者认为，以上就是马克思与实践观紧密结合的存在论思想的核心内涵。它是对传统形而上学本体论的转向和超越：它改变了实体性本体论的传统思路，超越了实体性的思维方式和问答方式，不再追求抽象的世界统一性和确定性的本体实在，无论这种本体实在是精神的，还是物质的，从而实现了对精神本体论和物质本体论的双重超越。同时，它也是对二十世纪现代存在论（包括海德格尔的现象学存在论）的奠基。需要强调指出，马克思的存在论思想显然并不涉及也不回答世界的本源——精神还是物质——何者为先的问题，因而也不直接涉及唯物主义还是唯心主义的问题。

现在可以回到本文一开始引述的恩格斯的那段话，那段话最后以斩钉截铁的语气强调："除此之外，唯心主义和唯物主义这两个用语本来没有任何别的意思，它们在这里也不是在别的意义上使用的。下面我们可以看到，如果给它们加上别的意义，就会造成怎样的混乱。"就是说，在这个意义上对马克思开创的现代存在论思想简单地套用唯心主义、唯物主义的标签，恐怕并不合适，因为现代ontology主要并不寻求世界的本源是精神还是物质。如果离开了这个基本尺度，像我们有的学者所做的那样，给唯心主义和唯物主义"加上别的意义"，那必然会"造成怎样的混乱"！

正是鉴于这种情况，有学者提出有必要把作为一门分支学科的"Ontology"和对于这门学科所探讨的问题的某些具体的解答方式区分开来，具体的做法就是，用"存在论"来称呼作为一门与形而上学密切相关的哲学分支学科的"ontology"，用"本体论"来指称

"ontology"的发展过程中具有实体性追求的特定历史形态,主要是指从亚里士多德到十九世纪那一段时期的历史形态。我们上面使用"传统本体论"和"现代存在论"两个术语,来标识这门学科的两种不同的历史形态,就是对上述意见的支持。

当然,需要强调指出的是,马克思包含着存在论维度的实践观,正是他建构唯物史观(历史唯物主义)的基础。但这与把马克思的Ontology思想降低到物质本体论(认为世界的本源在物质)、即一般唯物主义的水平,是截然不同的。因为唯物史观的根据和出发点正是人们的社会实践。马克思正是在其实践观的指引下以人的感性生存为其存在论的起点,发现并建构起唯物史观的。在《德意志意识形态》中马、恩指出:"因此我们首先应当确定一切人类生存的第一个前提,也就是一切历史的第一个前提,这个前提是:人们为了能够'创造历史',必须能够生活。但是为了生活,首先就需要吃喝住穿以及其他一些东西。因此第一个历史活动就是生产满足这些需要的资料,即生产物质生活本身,而且这是这样的历史活动,一切历史的一种基本条件,人们单是为了能够生活就必须每日每时去完成它,现在和几千年前都是这样。"[①]这就是说,人类生存的第一个前提和历史的第一个前提就是物质生产劳动(实践),就是个人的感性活动及其能动的生活过程。马、恩又说,"全部人类历史的第一个前提无疑是有生命的个人的存在。因此,第一个需要确认的事实就是这些个人的肉体组织以及由此产生的个人对其他自然的关系。……任何历史记载都应当从这些自然基础以及它们在历史进程中由于人们的活动而发生的变更出发。"这就是说,由于人的实践活动改变了自然,也改

[①]《马克思恩格斯选集》第1卷,人民出版社1995年版,第78-79页。

变了人与自然之间的关系,这就是历史叙述应当有的前提与基础——建构唯物史观的前提与基础。据此,他们进一步指出,"我们的出发点是从事实际活动的人,而且从他们的现实生活过程中还可以描绘出这一生活过程在意识形态上的反射和反响的发展。"① "意识(das Bewußtsein)在任何时候都只能是被意识到了的存在(das Bewußte Sein),而人们的存在就是他们的现实生活。"②

这实际上已经提出了社会存在(人们的现实生活即社会实践)决定社会意识的唯物史观的基本原理和考察方法,马、恩还指出,"这种考察方法不是没有前提的。它从现实的前提出发,它一刻也不离开这种前提。它的前提是人,但不是处在某种虚幻的离群索居和固定不变状态中的人,而是处在现实的、可以通过经验观察到的、在一定条件下进行的发展过程中的人。只要描绘出这个能动的生活过程,历史就不再像那些本身还是抽象的经验论者所认为的那样,是一些僵死的事实的汇集,也不再像唯心主义者所认为的那样,是想象的主体的想象活动。"③ 这种以人和人的社会实践为前提考察社会、考察世界的方法即唯物史观的方法。概而言之,这也正是通过社会实践把人与世界看成一体的存在论思路。由此可见,马克思与实践观紧密结合的存在论,乃是构成唯物史观的前提,但这是历史的唯物主义,而不是一般的唯物主义。

写于2011年末至2012年元旦期

(该文发《百越论丛》第5辑,广西人民出版社2013年8月出版)

---

① 《马克思恩格斯选集》第1卷,人民出版社1995年版,第73页。
② 同上,第72页。
③ 同上,第73页。

附录

朱立元美学著述年表

1982年
4月,《黑格尔的喜剧理论》在《戏剧艺术》发表。

1984年
3月,《评黑格尔〈美学〉体系的构架》在《学术月刊》发表。

1985年
1月,《美学研究的方法应当多元化》在《复旦学报》发表,较早关注文学、美学的研究方法论问题,成为"方法论年"学术讨论的重要收获。

1986年
5月,《文学研究的新思路——简评尧斯的接受美学纲领》在《学术月刊》发表,较早将接受美学思想介绍到国内学术界;7月,《黑格尔美学论稿》由复旦大学出版社出版;8月,《黑格尔戏剧美学思想初探》由学林出版社出版;两部书是国内黑格尔美学研究较早的学术专著,对于系统研究黑格尔美学思想产生了深远影响。

1988年

10月,《现代西方美学流派评述》(与张德兴先生合著)由上海人民出版社出版。

1989年

1月,《现实主义问题的哲学反思——兼与王若水、杨春时等同志商榷》在《文艺报》发表,明确提出"实践存在论"的提法;7月,《真的感悟》(与王文英合著)由上海文艺出版社出版;8月,《接受美学》由上海人民出版社出版,该书为国内第一部研究西方接受美学的学术专著。

1990年

12月,《八十年代中国美学研究一瞥》(与蒋孔阳合作)在《文艺理论研究》发表。

1991年

3月,《中国美学界独树一帜的"第五派"——略论蒋孔阳教授的美学思想》在《复旦学报》发表。重点阐述了蒋孔阳先生"以马克思主义的实践论为基础,但并不像实践派那样,直接从实践概念来界定美",而是"以实践论为基础、以创造论为核心的审美关系说",这一思想成为"实践存在论"美学重要的先在理论积淀。

1992年

2月,翻译、编译的尧斯《审美经验论》由作家出版社出版。

1993年

11月,《现代西方美学史》(与张德兴、马驰合著)由上海文艺出版社出版。以近90万字的篇幅,几乎将进入当时中国学界视野中的20世纪所有西方重要美学流派、美学家"一网打尽",堪称90年代初学界在西方现代美学领域的总结和集成之作。

1995年
5月,《"实践美学"的历史地位与现实命运——与杨春时同志商榷》在《学术月刊》发表,提出"哲学本体论的核心问题应是人的存在问题",而"实践本体论是把实践作为主体人的基本存在方式"的重要学术命题。

1996年
3月,《实践美学哲学基础新论》在《人文杂志》发表;11月,《当代文学、美学研究中对"本体论"的误释》在《文学评论》发表;两篇文章已清晰地透露出"实践存在论"美学架构的端倪。

1997年
12月,《对马克思关于"美的规律"论述的几点思考——向陆梅林先生请教》在《学术月刊》发表;《法兰克福学派美学思想论稿》由复旦大学出版社出版。

1999年
10月,《西方美学通史》(与蒋孔阳先生共同主编)由上海文艺出版社出版。

2001年
3月,论文集《美的感悟》由华东师范大学出版社出版;12月,主编《二十世纪西方美学经典文本》(4卷本)由复旦大学出版社出版。

2003年

8月,《善的感悟》列为"复旦大学文艺学美学研究文丛",由沈阳出版社出版。

2004年

8月,《走向实践存在论美学——实践美学突破之途初探》在《湖南师范大学社会科学学报》发表,明确提出"实践存在论美学"的理论构想,指出"中国美学要实现重大的突破和发展,一个最重要的途径恐怕就是要首先突破主客二元对立的单纯认识论思维方式和框架","不把美作为一个在人以外早已存在的客体去认识,而是将实践论与存在论结合起来作为哲学基础,以此走向实践存在论的生成性美学","或许能作为当今美学突破的一条尝试之途";11月,专著《接受美学导论》由安徽教育出版社出版。

2005年

2月,《蒋孔阳审美关系说的现代解读》在《文艺研究》发表。

2006年

1月,《西方美学范畴史》由山西教育出版社出版;5月,《简论实践存在论美学》在《人文杂志》发表。

2007年

1月,《关于实践美学发展的构想》在《河北学刊》发表。

2008年

3月,《走向实践存在论美学》由苏州大学出版社出版,是实践存在论美学阶段性历程的总结;6月,《略谈马克思实践观的存在论维度及其美学意义》在《马克思主义美学研究》发表;11月,《我为何走向实践存在论美学》在《文艺争鸣》发表。

2009年
7月，主编《西方美学思想史》由上海人民出版社出版；9月，《全面准确地理解马克思主义的实践概念——与董学文、陈诚先生商榷之一》在《上海大学学报》发表。

2010年
1月，《试论马克思实践唯物主义的存在论根基——兼答董学文等先生》在《复旦学报》发表。

2011年
1月，《对近期有关实践存在论批评的反批评——对董学文等先生的批评的初步总结》（与粟永清合作）在《上海大学学报》发表；6月，《马克思初步形成唯物史观的关节点——重读〈1844年经济学哲学手稿〉札记》在《社会科学战线》发表，该文是先生"重读《手稿》"系列札记的首刊，也是先生在面对学术论争和完成"马克思主义文艺理论中国化"项目研究后，再度回到经典，寻找学理建构基础的努力。

2012年
10月，《论审美关系及其生成性——纪念蒋孔阳先生九十诞辰》在《北京联合大学学报》发表；12月，《理解〈巴黎手稿〉关于"美的规律"论述的三个关键词——重读〈巴黎手稿〉札记之二》在《马克思主义美学研究》发表。

2013年
8月，论文集《理论的历险》列入"中国学术批评书系"，由河南大学出版社出版；9月，主编《新世纪美学热点探索》由商务印书馆出版。

2014年

《历史与美学之谜的求解》列入上海市学术著作出版基金"25周年精选丛书"再版。

2015年

7月，主编《西方审美教育经典论著选》由江苏凤凰教育出版社出版。

2016年

1月，《美育让美学走进生活》在《人民日报》发表；9月，《德国古典美学在中国》在《湖南社会科学》发表；《马克思与现代美学革命——兼论实践存在论美学的哲学基础》列入"马克思主义美学思想研究丛书"，由上海交通大学出版社出版。

2017年

9月，《对〈西方美育思想史〉书写的几点思考》在《美育学刊》发表。

中国现代美学大家文库

《美在境界——王国维美学文选》
《美育与人生——蔡元培美学文选》
《美是情趣与意象的契合——朱光潜美学文选》
《美从何处寻——宗白华美学文选》
《美即典型——蔡仪美学文选》
《从美感两重性到情本体——李泽厚美学文录》
《从美的理念到美的实践——汝信美学文选》
《美在创造中——蒋孔阳美学文选》
《实践本体论美学思想——刘纲纪美学文选》
《体验人生价值美——胡经之美学文选》
《美是和谐——周来祥美学文选》
《美的哲学——叶秀山美学文选》
《审美是自由的生存方式——杨春时美学文选》
《实践存在论美学——朱立元美学文选》
《生态美学——曾繁仁美学文选》

图书在版编目（CIP）数据

实践存在论美学：朱立元美学文选 / 朱立元著.
—济南：山东文艺出版社，2020.1
ISBN 978-7-5329-5969-3

Ⅰ.①实… Ⅱ.①朱… Ⅲ.①美学—文集
Ⅳ.①B83-53

中国版本图书馆CIP数据核字（2019）第236929号

实践存在论美学
——朱立元美学文选

朱立元 著

主管单位	山东出版传媒股份有限公司
出版发行	山东文艺出版社
社　　址	山东省济南市英雄山路189号
邮　　编	250002
网　　址	www.sdwypress.com

读者服务	0531-82098776（总编室）
	0531-82098775（市场营销部）
电子邮箱	sdwy@sdpress.com.cn

印　　刷	山东临沂新华印刷物流集团有限责任公司
开　　本	890毫米×1240毫米　1/32
印　　张	12.5
字　　数	300千
版　　次	2020年1月第1版
印　　次	2020年1月第1次印刷
书　　号	ISBN 978-7-5329-5969-3
定　　价	78.00元

版权专有，侵权必究。如有图书质量问题，请与出版社联系调换。